国家示范性高职院校建设项目成果
中国电子教育学会推荐教材
全国高职高专院校规划教材·精品与示范系列

院级精品课
配套教材

电子 CAD 绘图与制版项目教程

高锐 高芳 主编
林卓彬 鲁子卉 副主编

电子工业出版社
Publishing House of Electronics Industry
北京·BEIJING

内 容 简 介

本书按照教育部最新的职业教育教学改革要求，在国家示范性院校专业和课程建设的基础上，结合作者多年来的教学与校企合作经验进行编写。全书以实际电路板设计与制作的工作过程为主线，重点培养学生从事本行业职业岗位上电子产品辅助设计工作所必需的专业核心能力和职业素养，通过企业实际研发项目、典型产品案例、全国技能大赛作品等，全面介绍印制电路板设计、电路仿真、信号完整性分析、印制电路板制作及工艺，以及 Protel 设计软件的操作技巧等。本书内容新颖，实用性强，将课程内容与实践操作有机地融为一体，注重培养读者的专业能力与实际解决问题的能力。

本书为高职高专院校"印制电路板设计与制作"、"电子线路 CAD"、"电子 EDA 技术"等课程的教材，以及应用型本科、成人教育、自学考试、电视大学、中职学校及培训班的教材，同时也是印制电路板设计工程技术人员的一本好参考书。

本书提供免费的电子教学课件、练习题参考步骤和精品课网站，详见前言。

未经许可，不得以任何方式复制或抄袭本书之部分或全部内容。

版权所有，侵权必究。

图书在版编目（CIP）数据

电子 CAD 绘图与制版项目教程/高锐，高芳主编. —北京：电子工业出版社，2012.5
全国高职高专院校规划教材. 精品与示范系列
ISBN 978-7-121-16765-2

Ⅰ.①电… Ⅱ.①高…②高… Ⅲ.①印刷电路—计算机辅助设计—高等职业教育—教材 Ⅳ.①TN410.2

中国版本图书馆 CIP 数据核字（2012）第 069953 号

策划编辑：陈健德（E-mail:chenjd@phei.com.cn）
责任编辑：刘真平
印　　刷：三河市鑫金马印装有限公司
装　　订：
出版发行：电子工业出版社
　　　　　北京市海淀区万寿路 173 信箱　邮编　100036
开　　本：787×1 092　1/16　印张：21.25　字数：544 千字
印　　次：2012 年 5 月第 1 次印刷
定　　价：36.00 元

凡所购买电子工业出版社图书有缺损问题，请向购买书店调换。若书店售缺，请与本社发行部联系，联系及邮购电话：(010) 88254888。

质量投诉请发邮件至 zlts@phei.com.cn，盗版侵权举报请发邮件至 dbqq@phei.com.cn。

服务热线：(010) 88258888。

职业教育 继往开来（序）

自我国经济在 21 世纪快速发展以来，各行各业都取得了前所未有的进步。随着我国工业生产规模的扩大和经济发展水平的提高，教育行业受到了各方面的重视。尤其对高等职业教育来说，近几年在教育部和财政部实施的国家示范性院校建设政策鼓舞下，高职院校以服务为宗旨、以就业为导向，开展工学结合与校企合作，进行了较大范围的专业建设和课程改革，涌现出一批示范专业和精品课程。高职教育在为区域经济建设服务的前提下，逐步加大校内生产性实训比例，引入企业参与教学过程和质量评价。在这种开放式人才培养模式下，教学以育人为目标，以掌握知识和技能为根本，克服了以学科体系进行教学的缺点和不足，为学生的顶岗实习和顺利就业创造了条件。

中国电子教育学会立足于电子行业企事业单位，为行业教育事业的改革和发展，为实施"科教兴国"战略做了许多工作。电子工业出版社作为职业教育教材出版大社，具有优秀的编辑人才队伍和丰富的职业教育教材出版经验，有义务和能力与广大的高职院校密切合作，参与创新职业教育的新方法，出版反映最新教学改革成果的新教材。中国电子教育学会经常与电子工业出版社开展交流与合作，在职业教育新的教学模式下，将共同为培养符合当今社会需要的、合格的职业技能人才而提供优质服务。

近期由电子工业出版社组织策划和编辑出版的"全国高职高专院校规划教材·精品与示范系列"，具有以下几个突出特点，特向全国的职业教育院校进行推荐。

（1）本系列教材的课程研究专家和作者主要来自于教育部和各省市评审通过的多所示范院校。他们对教育部倡导的职业教育教学改革精神理解得透彻准确，并且具有多年的职业教育教学经验及工学结合、校企合作经验，能够准确地对职业教育相关专业的知识点和技能点进行横向与纵向设计，能够把握创新型教材的出版方向。

（2）本系列教材的编写以多所示范院校的课程改革成果为基础，体现重点突出、实用为主、够用为度的原则，采用项目驱动的教学方式。学习任务主要以本行业工作岗位群中的典型实例提炼后进行设置，项目实例较多，应用范围较广，图片数量较大，还引入了一些经验性的公式、表格等，文字叙述浅显易懂。增强了教学过程的互动性与趣味性，对全国许多职业教育院校具有较大的适用性，同时对企业技术人员具有可参考性。

（3）根据职业教育的特点，本系列教材在全国独创性地提出"职业导航、教学导航、知识分布网络、知识梳理与总结"及"封面重点知识"等内容，有利于老师选择合适的教材并有重点地开展教学过程，也有利于学生了解该教材相关的职业特点和对教材内容进行高效率的学习与总结。

（4）根据每门课程的内容特点，为方便教学过程对教材配备相应的电子教学课件、习题答案与指导、教学素材资源、程序源代码、教学网站支持等立体化教学资源。

职业教育要不断进行改革，创新型教材建设是一项长期而艰巨的任务。为了使职业教育能够更好地为区域经济和企业服务，殷切希望高职高专院校的各位职教专家和老师提出建议和撰写精品教材（联系邮箱：chenjd@phei.com.cn，电话：010-88254585），共同为我国的职业教育发展尽自己的责任与义务！

中国电子教育学会

前　言

本书按照教育部最新的职业教育教学改革要求，在国家示范性院校专业和课程建设基础上，结合作者多年来的教学与校企合作经验进行编写。全书以实际电路板设计与制作的工作过程为主线，重点培养学生从事本行业职业岗位上电子产品辅助设计工作所必需的专业核心能力和职业素养，通过企业实际研发项目、典型产品案例、全国技能大赛作品等，全面介绍印制电路板设计、电路仿真、信号完整性分析、印制电路板制作及工艺，以及 Protel 软件的操作技巧等。

本书按照印制电路板设计顺序和内容难易程度，循序渐进地安排学习项目，每个项目都由"教学导入、项目任务、综合设计、项目总结、项目练习"5 个阶段组成，而且每个"项目任务"中的几个工作任务都是相对独立且前后紧密衔接的，有利于读者进行单项或综合训练；每个项目"综合设计"阶段，都针对不同的教学内容选取基于企业实际的研发项目等作为综合设计内容，方便学习者顺利就业。

本书共有 5 个项目，项目 1 通过完成双波段收音机电路和稳压电源电路原理图的设计，使学生具备设计简单电路原理图的能力；项目 2 通过完成功率放大器、温控及简易频率计、数控步进稳压电源电路的设计，使学生具备设计带有自制元件的层次原理图的能力；项目 3 通过双波段收音机单层板、稳压电源双层板和数控步进稳压电源双层板设计，使学生具备单、双层板的设计能力；项目 4 通过完成前置放大与滤波电路原理图仿真及信号完整性分析，使学生掌握电路板设计、仿真操作与信号完整性分析操作方法的综合设计能力；项目 5 通过完成稳压电源单层板和功率放大器双层板的制作，使学生具备电路板设计与制作的专业综合能力与职业素质。

各项目内容既有对前述知识的综合应用，还有对前述知识的拓展练习。例如，在项目 1 综合设计稳压电源电路原理图中，既有系统元件，也有在系统元件基础上需要修改的元件，使读者在已学知识基础上，能主观积极地思考和学习，来解决知识扩展问题。这样从简单到复杂，由外围到核心，由设计到修改、验证和制作的过程来组织教学内容，符合初学者的认知规律，使读者在任务引领下，在完成项目过程中逐步培养专业技能和职业素质。

本书由长春职业技术学院高锐、高芳主编，林卓彬、鲁子卉任副主编，全书由高锐统稿。具体编写分工为：高锐编写项目 1 任务 1.3~1.4、项目 2、项目 3、附录 A~B；高芳编写项目 5；林卓彬编写项目 4；鲁子卉编写项目 1 任务 1.1~1.2。

由于编者水平有限和时间仓促，书中难免有不妥和错误之处，敬请读者予以批评指正。

为了方便教师教学及学生学习，本书配有免费的电子教学课件、练习题参考步骤，请有需要的教师登录华信教育资源网（http://www.hxedu.com.cn）免费注册后再进行下载，有问题时请在网站留言或与电子工业出版社联系（E-mail:hxedu@phei.com.cn）。读者也可通过该精品课网站（http://jpkc.njcit.edu.cn/2010/dgjc/Index.asp）浏览和参考更多的教学资源。

编者

目录

项目1 绘制简单原理图 ··· 1
教学导入 ·· 1
任务1.1 Protel软件工作环境与电路板设计流程 ······················· 2
   1.1.1 设置Protel系统工作环境 ································· 2
   1.1.2 PCB项目文件管理 ······································ 7
   1.1.3 印制电路板的整体设计流程 ······························· 9
任务1.2 新建原理图文件与环境设置 ·································· 11
   1.2.1 原理图设计流程 ·· 11
   1.2.2 新建原理图文件 ·· 12
   1.2.3 原理图文件窗口的组成 ·································· 14
   1.2.4 设置原理图工作环境参数 ································ 16
   1.2.5 设置原理图文档选项 ···································· 18
任务1.3 编辑原理图文件 ··· 21
   1.3.1 集成元件库 ·· 22
   1.3.2 放置并编辑原理图元件符号 ······························· 26
   1.3.3 放置电源端口符号 ······································ 32
   1.3.4 绘制导线与总线 ·· 33
   1.3.5 放置图纸符号、图纸入口符号和端口符号 ··················· 36
   1.3.6 放置原理图其他符号 ···································· 39
   1.3.7 调整原理图元件位置 ···································· 41
   1.3.8 绘制原理图基本图元 ···································· 45
   1.3.9 注释原理图元件的标识符 ································ 51
   1.3.10 设置编译原理图选项 ··································· 53
   1.3.11 编译PCB项目文件 ···································· 58
任务1.4 生成原理图的报表文件 ····································· 59
   1.4.1 生成网络表文件 ·· 59
   1.4.2 生成原理图元件清单报表文件 ····························· 61
   1.4.3 生成元件交叉参考报表文件 ······························· 62
   1.4.4 打印原理图文件 ·· 62
综合设计1 绘制双波段收音机电路原理图 ···························· 64
综合设计2 绘制稳压电源电路原理图 ································ 70

项目总结 75
　　项目练习 76

项目2　绘制复杂原理图 78
　　教学导入 78
　　任务2.1　绘制带自制元件的原理图 79
　　　　2.1.1　新建原理图元件库文件 79
　　　　2.1.2　绘制原理图自制元件 80
　　　　2.1.3　创建元件库及元件报表文件 87
　　任务2.2　绘制层次原理图 88
　　　　2.2.1　自顶向下设计层次原理图 88
　　　　2.2.2　自底向上设计层次原理图 90
　　　　2.2.3　多通道的层次原理图的设计方法 91
　　综合设计3　绘制功率放大器电路图 91
　　综合设计4　绘制温控及简易频率计电路原理图 96
　　综合设计5　绘制数控步进稳压电源电路原理图 100
　　项目总结 105
　　项目练习 107

项目3　设计印制电路板 109
　　教学导入 109
　　任务3.1　印制电路板基础知识 110
　　　　3.1.1　印制电路板结构 110
　　　　3.1.2　电路板的工作层 111
　　　　3.1.3　元件封装 111
　　　　3.1.4　电路板的铜膜导线、焊盘及过孔 112
　　　　3.1.5　印制电路板设计原则 113
　　任务3.2　设计单层印制电路板 113
　　　　3.2.1　新建印制电路板文件 115
　　　　3.2.2　设置印制电路板文件工作环境 120
　　　　3.2.3　设计印制电路板文件选项参数 123
　　　　3.2.4　设置印制电路板文件的工作层 125
　　　　3.2.5　印制电路板文件的基本对象及编辑操作 127
　　　　3.2.6　规划电路板 144
　　　　3.2.7　导入工程变化订单 146
　　　　3.2.8　电路板元件布局 150
　　　　3.2.9　添加网络连接 154
　　　　3.2.10　设置电路板设计规则 156
　　　　3.2.11　手动布线与交互式布线 177
　　　　3.2.12　调整文字标注并更新原理图 182

3.2.13　设计规则检查 184
　任务 3.3　绘制元件自制封装 185
　　3.3.1　新建自制封装库文件 186
　　3.3.2　绘制自制元件封装 188
　　3.3.3　生成自制元件封装报表文件 191
　　3.3.4　生成项目元件封装库 192
　任务 3.4　设计双层印制电路板 193
　　3.4.1　设计双层电路板及布局 193
　　3.4.2　生成并打印 PCB 报表文件 195
　任务 3.5　设计多层印制电路板 203
　　3.5.1　多层板的特征 204
　　3.5.2　设计多层板 205
　综合设计 6　设计双波段收音机单层电路板 207
　综合设计 7　设计稳压电源双层电路板 216
　综合设计 8　设计功率放大器双层电路板 222
　综合设计 9　设计数控步进稳压电源双层电路板 229
　项目总结 234
　项目练习 236

项目 4　电路仿真与 PCB 信号完整性分析 238
　教学导入 238
　任务 4.1　电路仿真 239
　　4.1.1　设置原理图仿真初始条件 239
　　4.1.2　原理图仿真 260
　任务 4.2　PCB 信号完整性分析 261
　　4.2.1　设置 PCB 信号完整性分析规则 261
　　4.2.2　进行 PCB 信号完整性分析 270
　综合设计 10　前置放大与滤波电路原理图仿真及信号完整性分析 277
　项目总结 292
　项目练习 293

项目 5　电路板手工制作 298
　教学导入 298
　任务 5.1　单层电路板制作 299
　　5.1.1　印制电路板的选用 299
　　5.1.2　单层印制电路板的制作方法 302
　　5.1.3　热转印法线路层制作 307
　　5.1.4　阻焊层和丝印层制作 308
　任务 5.2　双层电路板制作 310
　　5.2.1　孔金属化制作 311

  5.2.2 图形电镀法线路层制作 ·· 314
 综合设计 11 手工制作稳压电源单层电路板 ······································· 315
 综合设计 12 手工制作功率放大器双层电路板 ···································· 322
  项目总结 ·· 326
附录 A 绘制原理图的常用键盘快捷键 ·· 328
附录 B 设计印制电路板时常用的键盘快捷键 ···································· 329
参考文献 ··· 330

项目 1 绘制简单原理图

教学导入

本项目结合双波段收音机、稳压电源这两个典型电路的绘制过程，主要介绍 Protel 2004 软件功能、设置原理图工作参数、绘制简单原理图、编译原理图、生成原理图相关报表文件的操作方法及工作流程。根据项目执行的逻辑顺序，将本项目分为 4 个任务来分阶段执行，分别是：Protel 2004 软件功能、新建原理图文件与环境设置、编辑原理图文件、生成原理图的报表文件。通过本项目，使用户掌握如下的具体操作技能：

- ◆ 创建 Protel 2004 的 PCB 项目工程文件和原理图文件；
- ◆ 设置原理图环境参数和文档选项；
- ◆ 加载原理图元件库；
- ◆ 设置元件属性；
- ◆ 原理图常用工具栏的使用方法；
- ◆ 修改原理图的系统元件；
- ◆ 编译原理图文件；
- ◆ 根据提示信息修改原理图文件；
- ◆ 生成原理图网络表等报表文件；
- ◆ 打印输出原理图文件。

电子CAD绘图与制版项目教程

随着电子工业与计算机技术的飞跃发展，大规模和超大规模集成电路的使用，使印制电路板上的铜膜导线越来越精密和复杂，从而促使了印制电路板设计软件的产生及广泛的应用。本书主要采用 Protel 2004 进行介绍，它操作简单且功能强大，是一套完整的板卡级设计软件系统；其他版本软件的主要功能与此相同，可采用类似方法进行操作，例如综合设计 8 和 9 采用 Altium Designer6.0 进行设计。本项目主要应用系统集成元件库中的元件进行简单原理图的绘制操作，使用户能够根据实际要求绘制符合标准的简单原理图文件及生成相关报表文件。

任务 1.1　Protel 软件工作环境与电路板设计流程

任务目标

- ◆ Protel 软件功能；
- ◆ 新建 Protel PCB 项目工程文件和原理图文件；
- ◆ 设置原理图工作环境参数和文档选项。

Protel 2004 软件的应用很广泛，是 Protel 公司（现更名为 Altium）从 20 世纪 90 年代初至 2004 年年初开发出的一套用于电子电路设计的应用软件，它以全新的设计理念拓展了 Protel 软件的原设计领域，保证了从电路原理图设计开始直到印制电路板生产制造和文件输出的无缝连接，真正实现了多个复杂设计功能在单个应用程序中的集成。以 FPGA 强大的设计输入功能为特点，拓宽了板级设计的传统界限；支持原理图输入、HDL 硬件描述输入模式、基于 VHDL 的设计仿真、混合信号电路仿真、布局前/后信号完整性分析等；布局布线采用完全规则驱动模式，并且在 PCB 布线中采用了无网格的 Situs TM 拓扑逻辑自动布线功能；同时，将完整的 CAM 输出功能的编辑结合在一起。

1.1.1　设置 Protel 系统工作环境

通常启动 Protel 有两种方法，一种是单击 Windows 桌面左下方的"开始"→"所有程序"→"Altium"→"DXP 2004"，即可进入如图 1-1 所示的 Protel 2004 主界面；另一种是

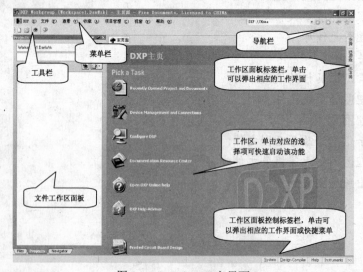

图 1-1　Protel 2004 主界面

项目1 绘制简单原理图

单击桌面上的快捷方式图标，也可以进入该主界面。

作为标准的 Windows 应用程序，Protel 提供了一个友好的主界面，图形清晰利于便捷操作。主界面中包含了以下要素。

1. 菜单栏

Protel 主界面的菜单栏如图 1-2 所示。

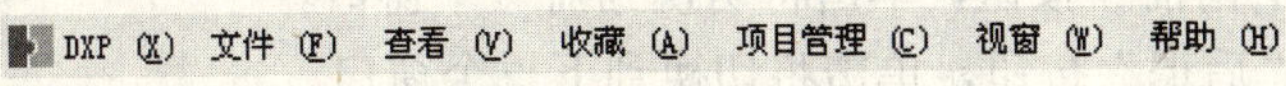

图 1-2 菜单栏

（1）"DXP"菜单。该菜单中包括了 Protel 的软件信息和用户配置选项。设计者可以通过该菜单进行相关参数的设置，查询信息，自动改变其他菜单和工具栏的设置操作。其下拉菜单如图 1-3 所示。

（2）"文件"菜单。主要提供文件和项目的基本操作，其下拉菜单如图 1-4 所示。

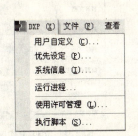
图 1-3 "DXP"下拉菜单

图 1-4 "文件"下拉菜单

（3）"查看"菜单。主要管理工具栏、工作面板、状态栏、桌面布局及命令行等，控制各种可视窗口面板的打开和关闭。

（4）"收藏"菜单。用于快捷访问收藏在此菜单里的被存储的多个页面。

（5）"项目管理"菜单。用于实现对项目进行编译、分析、版本控制及添加、删除项目文件的管理。

（6）"视窗"菜单。用于实现在多窗口操作时的管理。

（7）"帮助"菜单。用于提供各种帮助信息。

2. 工具栏

此工具栏设置了 4 个功能图标，具体如下。

（1）图标。新建任意文件。

（2）图标。打开已经存在的文件。

（3）图标。打开设备视图窗口。

（4）图标。打开帮助向导。

3. 导航栏

使用导航栏可以让用户在工作区中打开的多个窗口之间进行功能切换，如图1-5所示。导航栏设置了5个功能图标。

图1-5 导航栏图标

（1）`DXP://Home` 图标。地址栏，用于显示当前打开窗口的位置。

（2）图标。"向前"按钮，单击将切换到前一个窗口。

（3）图标。"后退"按钮，单击将切换到下一个窗口。

（4）图标。"返回主页面"按钮，单击将返回到主页面。

（5）图标。"收藏夹"按钮，收藏菜单栏的快捷方式。

4. 文件工作区面板

除了可以使用"文件"菜单命令新建文件和打开已有文件操作外，还可以直接使用文件工作区面板中的相关命令。执行菜单命令"查看"→"工作区面板"→"System"→"Files"，打开文件工作区面板，如图1-6所示。

文件工作区面板包括打开文档、打开项目文件、新建项目或文件、根据存在文件新建文件、根据模板新建文件等文件操作命令，如图1-7所示。

图1-6 打开文件工作区面板

图1-7 文件工作区面板

如果要显示其他工作面板，也可以执行菜单命令命令"查看"→"工作区面板"，在其下拉菜单中选择项目、编译、库、信息输出、帮助等。

5. 工作区

单击导航栏的图标，就可以打开能编辑各种文档的工作区界面。它的优点在于在没有打开任何编辑器的情况下，单击工作区内的图标就可以快速启动各种操作，主页面如图1-8所示。

（1）Recently Opened Project and Documents：最近打开的项目和文档。选择该选项后，系统会弹出一个对话框，用户可以很方便地从对话框中选择需要打开的文件。当然用户也可以从"文件"菜单中选择近期打开的文档、项目和工作空间文件。

（2）Device Management and Connections：器件管理和连接。选择此选项可查看系统所连接的器件，如硬件设备和软件设备。

（3）Configure DXP：配置DXP系统。选择此选项后，系统会在主界面弹出系统配置选择项。

项目1 绘制简单原理图

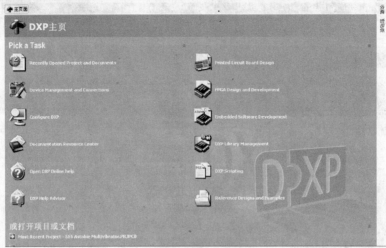

图1-8　主页面

（4）Documentation Resource Center：帮助文档资源中心。包括各种 PCB 设计帮助文件、FPGA 设计帮助文件、嵌入式系统设计帮助文件、库文件管理帮助文件等文档资源。

（5）Open DXP Online help：以快捷方式打开 DXP 在线帮助系统。

（6）DXP Help Advisor：DXP 帮助查询。选择该选项后将出现帮助查询对话框，输入要查询内容后，单击"查找"按钮，查询的相关内容会显示在"查询结果"列表框中。

（7）Printed Circuit Board Design：印制电路板设计。选择该选项后，系统会弹出如图 1-9 所示的印制电路板设计的命令选项列表，用户可以使用右边的"≈"和"≋"按钮弹出和隐藏命令项。

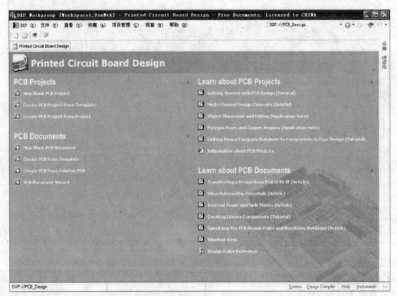

图1-9　印制电路板设计的命令选项列表

（8）FPGA Design and Development：FPGA 设计与开发。选择该选项后，系统会弹出如图 1-10 所示的 FPGA 设计与开发的命令选项列表。

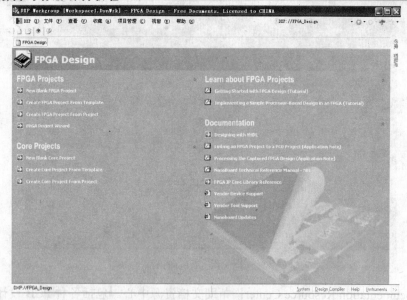

图1-10　FPGA设计与开发的命令选项列表

（9）Embedded Software Development：嵌入式软件开发。选择该选项后，系统会弹出如图1-11所示的嵌入式软件开发的命令选项列表，用户可以使用右边的"≈"和"≋"按钮弹出和隐藏命令项。嵌入式工具选项包括汇编器、编译器和链接器。

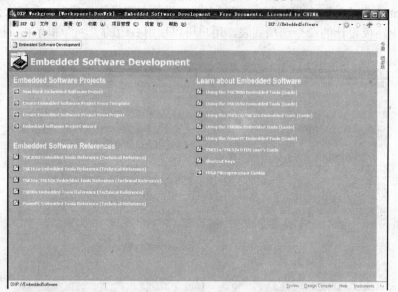

图1-11　嵌入式软件开发的命令选项列表

（10）DXP Library Management：DXP库文件管理。用于安装、新建库文件及查看文件帮助等。

（11）DXP Scripting：DXP脚本编辑管理。用于新建脚本文件和查看脚本文件帮助等。

（12）Reference Designs and Examples：参考设计实例查看。软件系统中提供一些电路设计实例，以供用户参考。

项目 1　绘制简单原理图

6. 工作区面板标签

Protel 在主界面的不同位置上设置了不同工作区的面板标签，方便用户寻找需要的工作区，为快速打开提供了简单的快捷方式。

1.1.2　PCB 项目文件管理

Protel 文件管理主要是指文件的创建、保存、打开、关闭及添加和删除文件等，将任何一个电路原理图都看做一个项目，把与之相关的各个文件和一些工程管理信息都存放在这个项目工程中，所有的设计文件都放在项目工程文件所在的文件夹中，便于集中管理和维护。在 Protel 中，常用设计文件的扩展名如表 1-1 所示，下面就分别介绍 PCB 项目文件管理的各种功能。

表 1-1　Protel 中常用设计文件扩展名

设计文件	扩展名	设计文件	扩展名
原理图	.SchDoc	PCB 元件库	.PcbLib
原理图元件库	.SchLib	PCB 工程	.PrjPcb
PCB	.PcbDoc	FPGA 工程	.PrjFpg

1. PCB 项目文件的创建

Protel 2004 中可以创建的设计项目类型有 6 种，这里介绍 PCB 项目文件的创建，其他项目创建的方法类似。

进入主界面中，执行菜单命令"文件"→"创建"→"项目"→"PCB 项目"，如图 1-12 所示，则会创建一个新的 PCB 设计项目。将工作区面板切换到"项目"面板，系统则会自动创建名为"PCB_Project1.PrjPCB"的 PCB 设计项目，如图 1-13 所示。

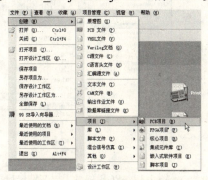

图 1-12　"PCB 项目"子菜单

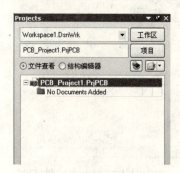

图 1-13　创建新的 PCB 项目

> 提示：除了可以创建项目文件外，用户还可以直接创建原理图文件，但此时只是一个单独的设计对象文件，不是以项目来表示的。

2. PCB 项目文件的保存

当新建一个 PCB 项目文件时，该项目文件默认文件名为"*** Project1.PrjPCB"，不同的项目类型在后缀中体现，前面的"***"代表的是不同项目名的字符串。创建项目后就要保存该项目文件，执行菜单命令"文件"→"项目保存"，在系统弹出的对话框中选择保存目录并输入文件名即可，如图 1-14 所示。

还可以选中想要保存的项目文件，单击鼠标右键，弹出设计项目的快捷菜单，如图 1-15 所示，执行子菜单"保存项目"后弹出如图 1-14 所示的对话框，其余操作同上。

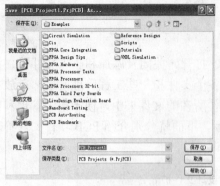
图 1-14 保存项目对话框

图 1-15 保存设计项目快捷菜单

3．PCB 项目文件的打开

执行菜单命令"文件"→"打开"，系统会弹出如图 1-16 所示的打开文件对话框。用户根据需要从列表中选择目标，单击"打开"按钮即可。

4．PCB 项目文件的关闭

此功能是关闭当前已经打开的项目文件。选中将要关闭的文件，单击鼠标右键弹出如图 1-17 所示的 PCB 项目工程文件快捷菜单，执行菜单命令"Close Project"命令就可以关闭项目文件。

图 1-16 打开文件对话框

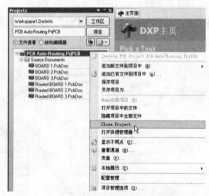
图 1-17 PCB 项目工程文件快捷菜单

5．在 PCB 项目文件中追加和删除文件

在一个选定的 PCB 项目文件中，单击鼠标右键则会弹出如图 1-18 所示的快捷菜单，单击其子菜单"追加新文件到项目中"→"Schematic"，即可向项目文件中添加新的 SCH 文件，系统自动命名为"Sheet1.SchDoc"，如图 1-19 所示，使用与保存项目相同的方法保存此文件。

还可以把已有文件追加到项目中，选择如图 1-18 所示快捷菜单中的"追加已有文件到项目中"子菜单命令，系统则弹出如图 1-20 所示的选择已有文件对话框，从列表中选择将要追加的文件，或者直接输入文件名，单击"打开"按钮就能将选中的文件追加到用户的设计项目中。

项目1 绘制简单原理图

图1-18 追加新文件的快捷菜单

图1-19 新追加的文件

在一个选定的PCB项目文件中,想要删除某一设计文件就要先在工作区面板中选择好对象,再单击鼠标右键,并在弹出的如图1-21所示的快捷菜单中单击"从项目中删除"命令,即可删除SCH文件。

图1-20 选择已有文件对话框

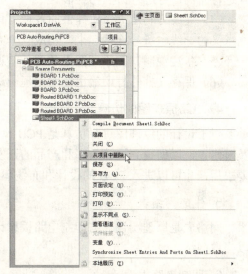

图1-21 删除项目文件中的文档

> **提示**:此操作只能删除文件与本PCB项目之间的关系,但文件数据仍然存在。想要彻底删除,要到保存该文档的目录中去操作。

1.1.3 印制电路板的整体设计流程

随着电子技术的不断发展,印制电路板(Printed Circuit Board)设计的地位越来越重要,一个产品电路设计的最终表现必须依赖PCB这个载体。PCB是将预期的功能目标经过一系列的设计工作流程最终将电路功能实现在一块板子上,电路功能实现的好坏是由PCB的设计、制造工艺及装配要求来决定的。为了获得理想的印制电路板,我们需要遵循一定的设计过程和规范。

1. 根据功能要求生成总体设计方案和功能模块划分

详细的总体设计方案和有效的功能模块划分是相辅相成的，是保质保量完成预期功能的前提。

2. 生成系统组成结构框图

一旦获得了系统的设计规范，就可以产生为实现该系统所要求的主要功能的结构框图。这个系统组成的结构框图描述了将所设计的系统如何进行功能分解及各个功能模块之间的关系。

3. 电路原理图设计

对系统的总体功能进行模块划分后，就要对各个模块绘制电路原理图。电路原理图 SCH 是 PCB 设计的理论基础，只有合理的原理图才能做出实用的 PCB。具体工作流程为：

（1）启动原理图编辑器。

（2）构图。设置图纸大小及版面。

（3）元件布局。根据实际电路需要，从元件库中提取所需的元件综合考虑后对元件的位置进行布局，并进行命名与封装。

（4）连线。利用 Protel 提供的各种工具、指令进行走线，将工作平面上的元件用具有电气意义的导线、符号连接起来，构成一个完整的原理图。

（5）备注说明。在原理图上放置一些说明性文字、图形或图片。

（6）保存文档并打印输出。对原理图进行存盘和打印。

4. 电路原理图的仿真

对于设计的原理图进行仿真是 PCB 设计的重要一步，它有助于发现设计中存在的问题并及时修正，以便提高设计效率和产品的开发速度，降低设计成本。只有当仿真结果符合设计要求后，才可以进入 PCB 的设计和布线环节。

5. 生成网络表

网络表是原理图设计与印制电路板设计之间的一座桥梁，从原理图和印制电路板中都可以提取网络表。

6. 印制电路板设计

印制电路板简称 PCB，是在原理图的基础上经过仿真调试，确定符合要求后设计出来的。具体工作流程为：

（1）确定 PCB 的尺寸和结构。可以根据电路的复杂度和成本要求，确定 PCB 的大小、各元件的封装形式及安装位置。PCB 的大小与层数有关，电路简单的采用双层板，复杂的使用多层板，具体设计时还要考虑制造成本。

（2）参数设置。参数包括布置参数、板层参数和布线参数等。一般用默认值即可，在第一次设置后几乎无须修改。

（3）载入 SPICE Netlist。SPICE Netlist 主要支持电路板自动布线，也是电路原理图设计系统与印制电路板设计系统的接口。

（4）元件封装。应该参考该元件生产单位提供的数据，选择正确的封装形式。

项目1 绘制简单原理图

（5）元件放置。将元件放置到 PCB 上是一个非常重要的过程，它关系到后续的 PCB 布线的成功。在放置元件时，应该尽可能将具有相互关系的元件靠近；数字电路和模拟电路应该分放在不同的区域，对发热的元件应该进行散热处理；敏感信号应该避免产生干扰或被干扰，比如时钟信号，引线应该尽可能短，所以要靠近其连接的芯片。可以使用软件工具的自动布置元件功能，然后通过手动调整进行元件的放置操作。

（6）布线。分为手动和自动操作，也可以采用两者结合的方式布线。手动布线时要将重要信号、电源和地的预布线锁定，再使用软件工具对剩下的 PCB 连接自动布线；最后还要对没有布通的少数走线手动处理。如果元件参数设置合理，自动布线后基本无须再加以调整。

（7）保存文件并打印输出。对原理图进行存盘和打印，便于后期调整、修改和维护。

7．时序和信号完整性分析

一个完整、正确的 PCB 设计，其时序应该满足设计要求。一般检查主要信号的时序及信号的完整性。

8．生成 NC 钻孔文件和光绘文件

在制造 PCB 之前，还需要生成 NC 钻孔文件和光绘文件。

9．PCB 的制造和装配

把设计中的信号连线、封装及属性说明文字完整地体现到一块实际的 PCB 上，就完成了 PCB 的制造。然后将芯片焊接装配到 PCB 上，就完成了 PCB 的设计和制造。以上是印制电路板设计的一般流程，随着 EDA 技术的快速发展和更新，设计的过程会更加简捷和快速。

任务 1.2 新建原理图文件与环境设置

任务目标
- ◆ 在 Protel 软件中新建 PCB 项目工程文件及原理图文件；
- ◆ 编辑原理图和系统工作环境；
- ◆ 放置并编辑原理图对象；
- ◆ 编译 PCB 项目文件和生成项目报表文件等操作及功能。

1.2.1 原理图设计流程

设计印制电路板的首要任务，是将电路功能模块在原理图中实现，即进行绘制原理图操作。通常绘制原理图的设计流程如下。

1．新建 PCB 项目工程文件和原理图文件

新建的原理图文件一定要保存在当前的 PCB 项目工程文件中，即不能使其成为自由文件，否则在接下来的原理图绘制过程中会有错误出现。

2．设置原理图工作区参数

根据实际原理图的复杂程度来设置当前原理图的图纸格式、网格格式、尺寸单位等，为绘制原理图文件做好准备工作。

3．放置并布局原理图元件符号

根据实际电路元件，从系统元件库选取相应的原理图元件符号放置到当前原理图工作区中，还可以自己绘制自定义的原理图元件符号并进行放置。

4．连接原理图元件符号

使用原理图文件提供的连线工具进行元件符号引脚之间的导线连接操作，使其成为一个完整的具有电路元件和电气连接关系的原理图文件。

5．放置属性说明文字

使用原理图文件提供的各种工具和菜单，在原理图相应位置上放置一些文字和图片等说明性的对象，使原理图更易读、更完备。

6．编译并修改原理图文件

通过编译当前原理图文件，根据信息提示找到错误并进行修改，保证原理图的正确性。

7．保存并打印原理图文件

完成对原理图文件的保存，并根据 PCB 设计的要求打印相应的工作层文件，为接下来的印制电路板设计做好充分的准备。

1.2.2 新建原理图文件

1．原理图编辑模块功能

Protel 2004 的原理图文件以".SchDoc"为扩展名，保存于 PCB 项目工程文件中。原理图编辑器功能强大，主要能够实现以下的功能：

（1）丰富且实用的编辑功能。原理图文件提供了方便的对象编辑功能，原理图元件符号可以使用菜单、快捷图标和功能键的方法进行选择、复制、粘贴、移动和删除等基本操作，还可以使用多种不同的选择元件方式进行不同需求下的对象选择操作；智能的自动连线功能，在原理图中可以通过电气网格来自动捕捉到相应的电气节点而进行自动连线，还可以通过捕获网格进行自动对齐，这样使在原理图文件中的连线操作更简捷、更精确；灵活的全局编辑功能，可以使用原理图文件的右键快捷菜单对具有相同类型的对象进行全局统一的修改操作。

（2）多通道的原理图设计方法。可以实现层次化设计，并且可以简化多个完全相同的子电路的重复输入，大大提高了原理图设计效率和可靠性。

（3）完善的元件库管理。Protel 软件提供了丰富的集成元件库，用户可以方便地在原理图中直接调用，也可以编辑这些系统元件符号；根据需要，还可以在线浏览、额外添加新的元件库和自制元件库。

（4）强大的自动化设计功能。原理图的自动标注功能，可以根据元件符号排列规律对其进行重新标注流水号，以保证元件标识符无重复；原理图文件的电气规则检查即编译操作，可以由用户为编译器指定需要检查的选项及错误等级，并且将编译结果显示在 Messages 面板上以供用户修改时参考。

（5）信号仿真和完整性分析功能。Protel 软件提供了强大的混合信号电路仿真器 Mixed

Sim,能提供连续的模拟信号和离散的数字信号的仿真操作,为用户提供一个从设计到功能验证的完整的仿真设计环境。

2. 新建并保存原理图文件

首先,选择或新建一个 PCB 项目工程文件,并在当前 PCB 项目中创建原理图文件。可以使用以下的两种方法在 PCB 项目工程文件中新建一个原理图文件:

(1)使用主菜单操作。执行菜单命令"文件"→"创建"→"原理图",此时原理图文件窗口及组成如图 1-22 所示。执行菜单命令"文件"→"保存",弹出如图 1-23 所示的保存文件对话框,在"文件名"文本框中输入相应的原理图文件主名,即可实现原理图文件的保存。此时,Projects 操作面板上的当前 PCB 项目文件名右侧的图标变为红色,说明当前 PCB 项目文件被编辑过后没有保存;接下来要将当前 PCB 项目文件也保存,则当前 PCB 项目文件名右侧的图标已变回原来的灰色。

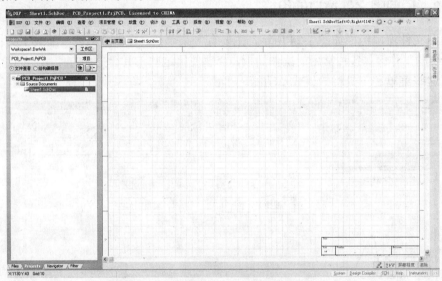

图 1-22 新建的原理图文件窗口

图 1-23 保存文件对话框

(2)使用快捷菜单操作。光标指向当前 PCB 项目文件名处,单击鼠标右键,在弹出的

"PCB 项目文件"快捷菜单中选择 Schematic,也可新建一个原理图文件。

> **提示**：如果在没有创建 PCB 项目工程的前提下新建了一个原理图文件，就会产生作为自由文件夹中原理图文件的情况，这样会给后面的设计工作带来错误，因此需要将自由文件夹中的原理图文件添加到当前 PCB 项目文件中。

3. 向 PCB 项目中添加已存在的原理图文件

可以将其他 PCB 项目中的原理图文件或自由原理图文件添加到当前的 PCB 项目工程文件中，执行菜单命令"项目管理"→"追加已有的文件到项目中"，在弹出的选择文件对话框中选中相应的原理图文件即可。也可以使用项目文件快捷菜单操作，即将光标指向当前 PCB 项目文件名处并单击鼠标右键，在弹出的快捷菜单中执行"追加已有的文件到项目中"选项即可。

1.2.3 原理图文件窗口的组成

原理图文件窗口组成如图 1-24 所示，主要有主菜单栏、标准工具栏、配线工具栏、实用工具栏、绘图工作区、各种常用的操作面板，合理使用这些工具会更加方便用户的绘制操作，在此介绍这些菜单和工具栏的组成及功能。

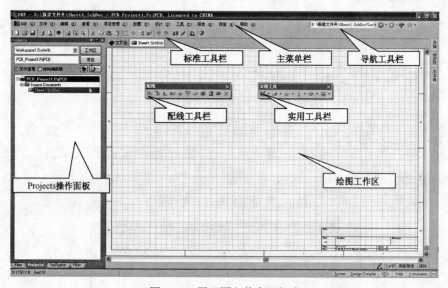

图 1-24　原理图文件窗口组成

1. 主菜单栏

原理图的主菜单主要包括文件、编辑、查看、项目管理、放置、设计、工具、报告、视窗、帮助这几个功能菜单，它们各自能够实现以下功能：

- ◆ 文件：文件管理菜单，主要进行原理图文件的创建、打开、保存、页面设置和导入文件的操作。
- ◆ 编辑：完成与原理图编辑有关的操作，即原理图中对象的复制、粘贴、删除、阵列粘贴、移动、对齐、查找文本等操作。
- ◆ 查看：用于设计原理图工作环境，包括按比例显示图纸，显示指定图纸区域，显示

工具栏，显示工作区面板，修改工作区布局，切换原理图网格显示和单位等操作。
- ◆ 项目管理：主要包括原理图及项目编译，向项目中追加和删除文件，设置项目管理选项等操作。
- ◆ 放置：用于在原理图中放置各种对象，包括元件、导线、总线、总线入口、电源端口、节点、端口、网络标签、图纸符号等基本的原理图对象。
- ◆ 设计：在这个菜单中实现原理图的主要设计功能，包括浏览元件库，生成网络表，原理图仿真，生成层次原理图等操作。
- ◆ 工具：主要包括查找元件，元件自动编号，原理图系统工作环境参数，信号完整性分析等操作。
- ◆ 报告：可以生成当前原理图元件材料清单、元件交叉参考表、项目层次表等表格文件。
- ◆ 视窗：实现当前原理图窗口的各种排列方式。
- ◆ 帮助：查找帮助信息，提供原理图设计相关的帮助内容。

各个菜单选项的详细功能及操作方法会在后面的内容中分别详细介绍。

2．工具栏

原理图中常用的工具栏有标准工具栏、配线工具栏、实用工具栏、导航工具栏、混合信号仿真工具栏等。显示或关闭相应工具栏，可执行菜单命令"查看"→"工具栏"，用户可从其子菜单中选择相应的工具栏名称。

（1）标准工具栏。原理图标准工具栏如图1-25所示。

图1-25　原理图标准工具栏

其中各个图标可以实现的功能分别是：新建文件、打开文件、保存文件、打印文件、打印预览、打开器件视图页面、显示全部对象、缩放整个区域、缩放选定对象、剪切、复制、粘贴、阵列粘贴、在区域内选择对象、移动选中对象、取消全部选择、清除过滤器、撤销、恢复撤销、改变设计层次、交叉探测、浏览元件库、帮助。

（2）配线工具栏。用于放置原理图基本操作对象，如图1-26所示，各图标功能分别与主菜单中的"放置"菜单功能一致。

（3）实用工具栏。用于完成绘图工具、元件位置排列、电源接地符号、电阻和电容等符号、信号仿真源符号、网格设置子菜单等的编辑操作，如图1-27所示。

（4）导航工具栏。如图1-28所示，用于完成项目中各个文件和页面之间的切换。

图1-26　配线工具栏　　　图1-27　实用工具栏　　　图1-28　导航工具栏

3．工作区面板

Protel 2004的工作区较以前的版本最大的改变就是设置了各种工作区面板，工作区面板可以使用户更加方便直观地进行原理图的绘制操作。执行菜单命令"查看"→"工作区面板"，在下一级菜单中出现如图1-29所示的工作区面板菜单，在此可以调出设计编辑操作的工作区面板、帮助操作的工作区面板、系统操作的工作区面板和原理图工作区面板。在如图1-30所示的当前窗口下方的状态栏中，也可以调出相应的工作区面板，各个工作区面板的使用方法及功能会在后续的内容中详细介绍。

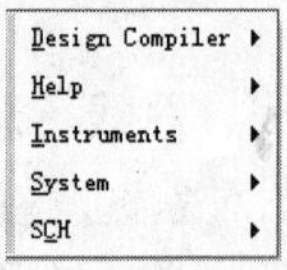

图1-29　工作区面板菜单

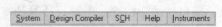

图1-30　状态栏中的工作区面板选项

4．缩放图纸比例

在绘制原理图的过程中，经常需要缩放图纸比例来排放元件位置和连接元件，"查看"菜单和键盘快捷键都可以实现对图纸的缩放操作。

（1）使用"查看"菜单缩放图纸比例。执行菜单命令"查看"，弹出如图1-31所示的各个命令功能，可以实现对图纸按比例缩放、按区域缩放、按选定对象缩放、显示整个文件、按中心位置放大等图纸缩放操作。

（2）使用快捷键缩放图纸比例。常用的图纸缩放快捷键如下所示：

- Page Up键：以光标为中心，对图纸进行放大显示。
- Page Down键：以光标为中心，对图纸进行缩小显示。
- Home键：由原来光标显示处移至当前图纸中心位置显示。
- End键：更新工作区中图纸对象。
- ↑↓←→键：分别查看当前图纸显示的上部位置、下部位置、左部位置和右部位置。

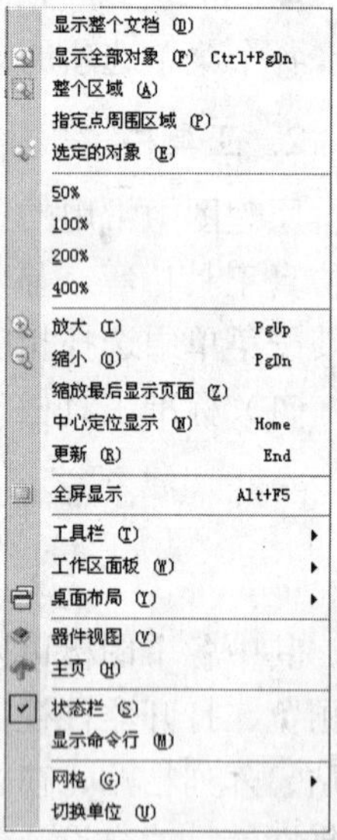

1.2.4　设置原理图工作环境参数

良好的原理图环境会提高绘制原理图的效率和正确性，因此设置好原理图环境参数可以为原理图的绘制打下良好的基础。执

图1-31　"查看"菜单功能

行菜单命令"工具"→"原理图优先设定"，弹出如图1-32所示的"优先设定"对话框，其中包括多个选项卡参数设置，主要介绍常用的"Schematic"选项卡、"Graphical Editing"选项卡、"Compiler"选项卡、"Grids"选项卡中的各个选项功能。

1．"Schematic"选项卡

用于设置原理图工作环境的各个选项参数，单击图1-32中左侧菜单项"Schematic"中的"General"选项，其主要选项功能如下：

（1）"选项"区：用于设置原理图编辑操作过程中相关对象的属性，包括元件拖动或插入方式；多余、相互重叠的导线和总线是否被自动删除；导线是否能自动连接到元件引脚；是否能对插入的对象进行编辑；导线相交的状态；是否显示元件引脚方向；元件端口属性设置等选项。

（2）"剪贴板和打印时包括"选项区：用于设置在原理图中执行粘贴和打印时是否包含一些特殊标记和参数。

项目 1　绘制简单原理图

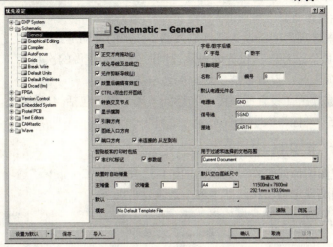

图 1-32　"优先设定"对话框

（3）"放置时自动增量"选项区：用于放置元件时元件引脚号的自动增量控制。

（4）"字母/数字后缀"选项区：用于设置多片集成元件的流水号的后缀属性，以字母或数字表示。

（5）"引脚间距"选项区：用于设置元件的引脚号、元件名称与边界间距。

（6）"默认电源元件名"选项区：用于设置电源和接地符号的默认名称。

（7）"用于过滤和选择的文档范围"选项区：用于选择当前原理图选项参数的应用范围。

（8）"默认空白图纸尺寸"选项区：用于设置默认的空白原理图的图纸尺寸。

2．"Graphical Editing"选项卡

用于设置原理图的图形编辑环境参数，单击图 1-32 左侧的"Graphical Editing"选项，出现如图 1-33 所示的设置图形编辑环境窗口，其中各个选项功能如下：

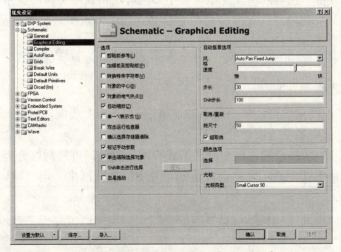

图 1-33　设置图形编辑环境窗口

（1）"选项"区：设置原理图中图形编辑环境的基本参数，包括复制元件时是否需要选择参考点，转换特殊字符串，是否以元件参考点或对象中心为参考点进行位置移动，表示非或

17

负的形式等基本参数设置。

（2）"自动摇景选项"区：设置移动原理图中图形的移动形式和速度。

（3）"取消/重做"选项区：设置编辑原理图时的取消/重做的次数。

（4）"颜色选项"区：设置被选中对象的边框颜色。

（5）"光标"选项区：设置原理图中光标的表现形式，包括4种类型，即大十字光标、小十字光标、小45°光标、微小45°光标。

3．"Compiler"选项卡

用于设置原理图编译的工作参数，单击图1-32左侧的"Compiler"选项，则出现如图1-34所示的设置原理图编译选项窗口，其中各个选项功能如下：

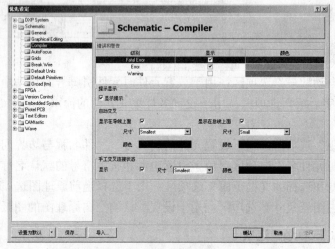

图1-34　设置原理图编译选项窗口

（1）"错误和警告"选项区：设置原理图中不同等级错误或警告的提示颜色。

（2）"自动交叉"选项区：设置原理图中自动连线的节点参数，包括是否显示节点、节点尺寸和颜色。

（3）"手工交叉连接状态"选项区：设置手动连线的节点尺寸及颜色。

4．"Grids"选项卡

用于设置原理图网格参数，单击图1-32左侧的"Grids"选项，出现如图1-35所示的设置网格选项窗口，其中各个选项功能如下：

（1）"网格选项"区：设置原理图网格形式和网格颜色，可视网格分为点状和线状。

（2）"英制网格形式"选项区：设置英制单位中的捕获网格、电气网格、可视网格的尺寸和边框形式。

（3）"公制网格形式"选项区：设置公制单位中的捕获网格、电气网格、可视网格的尺寸和边框形式。

1.2.5　设置原理图文档选项

原理图环境参数可应用于当前PCB项目中的所有原理图文件，而原理图图纸参数只应用

项目 1　绘制简单原理图

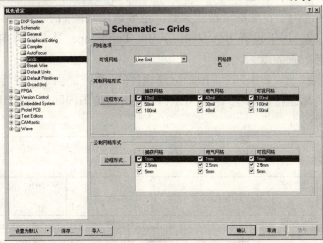

图 1-35　设置网格选项窗口

于当前原理图文件,主要设置原理图图纸的尺寸、标题栏形式、边框格式、元件放置和线路连接等参数。执行菜单命令"设计"→"文档选项",会弹出如图 1-36 所示的"文档选项"对话框,包括"图纸选项"选项卡、"参数"选项卡和"单位"选项卡,各选项卡功能如下:

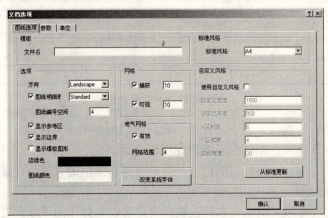

图 1-36　"文档选项"对话框

1."图纸选项"选项卡

用于设置原理图图纸尺寸、网格格式和标题栏等图纸对象的参数,其中主要选项区及各选项功能如下:

(1)"标准风格"选项区:用于设置原理图标准图纸尺寸,单击右侧的下拉按钮,在弹出的下拉框中选择系统提供的图纸尺寸。默认的图纸尺寸选项中有 3 大类格式,美式(从大到小):A0、A1、A2、A3、A4;英制(从大到小):E、D、C、B、A;其他:OrcadA、Letter、Legal 等格式。

(2)"自定义风格"选项区:用于设置自定义图纸尺寸。先要选中复选框"使用自定义风格",下边的选项设置才可以使用,接着在相应的文本框中直接输入所需图纸的宽度、高度、水平和垂直区域数目、边沿宽度的数值即可。若要恢复系统图纸大小,只要去掉刚才选中的复选框即可。

（3）“选项”区：用于设置图纸格式参数，主要选项功能如下。

◆ “方向”选项：用于设置图纸方向，其中，Landscape 是水平方向放置图纸，Portrait 是垂直方向放置图纸。

◆ “图纸明细表”选项：用于设置图纸标题栏样式，系统提供了两种标题栏样式，Standard 是标准形式标题栏，如图 1-37 所示；ANSI 是美国国际标准化组织的标准标题栏，如图 1-38 所示。

Title			
Size A4	Number		Revision
Date:	2011-6-15	Sheet of	
File:	F:\Sheetl.SchDoc	Draen By:	

图 1-37　Standard 标题栏

	Size A4	FCSMNo.	DWGNo.		Rev
	Scale			Sheet	

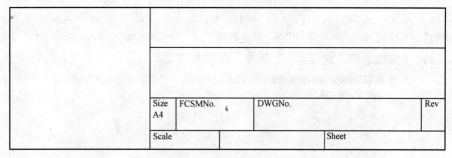

图 1-38　ANSI 标题栏

◆ “显示参考区”选项：用于显示或隐藏图纸边框中的参考区域。

◆ “显示边界”选项：用于显示或隐藏图纸边界。

◆ “边缘色”选项：双击其右侧色块，用户可以在弹出的“颜色设置”对话框中重新设置图纸边缘颜色。

◆ “图纸颜色”选项：双击其右侧色块，用户可以在弹出的“颜色设置”对话框中重新设置图纸的背景颜色。

（4）“网格”选项区：用于设置图纸网格样式。捕获网格（Snap）用于设置光标移动时的间距，系统默认为 10 个像素点，若未选中此项，则元件以一个像素点为基本单位进行移动；可视网格（Visible）可重新设置图纸网格的间距，系统默认为 10 个像素点；电气网格（Electrical Grid），若选中“有效”（Enable）复选框，则在绘制导线时系统以文本框中设置的数值为半径并以光标所在位置为中心向周围搜索电气节点，若找到则光标会自动移到该节点上，否则系统不能自动搜索电气节点。

（5）“改变系统字体”按钮：单击此按钮，弹出如图 1-39 所示的“字体”对话框，在此可以设置在图纸上放置的文本字符的格式。

2．“参数”选项卡

用于设置绘图者信息和图纸相关信息。单击图 1-36 中的“参数”选项卡，则当前对话框变为如图 1-40 所示的窗口，在此可输入图纸设计者或单位地址、审核单位名称、绘图者姓名

项目1 绘制简单原理图

和图纸编号等信息。

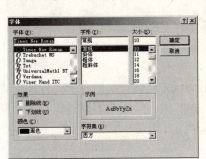

图1-39 "字体"对话框

图1-40 "参数"选项卡

> 提示：可以将"参数"选项卡中的信息显示在标题栏中，使用放置字符功能并在其"字符属性"对话框中的"文本"选项中选中相应的表达式即可，具体操作方法在后面详细介绍。

3. "单位"选项卡

用于设置原理图的尺寸单位。单击图1-36中的"单位"选项卡，则当前对话框变为如图1-41所示的窗口，在此可选择英制单位或公制单位。

图1-41 "单位"选项卡

> 提示：英制单位是指英寸（inch），在Protel软件中默认使用毫英寸（mil），即1inch=1 000 mil。公制单位是指米（m），通常使用毫米（mm），1inch=25.4mm，1mil=0.025 4mm。

任务1.3 编辑原理图文件

任务目标

◆ 原理图元件库的使用方法；

◆ 放置并编辑原理图中基本元件符号；

21

◆ 布局原理图元件符号；
◆ 连接原理图元件符号；
◆ 编译并修改原理图文件和生成原理图报表文件等。

在本任务中，通过了解 Protel 软件功能及创建原理图文件方法，来主要介绍 PCB 设计流程中有关编辑原理图文件的一些基本操作方法和操作技巧。

1.3.1 集成元件库

绘制原理图时用到的各种电子元件，绝大部分可以在 Protel 软件提供的系统元件库中查找到，这些由系统提供的原理图元件符号按元件类型、功能和生产厂家的不同被保存在不同的系统元件库中，就是集成元件库文件，其文件扩展名是".IntLib"。

1．浏览元件库

在原理图中放置元件符号时，需要在相应的元件库中进行查找，即浏览元件库和库中的元件符号。执行菜单命令"设计"→"浏览元件库"，则在工作区右侧会自动弹出"元件库"面板，如图 1-42 所示。单击元件库选择框右侧的下拉按钮，在出现的下拉菜单中选择相应的集成元件库名，则在下方的元件列表框中就会显示当前元件库中的所有元件；再分别单击当前元件库中对应的元件名称，就会在下方的元件预览区中显示对应的元件外形及其封装图形。在元件库选择框中选中不同的库文件名，下方的元件列表框中就会列出当前元件库中所有的元件符号，这样就可以通过元件库管理器来浏览所有元件库中的元件符号了。

"元件库"面板中的"元件库…"按钮可以实现加载/卸载当前 PCB 项目中的集成元件库的功能；单击"查找…"按钮，可以按元件符号名称在全部系统集成元件库中进行精确和模糊查找；"Place"按钮用于放置当前选中的元件符号。

2．加载/卸载元件库

在新建了一个原理图文件后，系统会自动加载两个集成元件库，即 Miscellaneous Devices.IntLib（基本元件库）和 Miscellaneous Connectors.IntLib（常用连接元件库）。基本元件库中主要包括电阻、电容、晶体管、二极管、数码管、整流桥等常用电子元件，常

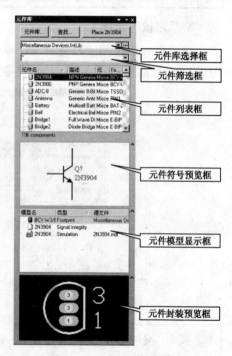

图 1-42 "元件库"面板

用连接元件库中主要包括常用的各种接插件。另外，还有几个常用元件库，包括 Sim、Simulation、PLD 等，它们包括了一般电路仿真所需要用到的元件和一些逻辑元件。但由于不同原理图中所使用的元件符号不尽相同，所以会用到许多不同元件库中的元件符号，因此需要将没有加载到当前 PCB 项目中的有用元件所在的集成元件库加载进来，可以将不需要的集成元件库从当前 PCB 项目中卸载。Protel 软件已将各大半导体公司的常用元件做成了分类

项目1 绘制简单原理图

且专用的元件库,若要放置相关元件,只要装载其所在公司的元件库即可。

执行菜单命令"设计"→"追加/删除元件库",或单击"元件库"面板中的"元件库…"按钮,都会弹出如图1-43所示的"可用元件库"对话框。

此时显示已安装好的元件库是两个自动加载的元件库,单击"安装…"按钮,弹出如图1-44所示的"打开"对话框。此时,选择路径自动停留在元件库的安装目录下,用户在相应的目录中选择一个或多个元件库,单击"打开"按钮,即可将选中的元件库加载到当前PCB项目工程文件中,如图1-45所示。单击当前窗口中的"向上移动"和"向下移动"按钮,可以改变已加载元件库的排列顺序。如果需要卸载相应的元件库,只要在此单击即将其选中,然后单击"删除"按钮,即可将选中的元件库从当前PCB库中卸载。

图1-43 "可用元件库"对话框

图1-44 "打开"对话框

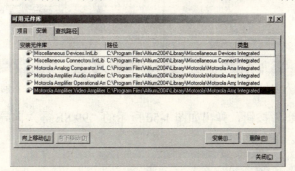

图1-45 加载元件库后的"可用元件库"对话框

"可用元件库"对话框中的"项目"选项卡中会列出当前PCB项目中的自制元件库;单击"查找路径"选项卡,可以在此添加查找元件库时常用路径设置。

3. 导入低版本的元件库

在Protel 2004中可以使用导入的Protel 99 SE中原理图元件库,执行菜单命令"文件"→"99 SE导入器",弹出如图1-46所示的"99 SE导入向导器"对话框,具体导入过程如下:

(1)单击"下一步"按钮,弹出如图1-47所示的"99 SE导入向导器"对话框窗口二,如果需要导入文件夹中元件库,就单击左侧的"追加"按钮;如果需要导入元件库文件,就单击右侧的"追加"按钮,都可以选中需要导入到当前PCB项目中的低版本元件库。

(2)单击"下一步"按钮,弹出如图1-48所示的"99 SE导入向导器"对话框窗口三,在此单击 按钮,在出现的对话框中选择导入元件库的存放路径。

23

 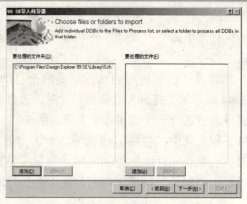

图1-46 "99 SE导入向导器"对话框窗口一　　图1-47 "99 SE导入向导器"对话框窗口二

（3）单击"下一步"按钮，弹出如图1-49所示的"99 SE导入向导器"对话框窗口四，在此为导入的元件库创建相应的元件库项目。

 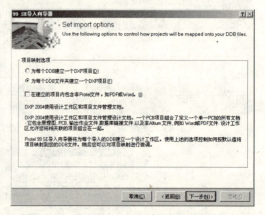

图1-48 "99 SE导入向导器"对话框窗口三　　图1-49 "99 SE导入向导器"对话框窗口四

（4）单击"下一步"按钮，弹出如图1-50所示的"99 SE导入向导器"对话框窗口五，在此再次选择需要导入的元件库文件。

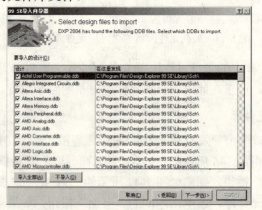

图1-50 "99 SE导入向导器"对话框窗口五

（5）单击"下一步"按钮，弹出如图1-51所示的"99 SE导入向导器"对话框窗口六，在此建立需要导入元件库文件的映射。

项目1 绘制简单原理图

（6）单击"下一步"按钮，弹出如图 1-52 所示的"99 SE 导入向导器"对话框窗口七，在此显示导入元件库操作的源文件和输出信息。

图 1-51　"99 SE 导入向导器"对话框窗口六　　图 1-52　"99 SE 导入向导器"对话框窗口七

（7）单击"下一步"按钮，弹出如图 1-53 所示的"99 SE 导入向导器"对话框窗口八，在此进行导入元件库的操作。

（8）单击"下一步"按钮，弹出如图 1-54 所示的"99 SE 导入向导器"对话框窗口九，在此选择打开的工作区。

图 1-53　"99 SE 导入向导器"对话框窗口八　　图 1-54　"99 SE 导入向导器"对话框窗口九

（9）单击"下一步"按钮，弹出如图 1-55 所示的"99 SE 导入向导器"对话框窗口十，完成元件库导入过程。

图 1-55　"99 SE 导入向导器"对话框窗口十

25

电子 CAD 绘图与制版项目教程

1.3.2 放置并编辑原理图元件符号

绘制原理图的最基本的操作就是放置元件符号，原理图中常用操作对象包括系统元件库中的元件、电源和接地元件、网络标签、电路端口符号、图纸符号、导线等，在此介绍元件符号、节点和电源接地元件的查找与放置方法。

1. 放置元件符号

（1）使用菜单放置元件。执行菜单命令"放置"→"元件"，弹出如图 1-56 所示的"放置元件"对话框，以放置"2N3904"元件为例，其具体操作过程如下：

① 输入元件符号名称。在"库参考"文本框中输入元件符号名称，如果元件符号名称未知，则可以单击其右侧的 按钮，在弹出的如图 1-57 所示的"浏览元件库"对话框中进行选择。

图 1-56 "放置元件"对话框

先在"库"文本框的下拉菜单中选择元件所在的库文件；再在下方的元件列表中选中所需元件符号名称，单击"确认"按钮。此时所需元件名称就出现在"库参考"文本框中，并且在右侧的预览区域中显示出当前元件的原理图符号外形和其封装图形，如图 1-58 所示。同时，在下面的"注释"和"封装"文本框中会自动出现当前元件的相关信息，在"标识符"文本框中会出现其默认的标识符形式，在"零件 ID"文本框中会显示当前元件是否有子片的信息。

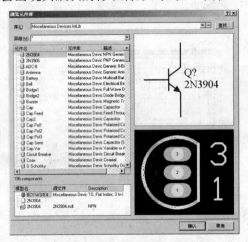

图 1-57 "浏览元件库"对话框　　图 1-58 选择元件名称后的"放置元件"对话框

> **提示**：图 1-57 所示的"浏览元件库"对话框中的"屏蔽"文本框可以用来筛选符合屏蔽条件的元件名称。例如，放置电容元件时若不知道其完整的元件符号名称，只知道其元件符号名以字母 C 开头，就可以在"屏蔽"文本框中输入条件符号"C*"，这样在元件符号名列表中就会列出当前元件库中所有以字母 C 开头的元件。找到所需元件后，要将"屏蔽"文本框中的条件符号删除，否则之后列出的元件都以此为条件来显示。
>
> 用户在当前已加载的元件库中找不到所需元件时，可以使用"浏览元件库"对话框中右上角的"查找…"按钮，具体操作方法在后面介绍。

② 输入元件标识符。原理图中的元件标识符是当前元件区别于其他元件的标识,因此其在当前原理图中必须是唯一的。如果当前放置元件是多片集成元件,则在相应标识符中会出现如 A、B、C 等符号,即系统自动为当前元件的各个子片添加标识符;若是单片元件,则不会出现此情况。

③ 输入元件注释。在默认情况下,元件注释信息与元件名称一致,根据实际原理图情况,也可以修改元件的注释信息。

④ "零件 ID"。如果当前元件是单片元件,则此处文本框是灰色的,即是不可选;如果当前元件是多片集成元件,则单击此文本框右侧的下拉按钮,可以选择当前元件的子片。

⑤ 单击"确认"按钮,此时箭头光标下方会有当前元件浮现,如图 1-59 所示,它随着光标一同移动。当光标移到适当位置后,单击即可将当前元件放置到原理图上。

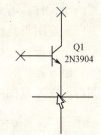

图 1-59 放置在原理图中的"2N3904"元件

放置一个元件后,还会有已放置的元件随光标一同移动,若要放置相同元件,则可继续单击来实现放置,新的元件标识符会在原来元件标识符基础上按顺序自动增加;若要放置其他元件,则可按 Esc 键或单击鼠标右键,此时还会弹出"放置元件"对话框,等待用户继续放置元件;如果不再放置新元件,则可单击"取消"按钮来关闭对话框。当元件浮现在光标下且未放置元件之前,用户可用光标调整其位置,或按空格键来旋转元件(每按一次空格键,元件按逆时针方向旋转 90°),再调整好位置和方向。

> 提示:如果放置后的元件旁边或下边出现红色的波浪线,说明当前原理图中有重复的元件标识符,此时只要将带红色波浪线元件的标识符改为当前原理图中没有的标识符,其旁边的红色波浪线就会自动消失。

如果当前放置的元件是多片集成元件"SN74LS74AN",则会出现如图 1-60 所示的对话框,在下方的"零件 ID"文本框中选择第一个子片后放置,再使用同样的方法放置当前元件的第二个子片,在原理图中放置后如图 1-61 所示。

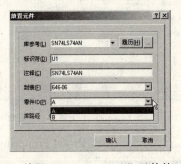
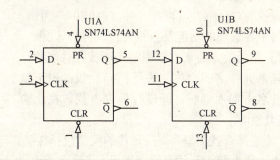

图 1-60 放置"SN74LS74AN"元件的对话框　　图 1-61 放置"SN74LS74AN"元件的两个子片

使用原理图快捷菜单同样可以放置元件,在原理图空白处单击,在弹出的快捷菜单中单击"放置"→"元件",如图 1-62 所示,也会弹出"放置元件"对话框,其操作方法与使用菜单的操作方法一致。原理图快捷菜单除了可以进行与原理图主菜单栏"放置"菜单中相同的操作之外,还可以进行查找元件、文本、相似元件,修改原理图图纸格式等操作。

(2)使用元件库管理器放置元件。在元件库管理器中的元件库选择框中,选中元件所在的元件库文件。接着在其下拉元件列表框中用光标选中所需元件,单击 按钮即可放置元件,这种操作方法可以连续放置相同的元件。用户还可以在下拉元件列表框中用光标将选中元件拖到原理图工作区中实现放置,但这种元件放置方式不能实现连续放置,只能一次放置一个元件;若还要放置相同元件,则需再用光标将这个元件拖动到原理图中。

(3) 使用工具栏放置元件。单击原理图的"实用"工具栏上的 图标,会弹出如图 1-63 所示的下拉图标,这些图标包括常用参数的电阻、电容、与门、或门、与非门、或非门、反相器、触发器、异或门、译码器和数据选择器等常用电路元件符号。用户只需单击相应的元件图标,在原理图中放置即可。

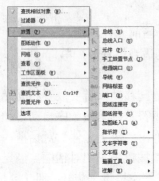
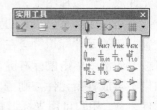

图 1-62　原理图快捷菜单　　　图 1-63　"实用"工具栏中的常用元件子图标

2. 查找元件符号

如果用户对所用原理图元件符号不熟悉或不清楚其所在元件库位置,此时就可以在原理图中使用菜单、元件库管理器、快捷菜单来查找元件符号。

(1) 用菜单查找元件。执行菜单命令"工具"→"查找元件",或者在原理图空白处单击,并在弹出的如图 1-62 所示的原理图快捷菜单中选择"查找元件"子菜单,都会弹出如图 1-64 所示的"元件库查找"对话框。以查找元件"74LS04"为例,说明其中各选项的功能及查找元件的操作步骤。

① 在最上方的文本框中输入所找元件名称。可以输入元件名的全称,进行精确查找;也可以在文件名中加入"*",即进行模糊查找。在此输入"74LS04"。

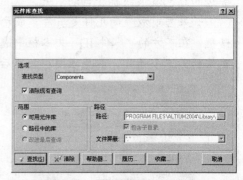

图 1-64　"元件库查找"对话框

② 选择查找类型。查找元件的类型包括 3 类,分别是 Components、Protel Footprints 3D、Models。要查找的元件是原理图元件符号,所以在此选择 Components。

③ 确定查找范围。在"范围"选项中有两个查找范围选项,"可用元件库"是指当前 PCB 项目中已加载的元件库,"路径中的库"是指右侧"路径"选项中指定路径中的元件库。

④ 确定查找路径。在查找范围中选择"路径中的库"之后,此选项中的 图标变为可用,单击此图标,在弹出的对话框中确定查找元件的路径。但要先选中其下方的复选框,此功能才有效。"文件屏蔽"选项用于设置查找对象的文件名匹配情况,其中"*.*"表示与元件匹配的任何字符串。

项目1 绘制简单原理图

⑤ 单击"查找"按钮，此时元件库管理器会显示元件查找过程，这个过程需要用户等待一段时间。同时元件库管理器中的"查找"按钮变成"停止"按钮，可以单击此按钮随时停止搜索元件。查找到指定元件后，会在元件库管理器中元件列表框中列出所有包括"74LS04"的元件名称，如图1-65所示。"元件库"文本框中出现的Query Results选项是用于显示查找结果的选项，在其元件列表中选中所需元件放置在当前原理图中即可。

（2）用元件库管理器查找元件。单击元件库管理器中的"Search"按钮，弹出"查找元件"对话框，在此使用与上面相同的操作方法进行原理图元件符号查找。在"元件筛选"文本框中，也可以输入查找元件条件来进行元件筛选。

（3）用快捷菜单查找相似元件。以查找所有阻值为"1k"的电阻为例，单击即选中原理图中一个电阻阻值为"1k"的元件组件属性参数，再单击鼠标右键，弹出如图1-66所示的"查找相似对象"对话框，在"Object Kind"选项右侧的文本下拉框中显示"Same"，说明当前操作是选中当前原理图中所有阻值为"1k"的元件组件属性参数"1k"。单击"确认"按钮，所有符合条件的对象都以高亮的形式显示且弹出如图1-67所示的对象检视对话框，在此可以将所有选中的对象的相应属性进行统一的修改。

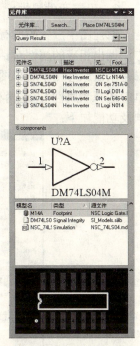

图1-65 查找元件"74LS04"的结果显示

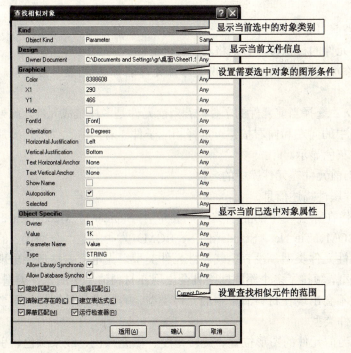

图1-66 "查找相似对象"对话框

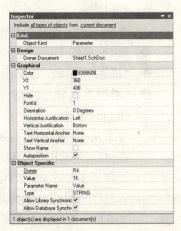

图1-67 对象检视对话框和当前原理图显示元件状态

3. 设置元件属性

原理图中放置的所有对象都可以根据实际原理图要求来修改它们的属性，可以使用两种方法调出相应的属性对话框。一是在选中元件并在原理图中单击即真正放置之前，按 Tab 键；二是双击原理图中对象图形中心位置或光标指向相应对象，单击鼠标右键并从弹出的快捷菜单中选择"属性"，这两种方法都可以弹出如图 1-68 所示的"元件属性"对话框，其中各选项及功能如下：

图 1-68　"元件属性"对话框

（1）"属性"选项区：在此设置当前元件的元件标识符、元件注释、可视选择、元件的子件等信息。

- ◆ "标识符"选项：设置当前对象在原理图中唯一的标识符，选中"可视"复选框后，即在原理图中显示当前元件的标识符，否则将其隐藏。
- ◆ "注释"选项：常用于添加元件注释，默认情况是添加元件名称，"可视"复选框功能同上。
- ◆ `<< < > >>` Part 1/1：选择当前元件的子件。若当前元件是多片集成元件，此处则以黑色显示，单击其中的向左和向右按钮可选择相应子件。若当前元件不是多片集成元件，则此按钮以灰色显示。
- ◆ "库参考"选项：显示当前元件在元件库中的名称。
- ◆ "描述"选项：显示元件属性描述信息。
- ◆ "类型"选项：当前元件在原理图中的显示类型，其中有 Standard、Mechanical、Graphical、Tie Net in BOM、Tie Net、Standard（No BOM）六种类型，分别代表的含义是有标准的电气属性元件类型，没有电气属性元件类型，无电气属性但会出现在材料清单中的元件类型，短接了多个不同网络且会出现在材料清单中的元件类型，短接了多个不同网络但不会出现在材料清单中的元件类型，有标准元件属性但不会包括在材料清单中的元件类型。

（2）"图形"选项区：编辑当前元件的图形位置、旋转角度、填充颜色、线条颜色、引脚颜色和镜像处理等操作。

- ◆ "位置"选项：用于设置元件在图纸上的坐标位置。

项目 1 绘制简单原理图

- ◆ "方向"选项：用于设置元件旋转角度。
- ◆ "局部颜色"复选框：用于设置元件内部颜色、线条颜色和引脚颜色。
- ◆ "锁定引脚"复选框：若去掉此选项，则对应元件的引脚可以在原理图中拖动、复制和修改。如图 1-69 所示，将其"元件属性"对话框中的此复选框取消选中后，用光标拖动 16 引脚至元件 U12 的顶部并使引脚的电气节点向外；使用同样方法将 8 引脚拖至元件 U12 的底部，修改完成后将"锁定引脚"复选框再次选中即可。

（3）修改引脚属性。取消选中"锁定引脚"复选框后，双击需要修改的引脚会弹出如图 1-70 所示的"引脚属性"对话框，在此可以修改当前引脚的名称、标识符、电气类型、符号、长度、颜色等参数。具体内容如下：

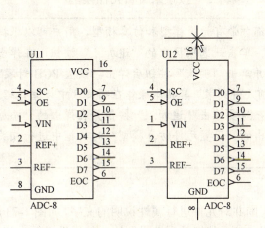

图 1-69 修改元件引脚前后的元件 U12

图 1-70 "引脚属性"对话框

- ◆ "显示名称"和"标识符"选项：直接输入相应名称和引脚标识符即可，但要注意同一元件引脚的标识符不能重名。取消选中右侧"可视"复选框后，可以不显示当前引脚的名称或标识符。
- ◆ "电气类型"选项：包括 Input、IO、Output、Open Collector、Passive、HiZ、Emitter、Power 八种类型，用户可以根据实际情况进行选择。
- ◆ "隐藏"复选框：选中此复选框，用于将当前引脚隐藏。
- ◆ "符号"选项：可以根据引脚类型在当前引脚的内部、内部边沿、外部边沿、外部这 4 个位置放置不同类型的 IEEE 符号。
- ◆ "图形"选项区：用于修改当前引脚的长度、精确位置、方向和颜色。

（4）"编辑引脚…"按钮：单击此按钮，弹出如图 1-71 所示的"元件引脚编辑器"，在此可以增加、删除和修改当前元件的引脚及其属性。具体操作方法如下：

- ◆ 单击"追加…"按钮，则在当前引脚 1 上方添加了一个新引脚 0，如图 1-72 所示。
- ◆ 单击选中这个新添加的引脚 0，单击"编辑…"按钮，也会弹出如图 1-70 所示的"引脚属性"对话框，在此修改当前引脚属性。
- ◆ 单击"删除…"按钮，可以删除当前选中的引脚。

图 1-71 "元件引脚编辑器"　　　　图 1-72 添加了一个新引脚 0

（5）Parameters 选项区：用于设置当前元件特性的参数和规则，选中每一个参数设置框前方的"可视"复选框后，其设置或修改的参数就会出现在原理图对应元件周围。

（6）Models 选项区：用于设置元件模型，包括与当前元件的封装类型、仿真模型和三维模型，用户也可以单击"追加…"、"删除…"、"编辑…"按钮来编辑元件模型。

> **提示**：当前原理图中的系统元件大部分都自带有封装模型和仿真模型，用户可以根据实际要求来修改或重设元件封装和仿真属性。单击此选项区中的"追加…"按钮，在弹出的"添加新模型"对话框中选择 Footprint，并单击"确认"按钮后弹出"设置 PCB 封装"对话框，用户可以在此对话框中重新设置当前元件封装，其具体操作在项目 3 中详细介绍。同样，若要重新设置当前元件仿真模型，用户只要单击"追加…"按钮并在弹出的"添加新模型"对话框中选择 Simulation 后，在弹出的"设置元件仿真模型"对话框中进行相关操作即可。

4．设置元件组件属性

元件组件是指原理图中显示在元件图形周围并对元件进行属性说明的文字，如图 1-73 所示。可以对元件的各个组件分别进行属性设置，其元件组件属性设置比元件属性设置中相应参数更加详细。双击当前元件的其中一个组件字符，弹出如图 1-74 所示的"参数属性"对话框，用户在此可以设置当前元件组件的数值、X 轴/Y 轴位置、放置方向、对齐方式、字体格式、旋转角度、隐藏、选取等信息。

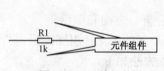

图 1-73 元件组件

图 1-74 "参数属性"对话框

1.3.3 放置电源端口符号

原理图中的电源和接地符号是最常用的对象之一，它们在原理图中有多种不同的显示形状与名称。

1. 使用菜单放置

执行菜单命令"放置"→"电源端口",此时光标下方出现十字形符号和电源端口符号,在单击放置当前元件之前按 Tab 键,弹出如图 1-75 所示的"电源端口"对话框,其中各选项功能如下:

- ◆ "颜色"选项:双击此色块,可以在弹出的"颜色设置"对话框中修改当前符号颜色。
- ◆ "位置"选项:用于精确设置当前符号位置。
- ◆ "方向"选项:用于设置当前符号的旋转方向。
- ◆ "网络"选项:在此输入当前符号的网络名称。
- ◆ "风格"选项:单击其右侧的下拉按钮,在弹出的下拉框中可选择由软件提供的如图 1-76 所示的 7 种电源端口风格。

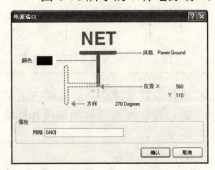

图 1-75 "电源端口"对话框

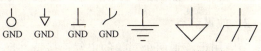

图 1-76 电源端口符号的 7 种风格样式

2. 使用实用工具栏放置

单击实用工具栏中的图标 ,弹出如图 1-77 所示的下拉子菜单,在这里提供了多种常用样式的电源和接地端口符号,用户只要单击选中相应的图标再在原理图中放置即可。也可以单击配线工具栏中的 和 图标,同样也可以放置电源端口符号。

1.3.4 绘制导线与总线

原理图中的导线是用来连接各元件与符号引脚并使各个引脚之间具有电气连接特性的操作对象,可分为导线与总线两种形式。

图 1-77 实用工具栏中的放置电源端口图标

1. 绘制导线

执行菜单命令"放置"→"导线",或者单击配线工具栏中的 图标,都可以绘制导线。具体操作过程如下:

(1)此时光标变为十字形,移动光标到一个元件引脚的电气节点处,此时光标下方的小十字形状变为红色,说明现在捕捉到了电气节点,如图 1-78(a)所示,在此处单击以确定导线的一个连接点。

(2)向指定方向拉动光标,如图 1-78(b)所示,在需要拐角处单击一次即可实现一次拐弯,如果需要多个拐点只要多次单击即可实现。

(3)拉动光标并在相应元件引脚的电气节点处单击,确定导线的另一个连接点,此时一条导线绘制完成，如图 1-78（c）所示。此时仍处于绘制导线状态，用户可以使用相同的方法继续绘制其余导线。如果需要结束放置导线状态，只要单击鼠标右键或按 Esc 键即可。

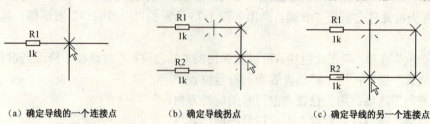

(a) 确定导线的一个连接点　　(b) 确定导线拐点　　(c) 确定导线的另一个连接点

图 1-78　绘制导线的操作过程

> **提示**：在选择绘制导线的命令后，光标下方出现十字形，此时按 "Shift+Space" 组合键，可以切换导线的拐角模式，包括 90°拐角模式、45°拐角模式和任意角度拐角模式，如图 1-79 所示。

图 1-79　导线的 3 种拐角模式

（4）设置导线属性。双击原理图中任意一条导线或在选择放置导线命令后且单击之前按 Tab 键，都会弹出如图 1-80 所示的"导线"对话框，在此可以设置当前导线的颜色和线宽。

2．放置节点

节点用于连通两个对象的电气连接特性，执行菜单命令"放置"→"手工放置节点"，此时光标下方出现十字形符号和棕色的圆点，在原理图中适当位置单击即可放置一个节点。此时仍处于放置节点状态，用户可以使用相同的方法继续放置其余节点。如果需要结束放置节点状态，只要单击鼠标右键或按 Esc 键即可。双击已放置的节点或在选择放置节点命令后且单击之前按 Tab 键，都会弹出如图 1-81 所示的"节点"对话框，在此可以设置当前节点的颜色、位置和尺寸。

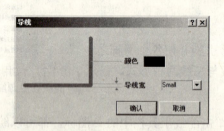

图 1-80　"导线"对话框

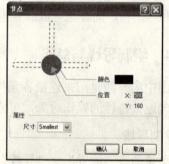

图 1-81　"节点"对话框

3．绘制总线

总线在原理图中的默认状态是一条比普通导线较粗的线，它能够同时连接多条导线，被总线连接在一起的这些导线按照相应的网格标签实现电气连接，通常用于连接原理图中引脚较多的对象以达到简化和美观的目的。总线本身没有实质的电气连接意义，但在绘制原理图时将其与总线入口和网格标签组合在一起构成相应的网络来实现电气连接。

（1）绘制总线。执行菜单命令"放置"→"总线"或单击配线工具栏中的 图标，都

项目 1 绘制简单原理图

可以绘制总线。此时光标下方出现十字形,在相应位置绘制出如图 1-82 所示的总线形状。此时仍处于绘制总线状态,用户可以使用相同的方法继续绘制其余总线。如果需要结束放置状态,只要单击鼠标右键或按 Esc 键即可。

(2)设置总线属性。双击已放置好的总线或在选择放置总线命令后且单击之前按 Tab 键,都会弹出如图 1-83 所示的"总线"对话框,在此可以设置当前总线的宽度和颜色。

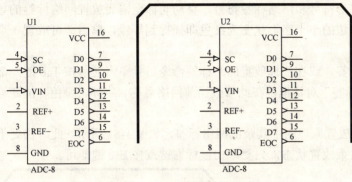

图 1-82 绘制好的总线形状

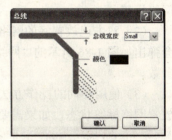

图 1-83 "总线"对话框

4.放置总线入口

总线入口可能实现导线与总线的连接,其本身没有电气连接特性,而需要与总线、网格标签放在一起,才具有电气连接特性。

(1)放置总线入口符号。执行菜单命令"放置"→"总线入口"或单击配线工具栏中的 ↗ 图标,都可以放置总线入口。此时光标下方出现十字形符号和总线入口的符号,如图 1-84 所示,在与总线相连的相应位置处单击一次即可放置一个总线入口符号。此时仍处于放置总线入口符号状态,用户可以使用相同的方法继续放置其余总线入口符号。如果需要结束放置状态,只要单击鼠标右键或按 Esc 键即可。

(2)设置总线入口符号属性。双击已放置好的总线入口符号或在选择放置总线入口命令后且单击放置总线入口之前按 Tab 键,都会弹出如图 1-85 所示的"总线入口"对话框,在此可设置总线入口符号的起始位置、颜色和线宽。

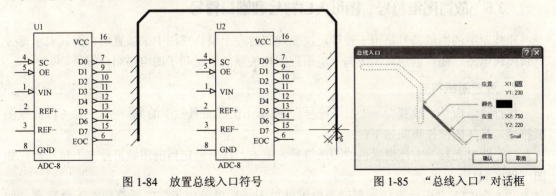

图 1-84 放置总线入口符号　　　　图 1-85 "总线入口"对话框

5.放置网络标签

原理图中的网络是指真正互相连接或通过网络标号连接在一起的一组元件引脚和导线,相同网络中的对象即使没有使用导线直接相连但也被视为连接到同一导线上。原理图中的网络用不同的网络名称区分从而形成按电气节点连接的电路原理图,网络标签起到标识原理图中各个不同的网络名称的作用,也可以为了避免原理图中较远的和复杂的连线或连线的重复交错而用网络标签代替导线的实际连接、总线连接和层次式或多重式原理图的连接功能。

首先,将总线入口符号与元件引脚用导线连接起来,再执行菜单命令"放置"→"网络标签"或单击配线工具栏中的 Net 图标,都可以放置网络标签。其具体操作过程如下:

(1) 此时光标下方出现十字形符号和网络标签符号,移动光标至需要放置网络标签的导线上方,此时光标上网络标签旁边的小十字形状变为红色即捕捉到导线,单击即可放置一个网络标签。

(2) 双击已放置好的网络标签,或在选择放置网络标签命令后且单击之前按 Tab 键,都会弹出如图 1-86 所示的"网络标签"对话框,在此修改当前网络名称、字体、颜色、位置等参数。

(3) 使用相同的操作方法,放置原理图中其余的网络标签,如图 1-87 所示。此时仍处于放置网络标签状态,如果需要结束放置状态,只要单击鼠标右键或按 Esc 键即可。

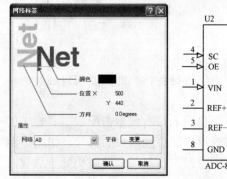

图 1-86 "网络标签"对话框　　　　图 1-87 在原理图中放置网络标签

> **提示**:在浮动的网络标签状态下按 Tab 键,再将网络标签设置成标签后带有数字的名称,则在连续放置时,网络标签名称中的数字会按升序自动增加。

1.3.5 放置图纸符号、图纸入口符号和端口符号

原理图中的图纸符号是用于设计层次原理图时在上层原理图中来放置的,用其表示部分复杂模块电路,还可以用其生成与上层原理图相关联的子图和子图电路端口符号。

1. 放置图纸符号

执行菜单命令"放置"→"图纸符号",或单击配线工具栏中的 ▦ 图标,都可以放置图纸符号。具体的操作步骤如下:

(1) 此时光标下方浮现绿色的图纸符号,单击一次以确定当前图纸符号左上角端点,如图 1-88(a) 所示。

(2) 向右下方拖动光标,至适当位置处单击一次以确定当前图纸符号右下角端点,如图 1-88(b) 所示。

(3) 此时仍处于放置图纸符号状态,用户可以继续放置图纸符号;如果需要结束放置状态,只要单击鼠标右键或按 Esc 键即可。

项目1 绘制简单原理图

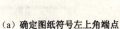

图 1-88 放置图纸符号

（4）设置图纸符号属性。双击已放置好的图纸符号或在选择放置图纸符号命令后且单击之前按 Tab 键，都会弹出如图 1-89 所示的"图纸符号"对话框，在此设置当前图纸符号的具体位置、尺寸、颜色、线宽、标识符和文件名等参数。其中，标识符与原理图元件标识符要求一致，即必须是唯一的；文件名是由图纸符号生成的子图文件名称，只需要输入文件主名即可。

2. 放置图纸入口符号

在原理图中放置的图纸入口符号相当于一个复杂的元件，但这个元件要与原理图中其他对象连接时必须要有类似元件的引脚的连接端口。因此，还要在电路方块图中放置图纸入口符号的端口来实现电气连接。执行菜单命令"放置"→"图纸入口"，或单击配线工具栏中的 图标，都可以放置图纸入口符号。其具体操作步骤如下：

（1）此时光标变为十字形，在绿色的图纸符号上方单击，放置一个图纸入口符号，如图 1-90 所示。

（2）此时仍处于放置图纸入口符号状态，用户可以继续放置其他图纸入口符号；如果需要结束放置状态，只要单击鼠标右键或按 Esc 键即可。

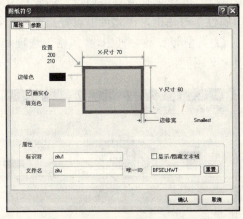
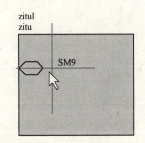

图 1-89 "图纸符号"对话框　　　　图 1-90 放置图纸入口符号

（3）设置图纸入口符号属性。双击放置好的图纸入口符号或在选择放置图纸入口符号命令后且单击之前按 Tab 键，都会弹出如图 1-91 所示的"图纸入口"对话框，在此可设置当前图纸入口符号的颜色、对齐方式、属性和 I/O 类型等参数。常用选项及其功能如下：

- ◆ "风格"选项：包括如图 1-91 所示的 8 种图纸入口内部对齐方式，用户可根据不同的图纸入口的电气特性进行定义。
- ◆ "I/O 类型"选项：包括如图 1-92 所示的 4 种图纸入口的电气类型，Unspecified 不确定、Output 输出类型、Input 输入类型、Bidirectional 双向类型，用户可根据实际情况进行设置。

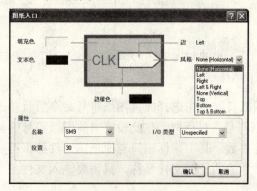

图 1-91　"图纸入口"对话框

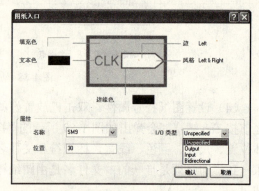

图 1-92　设置图纸入口符号的 I/O 类型

3. 放置端口符号

端口符号是放置在原理图中的用于与其他原理图进行电气连接的端口，也可以在使用图纸符号生成子图的同时生成子图中的端口符号；而且，放置相同名称的原理图端口符号可以实现未实际连接的两个网络的电气连接。执行菜单命令"放置"→"端口"，或单击配线工具栏中的 图标，都可以放置端口符号。其具体操作步骤如下：

（1）此时光标下方出现端口符号，在适当位置处单击确定端口的左端点。

（2）向右拖动光标，至合适位置处单击，确定端口右端点。放置好的端口符号如图 1-93 所示。如果需要结束放置状态，只要单击鼠标右键或按 Esc 键即可。

（3）设置端口符号。双击已放置好的端口符号或在选择放置端口符号命令后且单击之前按 Tab 键，都会弹出如图 1-94 所示的"端口属性"对话框，在此可以设置当前端口符号的位置、风格、线宽、颜色、对齐方式、名称、I/O 类型等参数。其中，"风格"选项和"I/O 类型"选项的含义与图纸入口符号相应的选项含义相同。

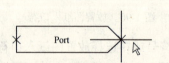

图 1-93　放置好的端口符号

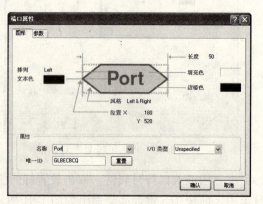

图 1-94　"端口属性"对话框

1.3.6 放置原理图其他符号

1. 放置文本字符

执行菜单命令"放置"→"文本字符串"或单击实用工具栏中 图标下的 A 图标，都可以放置文本字符串。此时光标上方浮现字符串，在适当位置处单击即可放置当前字符串。如果需要结束放置状态，只要单击鼠标右键或按 Esc 键即可。

双击已放置好的字符串或在选择放置字符串命令后且放置之前按 Tab 键，都会弹出如图 1-95 所示的"注释"对话框，在此可以设置当前字符串的位置、颜色、方向、对齐方式、文本、字体格式等参数。

2. 放置文本框

执行菜单命令"放置"→"文本框"或单击实用工具栏中 图标下的 图标，都可以放置文本框。此时光标上方出现文本框的虚线外形，单击确定文本框的左上角顶点；向右下角拉动光标，至合适位置后再单击确定右下角顶点，如图 1-96 所示。若想结束放置状态，只要单击鼠标右键或按 Esc 键即可。

图 1-95 "注释"对话框

图 1-96 放置文本框的操作过程

双击已放置好的文本框或在选择放置文本框命令后且放置之前按 Tab 键，都会弹出如图 1-97 所示的"文本框"对话框，在此可以设置当前文本框的位置、填充颜色和边框颜色、

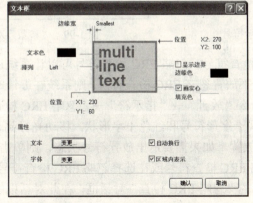

图 1-97 "文本框"对话框

方向、对齐方式、线宽等参数。还可以单击"文本"选项右侧的"变更…"按钮，在弹出的"TextFrame Text"对话框中输入文本框具体内容；单击"字体"选项右侧的"变更…"按钮，在弹出的"字体"对话框中设置字体格式。

3. 放置指示符

执行菜单命令"放置"→"指示符"，在弹出的下拉子菜单中，可以实现放置忽略 ERC 检查、探针、测试向量、PCB 布局、网络类等指示符。在这里介绍两个常用的指示符的操作方法。

(1) 放置 PCB 布局指示符号。用户可以在原理图设计阶段，规划指定网络中铜膜导线的宽度、过孔直径、布线策略、布线优先权和布线板层等属性，可使用这种在原理图中放置 PCB 布局指示符号的方法。那么在新建 PCB 过程中这个 PCB 布局指示符就会自动地在 PCB 中引入这些设计规则。但要注意，要使在原理图中标记的网络布线规则信息能够传到 PCB 文档中，在进行 PCB 设计时应使用设计同步器来传递参数。若使用原理图新建的网络表，所有在原理图上的标记信息将丢失。

执行菜单命令"放置"→"指示符"→"PCB 布局"，光标下方出现十字形符号，且有布线图标随光标一同移动，如图 1-98 所示。移动光标到合适的位置，单击即可完成 PCB 布局指示符号的放置。若要退出放置符号状态，则单击鼠标右键即可。

双击放置好的 PCB 布局指示符号或在选择 PCB 布局指示符号命令后且单击前按 Tab 键，都会弹出如图 1-99 所示的"参数"对话框。在此设置 PCB 布局指示符号的名称、方向、位置、定义的变量及其属性等参数。

图 1-98　PCB 布局指示符号　　　　　　图 1-99　"参数"对话框

(2) 放置忽略 ERC 检查符号。忽略 ERC 检查符号可以让系统进行电气规则检查时忽略对某些节点的检查，如果不放置忽略 ERC 检查符号，则系统在编译时会生成信息并在引脚上有错误标记。执行菜单命令"放置"→"指示符"→"忽略 ERC 检查"或单击配线工具栏中的 × 图标，光标下方出现十字形符号和红色十字形状，移动光标到合适的位置，单击即可完成忽略 ERC 检查符号的放置。如果需要退出放置符号状态，则单击鼠标右键即可。

双击已放置好的忽略 ERC 检查符号或在选择忽略 ERC 检查符号后且单击之前按 Tab 键，都会弹出如图 1-100 所示的"忽略 ERC 检查"对话框，在此对话框中可以设置其颜色和坐标位置。

项目1 绘制简单原理图

1.3.7 调整原理图元件位置

在原理图中放置好元件和符号后，需要根据实际连线情况来调整元件和符号的精确位置，这种调整可以通过元件和符号的选择、移动、剪切、复制、粘贴等操作来实现。

图 1-100 "忽略 ERC 检查"对话框

1. 选择对象

在对原理图对象进行任何操作之前，都需要先选中相应对象后再进行操作。选择原理图对象的方法最常用的有 3 种，分别是使用菜单选择，使用工具栏选择，使用鼠标直接选择。

（1）使用菜单选择对象。执行菜单命令"编辑"→"选择"，在弹出的子菜单中包括如下 5 种选择命令：

- ◆ 区域内对象：选中这个子菜单，在原理图中拖动出一个虚框，则虚框内的所有对象都被选中，被选中对象的四周都会出现绿色的虚框。
- ◆ 区域外对象：选中这个子菜单，在原理图中拖动出一个虚框，则虚框外的所有对象都被选中。
- ◆ 全部对象：选中这个子菜单，则当前原理图中所有对象同时被选中。
- ◆ 连接：选中这个子菜单，在某个对象上单击，则与此对象相连的所有元件和导线都同时被选中。
- ◆ 切换选择：选中这个子菜单，分别在相应对象上单击，则被单击的对象都可以依次被选中；如果再在被选中对象上单击，则会取消当前对象的选择状态。

（2）使用工具栏选择对象。共有两个选择对象的图标，分别是：

选择区域内对象图标：单击此按钮后，在原理图中单击确定所选区域左上角顶点，再单击确定所选区域右下角顶点，此时在虚线框内的所有对象被同时选中。

取消选择图标：单击此图标后，则撤销选择原理图上所有被选中的对象，其周围绿色边框消失。

（3）使用鼠标直接选择对象。这是选择对象最简单、最直接的方法，在原理图上合适位置处单击或在当前原理图中拖动出一个虚框，则所有被单击和在虚框内的对象同时被选中，它们周围都会出现绿色虚框。

2. 取消选择对象

执行菜单命令"编辑"→"取消选择"，在弹出的子菜单中包括如下 5 种取消选择的命令：

- ◆ 区域内对象：选中这个子菜单，在原理图中拖动出一个虚框，则取消虚框内的所有原来被选中对象的选择状态。
- ◆ 区域外对象：选中这个子菜单，在原理图中拖动出一个虚框，则取消虚框外的所有原来被选中对象的选择状态。
- ◆ 全部当前文档：选中这个子菜单，则取消当前原理图中所有原来被选中对象的选中状态。
- ◆ 全部打开的文档：选中这个子菜单，则取消当前全部已打开文档中所有原来被选中对象的选中状态。

◆ 切换选择：选中这个子菜单，分别在相应对象上单击，则被单击的对象都可以依次被取消选中状态；如果再在相应对象上单击，则会使当前对象再次被选中。

> ⚠ 提示：最简单的取消选择对象的方法就是在原理图空白处单击，即会取消当前原理图中所有被选中对象的选中状态。

3. 移动对象

执行菜单命令"编辑"→"移动"，则弹出的下拉子菜单包括如下命令：

◆ 拖动：使用拖动命令，可以不必先选中对象，在对象上单击后则当前对象和与当前对象相连的导线同时随光标一起移动，至合适位置后单击结束拖动操作。

◆ 移动：使用移动命令，也可以不必先选中对象，在对象上单击后只有当前对象随光标一起移动，至合适位置后单击结束移动操作。

◆ 移动选中对象：需要先选中对象，再选择此命令，在被选中对象上单击，则所有被选中对象同时被移动，至合适位置后单击结束移动操作。

◆ 拖动选中对象：需要先选中对象，再选择此命令，在被选中对象上单击，则所有被选中对象和与它们相连接的导线同时被移动，至合适位置后单击结束拖动操作。

> ⚠ 提示：在需要被移动的对象上单击且按住鼠标，同时拖动光标至合适位置后松开鼠标，也可以实现简单快速的移动操作。单击原理图标准工具栏中的 ✢ 图标，也可以实现移动操作。先选择被移动对象，再单击此图标，将光标指向被移动对象并拖动光标，此时所有被选中对象随光标一起移动。再次单击，区域中所有对象被移至新位置。

4. 旋转对象

在布局原理图元件和符号位置时，经常会用到旋转对象的操作。执行菜单命令"编辑"→"移动"，其中有两个旋转对象的命令：

◆ 旋转选择对象：先选中对象，再选择此命令，使当前被选中对象按逆时针旋转90°。

◆ 顺时针旋转选择对象：先选中对象，再选择此命令，使当前被选中对象按顺时针旋转90°。

最简单的旋转对象方法是先选中对象，再按住鼠标左键不放，同时按空格键，每按一次空格键，被选中对象就会按逆时针方向旋转90°，当对象旋转到合适方向后松开鼠标即可。也可用对象的"属性"对话框实现对象的旋转操作，双击相应对象即可调出此对话框，单击此对话框中的"图形"选项区中"方向"选项右侧的下拉列表按钮，从中选取特定的旋转角度即可实现对象的旋转操作。

5. 复制和粘贴对象

（1）复制、粘贴对象。先选中对象，执行菜单命令"编辑"→"复制"，将被选中对象复制到剪贴板上。再执行菜单命令"编辑"→"粘贴"，此时光标下方浮现被复制的对象，将其放置在原理图中即可。如果需要剪切对象，则执行菜单命令"编辑"→"剪切"，再执行菜单命令"编辑"→"粘贴"即可。

（2）阵列式粘贴对象。先复制需要被粘贴的对象，执行菜单命令"编辑"→"粘贴队列"，弹出如图1-101所示的"设定粘贴队列"对话框，其中各选项及功能如下：

- "项目数"选项：用于设置粘贴后的对象个数。
- "主增量"选项：用于设置所要粘贴对象标识符的增量值。若将其值设为 1 且当前对象标识符为 R1，则执行阵列式粘贴的对象的标识符分别为 R2、R3、R4 等。
- "水平"选项：用于设置所要粘贴对象间的水平间距。
- "垂直"选项：用于设置所要粘贴对象间的垂直间距。

按图 1-101 所示的选项来阵列式粘贴电阻元件，首先需要选中并复制电阻元件 R1，再选择阵列式粘贴命令，则其粘贴结果如图 1-102 所示。

图 1-101 "设定粘贴队列"对话框

图 1-102 阵列式粘贴后的对象

6．删除对象

删除对象的操作方法常用的有如下 3 种：

（1）执行菜单命令"编辑"→"删除"，此时光标变为十字形状，只要在需要删除的对象上方单击，即可将其删除。此命令不需要先选中对象，如果需要结束删除操作，则单击鼠标右键或按 Esc 键即可。

（2）先选中需要删除的对象，再执行菜单命令"编辑"→"清除"，即可将已选中对象全部删除。

（3）先选中需要删除的对象，按 Delete 键将已选中对象删除。

7．排列与对齐对象

使用 Protel 软件提供的排列与对齐命令，可以使原理图更整齐和美观，更符合实际原理图布局要求。

（1）使用菜单排列与对齐对象。先选中需要排列与对齐的对象，执行菜单命令"编辑"→"排列"，弹出如图 1-103 所示的"排列"命令的子菜单，以图 1-102 中所示的元件为例，则其中各子菜单操作方法及结果如下：

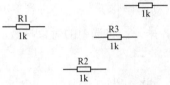
图 1-103 "排列"命令的子菜单

- 左对齐排列：将所有选中对象以最左侧的对象为基准线向左对齐排列，排列结果如图 1-104 所示。
- 右对齐排列：将所有选中对象以最右侧的对象为基准线向右对齐排列，排列结果如图 1-105 所示。
- 水平中心排列：将选择中的对象以最左边的对象和最右边对象间距的中间位置处的垂直线为其准来对齐，排列结果如图 1-106 所示。
- 水平分布：将选中的对象在最左边对象和最右边对象之间等距离排列，排列结果如图 1-107 所示。

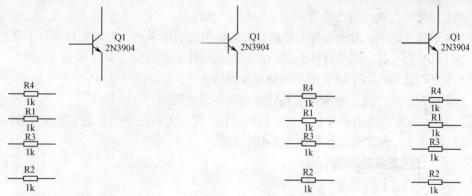

图 1-104　左对齐排列对象　　　图 1-105　右对齐排列对象　　　图 1-106　水平中心排列对象

◆ 顶部对齐排列：将选中的对象与最上边的对象对齐，排列结果如图 1-108 所示。

图 1-107　水平分布排列对象　　　　　　图 1-108　顶部对齐排列对象

◆ 底部对齐排列：将选中的对象与最下边的对象对齐，排列结果如图 1-109 所示。
◆ 垂直中心排列：将选中的对象以最上边对象和最下边对象的水平中心线为基准对齐，排列结果如图 1-110 所示。
◆ 垂直分布：将选中的对象在最上边的对象和最下边对象之间等距离排列，排列结果如图 1-111 所示。
◆ 排列：选择此命令后，弹出如图 1-112 所示的"排列对象"对话框，在此可以将上面每个单独排列对齐的方法进行综合设置，即进行综合排列与对齐操作，结果如图 1-113 所示。

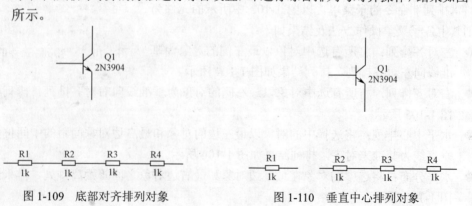

图 1-109　底部对齐排列对象　　　　　　图 1-110　垂直中心排列对象

项目1 绘制简单原理图

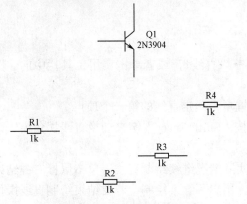

图1-111 垂直分布排列对象　　　　图1-112 "排列对象"对话框

（2）使用实用工具栏排列与对齐对象。先选中需要排列与对齐的对象，再单击实用工具栏中的图标，弹出如图1-114所示的"排列与对齐"下拉图标，在此也可以实现与菜单相同的排列与对齐操作，其操作方法与相应的菜单操作方法相同。

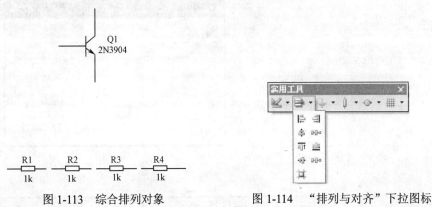

图1-113 综合排列对象　　　　图1-114 "排列与对齐"下拉图标

8．撤销与恢复命令

（1）撤销命令。执行菜单命令"编辑"→"Undo"，撤销最后一步的操作，恢复到最后一步操作之前的状态。多次执行此命令可实现多次撤销操作，也可选择标准工具栏中的图标实现撤销操作。

（2）恢复命令。执行菜单命令"编辑"→"Redo"，恢复到最近一次撤销操作前的状态。多次执行此命令即可实现多次恢复操作，也可选择标准工具栏中的图标实现恢复操作。

1.3.8 绘制原理图基本图元

在原理图中放置元件和符号后，也需要放置一些对原理图中关键信息加以辅助说明的图形和文字，有时还需要用户绘制自定义的原理图元件，这些都需要掌握绘制原理图基本图元的操作方法。这些基本图元对象不具备电气特性，不会对原理图中其他具有电气特性的对象产生影响，也不会出现在网络表数据中。

执行菜单命令"放置"→"描画工具"，在弹出的子菜单中提供了绘制原理图中的基本图元命令；也可以单击实用工具栏中的图标，如图1-115所示，其中图标同样可以实现绘

45

制原理图基本图元的操作。

1. 绘制直线

执行菜单命令"放置"→"描画工具"→"直线",或者单击实用工具栏中的 ✎ 图标,都可以绘制直线。具体操作过程如下:

(1) 此时光标变为十字形状,在适当位置单击确定直线的第一个顶点。

(2) 向适当的方向拖动光标,同时可以按"Shift+Space"键来切换直线拐角模式,再单击确定直线的第二个顶点。

(3) 使用与上步相同的操作方法,根据实际情况继续绘制直线。单击鼠标右键结束当前直线的绘制操作,此时仍处于绘制直线状态,用户可继续绘制;若要结束绘制直线操作,则再单击一次鼠标右键或按 Esc 键即可。

(4) 双击已绘制好的直线或在选择放置直线命令后且放置之前按 Tab 键,都会弹出如图 1-116 所示的"折线"对话框,在此可设置当前直线的线宽、颜色、风格(包括 Solid 直线、Dashed 虚线、Dotted 点状线)等参数。

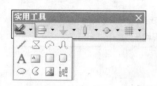

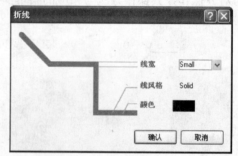

图 1-115　实用工具栏中的实用工具图标　　图 1-116　"折线"对话框

> 提示:单击一条已绘制好的直线,其上方会出现绿色方形的控制块,拖动这些控制块可以改变已绘制好的直线的形状。

2. 绘制矩形

执行菜单命令"放置"→"描画工具"→"矩形",或者单击实用工具栏中的 ▢ 图标,都可以绘制矩形。具体操作过程如下:

(1) 此时光标下方浮现矩形形状,在适当位置单击确定矩形的第一个顶点。

(2) 向适当方向拖动光标,再次单击来确定矩形的第二个顶点,完成当前矩形的绘制。

(3) 此时仍处于绘制矩形状态,用户可继续绘制;若要结束绘制矩形操作,则单击鼠标右键或按 Esc 键即可。

(4) 双击已绘制好的矩形或在选择放置矩形命令后且放置之前按 Tab 键,都会弹出如图 1-117 所示的"矩形"对话框,在此可以设置当前矩形的边线宽度、精确位置、边线颜色、填充颜色、实心或透明等参数。

> 提示:单击一个已绘制好的矩形,其图形四周会出现绿色方形的控制块,拖动这些控制块可以改变已绘制好的矩形的形状。

项目1 绘制简单原理图

3．绘制圆边矩形

执行菜单命令"放置"→"描画工具"→"圆边矩形"，或者单击实用工具栏中的 图标，都可以绘制圆边矩形。具体操作过程如下：

（1）此时光标下方浮现圆边矩形的形状，在适当位置单击确定圆边矩形的第一个顶点。

（2）向适当方向拖动光标，再次单击来确定矩形的第二个顶点，完成当前圆边矩形的绘制。

（3）此时仍处于绘制圆边矩形状态，用户可继续绘制；若要结束绘制圆边矩形操作，则再单击一次鼠标右键或按 Esc 键即可。

（4）双击已绘制好的圆边矩形或在选择放置圆边矩形命令后且放置之前按 Tab 键，都会弹出如图 1-118 所示的"圆边矩形"对话框，在此可以设置当前圆边矩形的边线宽度、精确位置、边线颜色、填充颜色、实心或透明、圆角半径等参数。

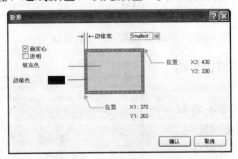

图 1-117　"矩形"对话框

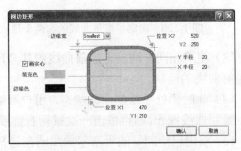

图 1-118　"圆边矩形"对话框

> **提示**：单击一个已绘制好的圆边矩形，其图形四周会出现绿色方形的控制块，拖动这些控制块可以改变已绘制好的圆边矩形的形状和其圆边的半径。

4．绘制多边形

执行菜单命令"放置"→"描画工具"→"多边形"，或者单击实用工具栏中的 图标，都可以绘制多边形。具体操作过程如下：

（1）此时光标变为十字形状，在适当位置单击确定多边形的第一个顶点。

（2）向适当方向拖动光标，再次单击来确定多边形的第二个顶点。

（3）向任意方向拖动光标，至合适位置后再次单击，确定多边形第三个顶点。

（4）使用相同方法确定当前多边形的其余顶点，单击鼠标右键可结束当前多边形的绘制。

（5）此时仍处于绘制多边形状态，用户可继续绘制；若要结束绘制多边形操作，则再单击一次鼠标右键或按 Esc 键即可。

（6）双击已绘制好的多边形或在选择放置多边形命令后且放置之前按 Tab 键，都会弹出如图 1-119 所示的"多边形"对话框，在此可以设置当前多边形的边线宽度、边线颜色、填充颜色、实心或透明等参数。

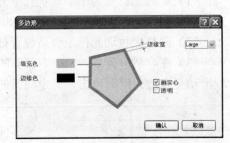

图 1-119　"多边形"对话框

> **提示**：单击一个已绘制好的多边形，其图形四周会出现绿色方形的控制块，拖动这些控制块可以改变已绘制好的多边形的形状。

5. 绘制贝塞尔曲线

执行菜单命令"放置"→"描画工具"→"贝塞尔曲线",或者单击实用工具栏中的 图标,都可以绘制贝塞尔曲线。具体操作过程如下:

(1)此时光标变为十字形状,在适当位置单击确定曲线的第一个顶点。向适当方向拖动光标,再次单击来确定曲线的第二个顶点,如图 1-120 所示。

(2)向任意方向拖动光标,至合适位置后再次单击即拉动出多边形另一个顶点(如果此时双击可确定曲线的一个拐点),同时将原来的直线拉动成为曲线,如图 1-121 所示。

 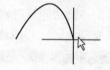

图 1-120　确定贝塞尔曲线的前两个顶点　　图 1-121　拉动出贝塞尔曲线的形状

(3)使用相同方法确定当前曲线的其余顶点,双击可结束当前曲线的绘制。

(4)此时仍处于绘制曲线状态,用户可继续绘制;若要结束绘制曲线操作,则再单击一次鼠标右键或按 Esc 键即可。

(5)双击已绘制好的贝塞尔曲线或在选择放置贝塞尔曲线命令后且放置之前按 Tab 键,都会弹出如图 1-122 所示的"贝塞尔曲线"对话框,在此可以设置当前曲线的边线宽度、边线颜色等参数。

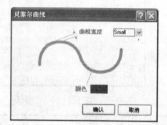

图 1-122　"贝塞尔曲线"对话框

> 提示:用光标框选中一个已绘制好的贝塞尔曲线图形,其图形四周会出现绿色方形的控制块,拖动这些控制块可以改变已绘制好的贝塞尔曲线的弯曲形状。

6. 绘制圆弧

执行菜单命令"放置"→"描画工具"→"圆弧",可以绘制圆弧图形。具体操作过程如下:

(1)此时光标变为十字形状且下方浮现出上次所绘制的圆弧形状,在适当位置单击以确定圆弧的圆心,如图 1-123(a)所示。

(2)向外侧拉动光标至合适位置处单击,确定圆弧的半径,如图 1-123(b)所示。

(3)在合适位置单击,确定圆弧的起始角度,如图 1-123(c)所示;再将光标沿着圆弧线滑动至合适角度时单击,确定圆弧的终止角度,如图 1-123(d)所示。

(a)确定圆弧的圆心　(b)确定圆弧的半径　(c)确定圆弧的起始角度　(d)确定圆弧的终止角度

图 1-123　绘制圆弧的操作过程

(4)此时仍处于绘制圆弧状态,用户可继续绘制;若要结束绘制圆弧操作,则再单击一次鼠标右键或按 Esc 键即可。

项目 1 绘制简单原理图

（5）双击已绘制好的圆弧或在选择放置圆弧命令后且放置之前按 Tab 键，都会弹出如图 1-124 所示的"圆弧"对话框，在此可以设置当前圆弧的边线宽度、边线颜色、起始角度、终止角度、圆心位置和圆弧半径等参数。

> **提示**：单击选中一个已绘制好的圆弧，其图形四周会出现绿色方形的控制块，拖动这些控制块可以改变已绘制好的圆弧的半径和起始角度。

7．绘制椭圆弧

执行菜单命令"放置"→"描画工具"→"椭圆弧"，或者单击实用工具栏中的 图标，都可以绘制椭圆弧。具体操作过程如下：

（1）此时光标变为十字形状且下方浮现上次所绘制的椭圆弧形状，在适当位置单击确定椭圆弧的圆心。

（2）沿水平方向向外侧拉动光标至合适位置处单击，确定椭圆弧的水平半径；沿垂直方向向外侧拉动光标至合适位置处单击，确定椭圆弧的垂直方向半径。

（3）在合适位置单击，确定椭圆弧的起始角度；再将光标沿着椭圆弧线滑动至合适角度时单击，确定椭圆弧的终止角度。

（4）此时仍处于绘制椭圆弧状态，用户可继续绘制；若要结束绘制椭圆弧操作，可以再单击一次鼠标右键或按 Esc 键即可。

（5）双击已绘制好的椭圆弧或在选择放置椭圆弧命令后且放置之前按 Tab 键，都会弹出如图 1-125 所示的"椭圆弧"对话框，在此可以设置当前椭圆弧的边线宽度、边线颜色、起始角度、终止角度、圆心位置、X 和 Y 方向的圆弧半径等参数。

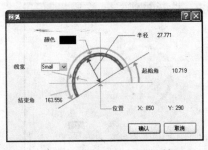

图 1-124 "圆弧"对话框

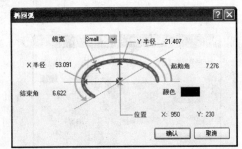

图 1-125 "椭圆弧"对话框

> **提示**：用光标框选中一个已绘制好的椭圆弧，其图形四周会出现绿色方形的控制块，拖动这些控制块可以改变已绘制好的椭圆弧的半径和起始角度。

8．绘制椭圆形

执行菜单命令"放置"→"描画工具"→"椭圆"，或者单击实用工具栏中的 图标，都可以绘制椭圆。具体操作过程如下：

（1）此时光标变为十字形状且下方浮现上次所绘制的椭圆形状，在适当位置单击确定椭圆的圆心。

（2）沿水平方向向外侧拉动光标至合适位置处单击，确定椭圆的水平半径；沿垂直方向向外侧拉动光标至合适位置处单击，确定椭圆的垂直方向半径，当前椭圆绘制完成。

(3)此时仍处于绘制椭圆状态,用户可继续绘制;若要结束绘制椭圆操作,可以再单击一次鼠标右键或按 Esc 键即可。

(4)双击已绘制好的椭圆或在选择放置椭圆命令后且放置之前按 Tab 键,都会弹出如图 1-126 所示的"椭圆"对话框,在此可以设置当前椭圆的边线宽度、边线颜色、起始角度、终止角度、圆心位置、X 和 Y 方向的圆弧半径等参数。

> 提示:用光标框选中一个已绘制好的椭圆形,其图形四周会出现绿色方形的控制块,拖动这些控制块可以改变已绘制好的椭圆形的 X 和 Y 方向椭圆半径。

9. 绘制饼图

执行菜单命令"放置"→"描画工具"→"饼图",或者单击实用工具栏中的 图标,都可以绘制饼图。具体操作过程如下:

(1)此时光标变为十字形状且下方浮现上次所绘制的饼图形状,在适当位置单击以确定饼图的圆心。

(2)沿水平方向向外侧拉动光标至合适位置处单击,确定饼图的水平半径;沿垂直方向向外侧拉动光标至合适位置处单击,确定饼图的垂直方向半径,当前饼图绘制完成。

(3)此时仍处于绘制饼图状态,用户可继续绘制;若要结束绘制饼图操作,可以再单击一次鼠标右键或按 Esc 键即可。

(4)双击已绘制好的饼图或在选择放置饼图命令后且放置之前按 Tab 键,都会弹出如图 1-127 所示的"饼图"对话框,在此可以设置当前饼图的边线宽度、边线颜色、起始角度、终止角度、圆心位置、X 和 Y 方向的圆弧半径等参数。

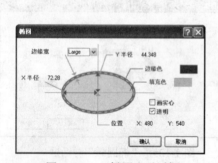
图 1-126 "椭圆"对话框

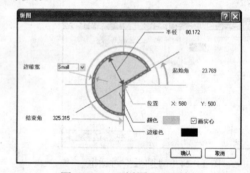
图 1-127 "饼图"对话框

10. 放置图片

执行菜单命令"放置"→"描画工具"→"图片",或者单击实用工具栏中的 图标,都可以在当前原理图中放置图片。其具体操作过程如下:

(1)箭头光标下方出现十字形符号和矩形框符号,拖动光标到合适的位置处单击,确定矩形框左上角顶点;再拖动光标到合适的位置处单击,确定矩形框右下角顶点。

(2)此时弹出如图 1-128 所示的"打开"对话框,在此选择一张图片并单击"打开"按钮,在原理图中矩形框内会出现此张图片。此时仍处于放置图片状态,用户还可以继续添加图片;若要结束放置操作,只要单击鼠标右键或按 Esc 键即可。

(3)双击放置好的图片,会弹出如图 1-129 所示的"图形"对话框,在此可以设置当前

项目1 绘制简单原理图

图片边框颜色、边框宽度、图片位置、图片名称、图片显示比例等参数。

图 1-128 "打开"对话框

图 1-129 "图形"对话框

> **提示**：单击选中已经放置的图片，其四周会出现绿色方形的控制块，拖动这些控制块可以改变已放置好的图片的尺寸。
>
> 前面介绍的 Protel 设置系统工作环境、设置原理图工作环境、管理元件库、放置和查找元件操作、编辑元件属性、调整对象位置、放置电源和接地及节点符号、绘制导线、放置原理图配线工具栏和实用工具栏中其他符号等这些操作，除了可以使用本书中介绍的方法实现外，还可以使用原理图快捷菜单来实现。在原理图空白处单击鼠标右键，弹出如图 1-130 所示的原理图快捷菜单，其中各个子菜单命令的操作方法与前面介绍的操作方法一致。

1.3.9 注释原理图元件的标识符

原理图中各个对象的标识符一般都是在放置对象时直接设置好的，但有时经过对原理图对象的布局和修改之后，一些原理图对象的标识符会变得很混乱而不利于识图，这种情况可以使用系统提供的对当前原理图所有对象统一进行标识符重新注释的功能来对其进行调整。

图 1-130 原理图快捷菜单

1. 注释原理图元件的标识符

执行菜单命令"工具"→"注释"，弹出如图 1-131 所示的"注释"对话框，其中各选项及功能如下：

- "处理顺序"选项区：用于设置重新注释标识符的方式，每选一种方式，就会在下面的预览区中显示这种设置方式的图示。包括 Up Then Across、Down Then Across、Across Then Up、Across Then Down 四种标识符排序方式。
- "匹配的选项"区：用于设置标识符的重新匹配方式，可在其下拉列表框中选择是匹配整个项目文件还是匹配单张图纸。
- "原理图纸注释"选项区：在此选项框的"顺序"编辑框中输入更新标识符的顺序；在"起始索引值"编辑框中设置标识符的起始编号；在"后缀"编辑框中设置标识符的后缀。
- "建议变化表"选项区：用于显示选中对象标识符注释的前后变化内容。

图 1-131 "注释"对话框一

单击"Reset All"按钮，使当前原理图中所有对象的标识符复位，此时会弹出一个确定对话框，只要单击"OK"按钮即可；再单击"更新变化表"按钮，使当前原理图中所有对象的标识符按当前所设置参数进行更新，此时也会弹出一个确认对话框来提示用户更新变化的情况，只要单击"OK"按钮即可实现注释操作；单击"接受变化（建立 ECO）"按钮，弹出如图 1-132 所示的"工程变化订单（ECO）"，依次单击"使变化生效"按钮和"执行变化"按钮，可以使最新注释结果反映到当前原理图中；单击"关闭"按钮，此时，注释结果会显示在当前对话框右侧的"建议变化表"中，如图 1-133 所示。

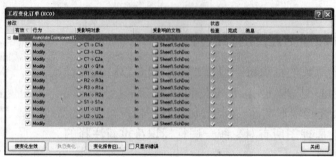

图 1-132 "工程变化订单（ECO）"

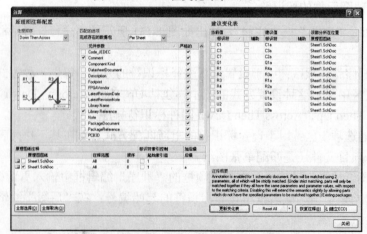

图 1-133 "注释"对话框二

项目1 绘制简单原理图

2．重置标识符

执行菜单命令"工具"→"重置标识符"，弹出如图1-134所示的"Confirm Designator Changes"对话框。单击"Yes"按钮，则当前原理图中所有对象的标识符变为最初未设置标识符的状态，如"R？"等。

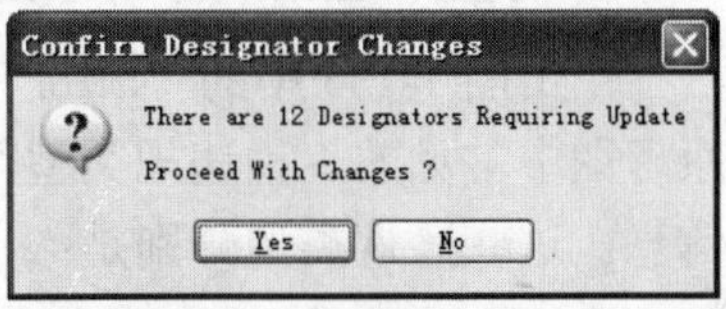

图1-134 "Confirm Designator Changes"对话框

3．快速注释和强制注释标识符

执行菜单命令"工具"→"快速注释标识符"或"强制注释全部元件"，也会弹出如图1-134所示的"Confirm Designator Changes"对话框。单击"Yes"按钮，则当前原理图中所有选中对象或全部对象的标识符会以最近一次"注释"对话框中的参数来进行快速或强制注释操作。

4．恢复注释

执行菜单命令"工具"→"恢复注释"，则会弹出一个选择文件的对话框，从中选择一个相应的*.eco文件，即可恢复之前的原理图对象的标识符。

1.3.10 设置编译原理图选项

绘制原理图文件是进行PCB设计的第一个主要步骤，它给印制电路板设计提供了元件封装和网络连接信息，保证原理图电气规则和功能正确无误，为生成印制电路板文件打下坚实的基础。检查并修改原理图错误是通过对原理图的编译操作即原理图的电气规则检查操作来完成的，它可以检查出原理图中的错误的电气连接、电气特性不一致、未连接完整的网络、重复的标识符等不合理的电气冲突现象，这些都会对印制电路板设计产生影响。在Protel中可以根据实际情况来自己设置编译（电气规则检查）规则参数，根据这些规则参数而检查出不合理的电气冲突现象，系统会按其不合理的严重程度划分为无报告、警告（Warning）、错误（Error）、严重错误（Fatal Error）4个等级，以此来提醒用户注意或修改。

执行菜单命令"项目管理"→"项目管理选项"，弹出如图1-135所示的"Options for PCB Project PCB_Project1.PrjPCB"对话框，在此可以设置当前PCB项目中的错误检查报告、连接矩阵、元件类选项、比较器、ECO选项、多通道选项、默认打印选项、搜索路径和参数选项等规则及属性。

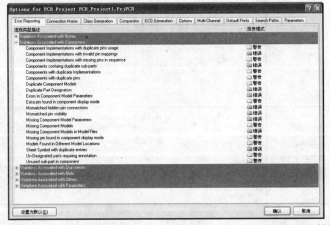

图1-135 "Options for PCB Project PCB_Project1.PrjPCB"对话框

1. 设置检查错误等级报告

单击图 1-135 中的"Error Reporting"选项卡,在"违规类型描述"列表中列出了在编译原理图中常见的 6 种违规类型,在编译原理图时就按其中设置的各种错误等级来给用户提示信息。这些违规类型分别是:

- ◆ Violations Associated with Buses:总线错误等级报告。
- ◆ Violations Associated with Components:元件组件错误等级报告。
- ◆ Violations Associated with Documents:文档错误等级报告。
- ◆ Violations Associated with Nets:网络错误等级报告。
- ◆ Violations Associated with Others:其他错误等级报告。
- ◆ Violations Associated with Parameters:参数错误等级报告。

每种违规类型中的各个违规项目右侧都有"报告模式"选项,单击其右侧的下拉按钮,都会弹出如图 1-136 所示的"报告模式"下拉框,其中包括"无报告"、"警告"、"错误"和"致命错误"4 种报告等级,用户可以根据实际情况来修改系统默认的错误等级报告模式。

> **提示**:在出现的不同错误等级中,"无报告"和"警告"等级对应的错误是可以忽略的,不会对原理图和印制电路板设计产生影响;而"错误"和"致命错误"等级对应的错误是必须进行修改的,否则会对后面的操作产生影响。

2. 设置连接矩阵

单击图 1-135 中的"Connection Matrix"选项卡,则当前窗口变为如图 1-137 所示的"Connection Matrix"选项卡窗口。这个连接矩阵在水平和垂直方向分别列出了元件引脚或端口的电气类型,在相交的地方用不同颜色块来表示当其水平方向和垂直方向类型的引脚或端口连接时所出现的错误等级,将其作为电气规则检查的执行标准。用户也可以根据实际情况来修改每个色块的错误等级,即每单击一次,小方块颜色依次变化,对应的错误级别也在红、橙、黄、绿 4 种颜色所代表的错误等级中依次切换。

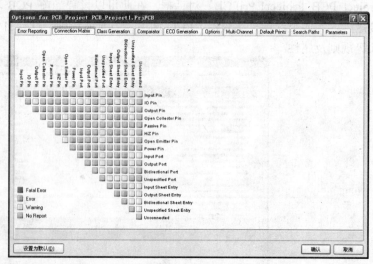

图 1-136 "报告模式"下拉框　　图 1-137 "Connection Matrix"选项卡窗口

项目1 绘制简单原理图

3. 设置元件类选项

单击图 1-135 中的"Class Generation"选项卡,则当前窗口变为如图 1-138 所示的"Class Generation"选项卡窗口。在此可以实现为当前原理图生成总线网络类、元件类等操作。

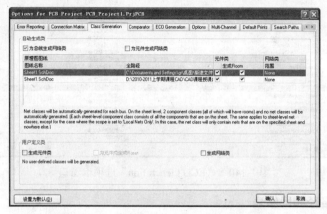

图 1-138 "Class Generation"选项卡窗口

4. 设置比较器

单击图 1-135 中的"Comparator"选项卡,则当前窗口变为如图 1-139 所示的"Comparator"选项卡窗口。在此设置当一个项目被修改后,列出文件被修改前后需要变更的地方。单击此选项卡中需要设置的选项,再单击其右侧的"模式"下拉列表,从中选择"查找差异"或"忽略差异"。设置完成后,单击"确认"按钮,即可使设置生效。

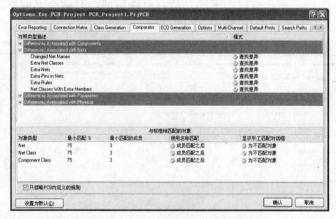

图 1-139 "Comparator"选项卡窗口

5. 设置 ECO 选项

单击图 1-135 中的"ECO Generation"选项卡,则当前窗口变为如图 1-140 所示的"ECO Generation"选项卡窗口。在此可以设置在由原理图向 PCB 文件导入时,选择相应的导入内容。ECO 设置对一个项目来说很重要,因为由原理图中的对象和电气连接信息导入印制电路板编辑时,主要依据这个设置来操作。单击其右侧的"模式"下拉列表,当选择"生成变化订单"时,表示将其左侧所对应的选项导入 PCB 中;当选择"忽略差异"时,表示未将其左侧所对应的选项导入 PCB 中。设置完成后,单击"确认"按钮即可完成 ECO 设置。

55

电子CAD绘图与制版项目教程

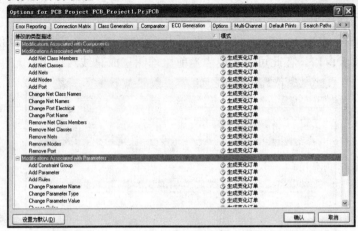

图 1-140 "ECO Generation"选项卡窗口

6. 设置输出路径和网络表

单击图 1-135 中的"Options"选项卡,则当前窗口变为如图 1-141 所示的"Options"选项卡窗口。在此可以设置文件输出路径和网络表选项输出路径。选项卡中主要功能如下:

◆ "输出路径"选项:在此设置 PCB 项目文件的输出路径,单击其右侧的 图标可对路径进行修改。

◆ "输出"选项:在此可以实现编译后的输出选项,建立时间信息文件夹,存档项目文件,为每个输出类型文件都使用独立文件夹。

◆ "网络表"选项:在此可以实现的功能有允许用端口名称命名网络,允许用原理图端口命名网络,为本地网络添加原理图号。

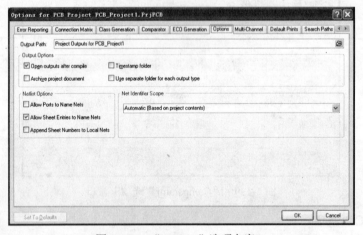

图 1-141 "Options"选项卡窗口

7. 多通道设置

单击图 1-135 中的"Multi-Channel"选项卡,则当前窗口变为如图 1-142 所示的"Multi-Channel"选项卡窗口。当电路复杂时,用户除了可以使用层次原理图来实现原理图的绘制外,还可以使用多通道设计的方法,即将同一个图纸符号多次使用。在此可以设置图纸符号命名格式、路径的层次分隔符、元件命名格式。

项目1 绘制简单原理图

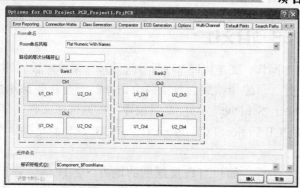

图 1-142 "Multi-Channel"选项卡窗口

8. 设置项目打印输出

单击图 1-135 中的"Default Prints"选项卡,则当前窗口变为如图 1-143 所示的"Default Prints"选项卡窗口。在此可以设置输出配置选项、页面选项、打印输出设备选项。

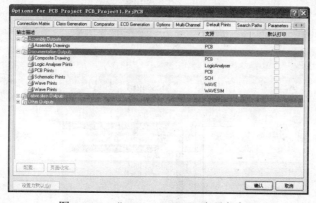

图 1-143 "Default Prints"选项卡窗口

9. 设置搜索路径

单击图 1-135 中的"Search Paths"选项卡,则当前窗口变为如图 1-144 所示的"Search Paths"选项卡窗口。在此可设置当前项目中查找未安装元件库中的元件时的路径,系统会按照搜索的路径进行搜索。

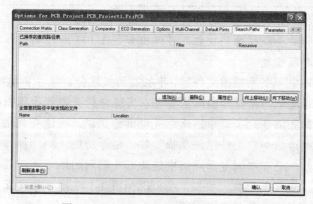

图 1-144 "Search Paths"选项卡窗口

1.3.11 编译 PCB 项目文件

编译 PCB 项目文件操作，就是按照"项目管理选项"菜单中设置的各种参数对当前项目文件进行编译，之后会显示编译结果。包括两个命令：一是执行菜单命令"项目管理"→"Compile Document Sheet1.SchDoc"，功能是只编译当前原理图文件；二是执行菜单命令"项目管理"→"Compile PCB Project PCB_Project1.PrjPCB"，功能是编译当前 PCB 项目中的所有文件。

编译 PCB 项目文件后，如果有违反规则的地方，系统就会弹出如图 1-145 所示的"Messages"对话框。用户修改错误时，可以直接双击此对话框中的相应选项，则会弹出如图 1-146 所示的"Compile Errors"对话框。双击此对话框中的相应选项，光标即可直接定位到原理图中对应的错误位置，并以蒙板的形式显示出错误位置。然而，项目编译功能不是万能的，一些复杂的错误并不能被发现，此时还要依靠平时积累的实战经验来解决问题。当所有需要修改的错误地方改正之后，还需要重新保存和项目编译，直至最后 PCB 项目文件准确为止。

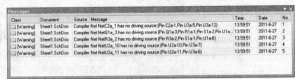

图 1-145 "Messages"对话框

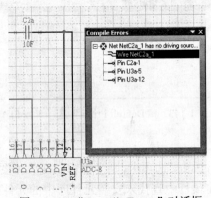

图 1-146 "Compile Errors"对话框

> **提示**：如果需要清除原理图中的蒙板，则单击原理图右下角状态栏中的"清除"按钮即可。单击其左侧的"屏蔽程序"按钮，可弹出如图 1-147 所示的上拉框，在此可以调节当前原理图蒙板的屏蔽程度。
>
> 当用户打开项目中一个原理图文件时，导航器面板就会出现在当前窗口中，如图 1-148 所示。原理图编辑环境中的导航器面板主要可以实现分析并浏览原理图项目中元件库和网络表，编译当前项目并浏览此项目中违反电气规则的错误，快速查找元器件和网络标签，激活"元件属性"对话框和"元件组件属性"对话框等功能。编译操作后，除了可以实现上述其中一个功能外，还可以浏览原理图中违反电气规则的地方并对其进行定位分析。单击导航器面板上的"交互式导航"按钮，会出现如图 1-149 所示的交互式导航选项，实现对选中对象进行高亮显示和设置高亮显示方式。

项目1 绘制简单原理图

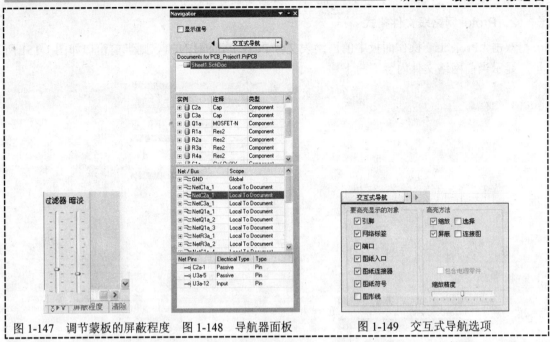

图1-147 调节蒙板的屏蔽程度　　图1-148 导航器面板　　　图1-149 交互式导航选项

任务1.4 生成原理图的报表文件

任务目标
◆ 生成网络表文件；
◆ 生成原理图元件清单报表文件；
◆ 生成元件交叉参考报表文件。

1.4.1 生成网络表文件

设计原理图的最终目标之一就是生成当前原理图的网络表文件，用它来描述当前原理图中元件和元件属性信息；还用来描述当前原理图中网络连接情况，不仅包括直接用导线进行物理连接的网络，还包括通过网络标签进行逻辑连接的网络。网络表的主要作用是观察当前原理图中元件和网络是否符合实际情况要求，再将原理图中元件和网络信息导入电路板中，以设计印制电路板文件。因此，网络表是原理图各种报表文件中最重要的一个。

1. 生成网络表文件方法

在编译原理图文件并保证当前原理图文件无误的情况下，执行菜单命令"设计"→"设计项目的网络表"，在弹出的下拉菜单中包括 ENDIF for PCB、MultiWire、Pcad for PCB、CUPL Netlist、Protel、VHDL File 和 XSpice 等格式的网络表文件。如果从其中选择 Protel 子菜单，则在如图1-150所示的"Projects"操作面板中当前 PCB 项目文件夹下会出现"Generated"和"Netlist Files"文件夹，生成的当前原理图文件的网络表文件"PCB_Project1.NET"也出现在此文件夹下方。

59

2. Protel 网络表文件格式

双击 "Projects" 操作面板中的网络表文件 PCB_Project1.NET，则当前窗口如图 1-151 所示，显示当前网络文件内容。

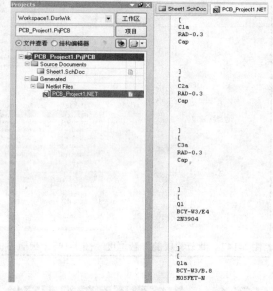

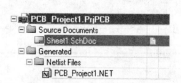

图 1-150　生成网络表文件后的 "Projects" 操作面板　　图 1-151　"PCB_Project1.NET" 网络表文件窗口

标准的 Protel 网络表文件是一个标准的 ASCII 码文本文件，在结构上可分为原理图元件描述和网络连接描述两部分，具体内容及格式如下：

（1）元件描述格式。元件描述的具体格式与内容如下：

[	元件声明开始
R1	元件标识符
AXIAL-0.4	元件封装名称
Res2	元件注释文字
	空行
	空行
	空行
]	元件声明结束

> 提示：在当前原理图中放置的所有元件，在此都会有一个与之对应的元件描述。如果发现在网络表文件中缺少元件或元件描述有误，可直接在此进行添加和修改元件描述。

（2）网络连接描述格式。网络连接描述的具体格式与内容如下：

(	网络声明开始
VCC	当前网络名称
C1-2	对象序号为 C1，引脚号为 2
R1-2	对象序号为 R1，引脚号为 2
R4-1	对象序号为 R4，引脚号为 1

项目1 绘制简单原理图

```
                                  空行
                                  空行
                                  空行
          )                       网络声明结束
```

> **提示**：在当前原理图中的实际连接网络和通过网络标签连接的网络，在此都会有与之对应的网络描述。如果发现在网络表文件中网络描述有误，可直接在此进行添加和修改网络描述。网络表文件是纯文本文件，用户也可以使用文本编辑器来自己创建网络表文件。

1.4.2 生成原理图元件清单报表文件

原理图元件清单用于在整体上观察项目文件中的所有元件，也为元件采购提供了帮助。执行菜单命令"报告"→"Bill of Materials"，弹出如图1-152所示的"Bill of Materials For Project"对话框。在此对话框中包括以下功能：

（1）"其他列"选项区：在此列出了当前原理图元件可以显示在右侧预览区的信息，只要单击其右侧的复选框，即可以实现将其左侧对应选项显示在右侧预览区。

（2）显示内容列表区：在此显示当前原理图中所有元件的相应信息，单击首行其中的一个选项右侧的 图标，可以改变按升序和降序的顺序排序元件位置；单击首行选项右侧的 图标，可以从下拉菜单中选择按条件显示或指定显示的元件。

（3）"菜单"按钮：单击此按钮，弹出如图1-153所示的"下拉菜单"，在此可以输出元件清单报表和调整右侧预览区格式。

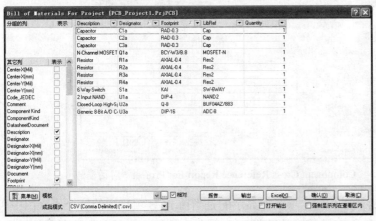

图1-152　"Bill of Materials For Project"对话框　　　图1-153　"菜单"按钮的"下拉菜单"

（4）输出元件清单：单击"报告…"按钮，弹出如图1-154所示的"报告预览"对话框，在此可以改变上方预览区中报告文件的显示比例，单击"输出…"按钮，在弹出的保存文件对话框中输入元件清单的文件名，即可将当前元件清单报表文件输出；单击"打印…"按钮，可以直接打印当前原理图元件清单文件。直接在图1-152所示窗口中单击"输出…"按钮或"Excel…"按钮，也可以直接输出当前原理图元件清单文件。元件清单文件的常用格式是".xls"，也可以输出为其他格式。

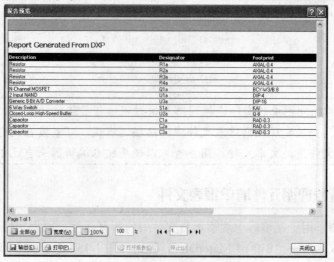

图 1-154　"报告预览"对话框

1.4.3　生成元件交叉参考报表文件

元件交叉参考报表用于显示同一个原理图元件在多张原理图中的使用情况及其元件信息。生成的文件是一个 ASCII 码文件，扩展名为".xrf"。在原理图工作环境下，执行菜单命令"报告"→"Component Cross Reference"，弹出如图 1-155 所示的"Component Cross Reference Report For Project"对话框。

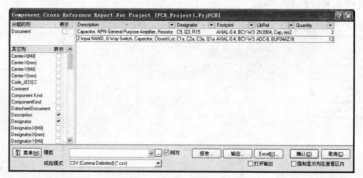

图 1-155　"Component Cross Reference Report For Project"对话框

右侧预览区中的"Description"选项下方显示的是当前 PCB 项目中的每个原理图中所有元件描述，"Designator"选项下方显示的是当前 PCB 项目中的每个原理图中所有元件标识符，"Footprint"选项下方显示的是当前 PCB 项目中的每个原理图中所有元件封装，"LibRef"选项下方显示的是当前 PCB 项目中的每个原理图中所有元件名称。此对话框中，其他按钮的使用方法与生成元件清单文件窗口中对应按钮的使用方法一致。

1.4.4　打印原理图文件

打印输出原理图时，先要对当前原理图进行页面设置，再进行打印机选项设置等操作，这样才能输出符合实际要求的原理图图形文件。

项目1 绘制简单原理图

执行菜单命令"文件"→"页面设定",弹出如图 1-156 所示的"Schematic Print Properties"对话框,在此可以设置打印纸尺寸、图纸缩放比例、打印方向等选项的参数。其中各选项的具体功能如下:

- ◆ "尺寸"选项:单击"尺寸"选项右侧的下拉按钮,可以在弹出的下拉菜单中设置打印纸尺寸;打印方向是指纵向或横向打印。
- ◆ "缩放比例":设置图纸打印时的缩放模式,Fit Document On Page 选项的功能是使文档适应整个页面;Scaled Print 选项的功能是按比例打印,选择此项后下面的比例选择才可以使用。
- ◆ "余白"选项:设置页边距,包括水平方向和垂直方向的页边距。
- ◆ "彩色组"选项:设置输出颜色,包括单色、彩色和灰色。
- ◆ "打印设置…"按钮:单击此按钮或执行菜单命令"文件"→"打印",都会弹出如图 1-157 所示的"Printer Configuration for"对话框,在此可以设置打印的页码、份数和打印纸张的方向。
- ◆ "预览"按钮,单击此按钮或执行菜单命令"文件"→"打印预览",弹出如图 1-158 所示的"Preview Schematic Prints of"对话框,在此可以预览当前原理图图形文件,还可以改变预览显示比例。

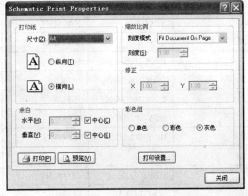

图 1-156 "Schematic Print Properties"对话框

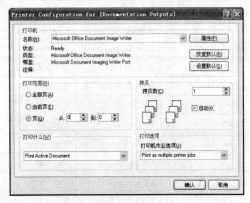

图 1-157 "Printer Configuration for"对话框

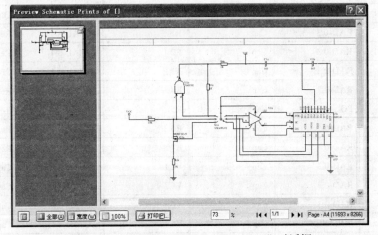

图 1-158 "Preview Schematic Prints of"对话框

综合设计 1　绘制双波段收音机电路原理图

在本任务中,根据原理图设计流程详细描述双波段收音机电路原理图的绘制过程,使用户从整体上掌握绘制原理图的操作方法和操作技能,并从实际中积累绘制与修改原理图的经验。

新建 PCB 项目文件"双波段收音机电路.PrjPCB"和如图 1-159 所示的原理图文件"双波段收音机原理图.SchDoc",其元件清单如表 1-2 所示。具体绘制要求是:使用 A4 图纸、Standard 标题栏、小十字 90°光标;不使用可视网格,捕获网格设为 5mil;编译原理图文件,保证当前原理图正确无误;生成网络表文件和元件清单文件。

表 1-2　原理图文件"双波段收音机原理图.SchDoc"元件清单

元件标识符	元件封装	元件名称	元件标识符	元件封装	元件名称
B1	TRANS	Trans	C29	RAD-0.3	Cap
B2	AXIAL-0.8	Inductor Adj	C30	RAD-0.3	Cap
B3	TRF_5	Trans CT Ideal	D1	SO-G3/X.9	Diode BBY40
B4	TRF_5	Trans CT	D2	DIO10.46-5.3x2.8	Diode 1N4934
BT1	BAT-2	Battery	J1	BCY-W2/D3.1	XTAL
C1	POLAR0.8	Cap Pol2	J2	PIN1	Socket
C2	RAD-0.3	Cap	K1	SPST-2	SW-SPST
C3	POLAR0.8	Cap Pol2	K2	SPST-2	SW-SPST
C7	POLAR0.8	Cap Pol2	L1	INDC1005-0402	Inductor
C8	RAD-0.3	Cap	L2	INDC1005-0402	Inductor
C9	RAD-0.3	Cap	L3	INDC1005-0402	Inductor
C10	RAD-0.3	Cap	LP1	BCY-W2/D3.1	XTAL
C11	RAD-0.3	Cap	LP2	BCY-W2/D3.1	XTAL
C13-1	CC3225-1210	Cap Var	LS1	PIN2	Speaker
C13-2	CC3225-1210	Cap Var	P1	HDR2X8	CD2003GP
C13-3	CC3225-1210	Cap Var	Q1	SO-G3/C2.5	QNPN
C13-4	CC3225-1210	Cap Var	Q2	SO-G3/C2.5	QNPN
C16	RAD-0.3	Cap	Q3	SO-G3/C2.5	QNPN
C17	RAD-0.3	Cap	R1	AXIAL-0.4	Res2
C18	RAD-0.3	Cap	R2	AXIAL-0.4	Res2
C19	RAD-0.3	Cap	R3	AXIAL-0.4	Res2
C20	RAD-0.3	Cap	R4	AXIAL-0.4	Res2
C21	POLAR0.8	Cap Pol2	R5	AXIAL-0.4	Res2
C22	RAD-0.3	Cap	R6	AXIAL-0.4	Res2
C23	RAD-0.3	Cap	R7	AXIAL-0.4	Res2
C24	RAD-0.3	Cap	VC1	CC3225-1210	Cap Var
C25	RAD-0.3	Cap	VC2	CC3225-1210	Cap Var
C26	RAD-0.3	Cap	VC3	CC3225-1210	Cap Var
C27	POLAR0.8	Cap Pol2	VC4	CC3225-1210	Cap Var
C28	POLAR0.8	Cap Pol2	W1	VR5	RPot

项目 1 绘制简单原理图

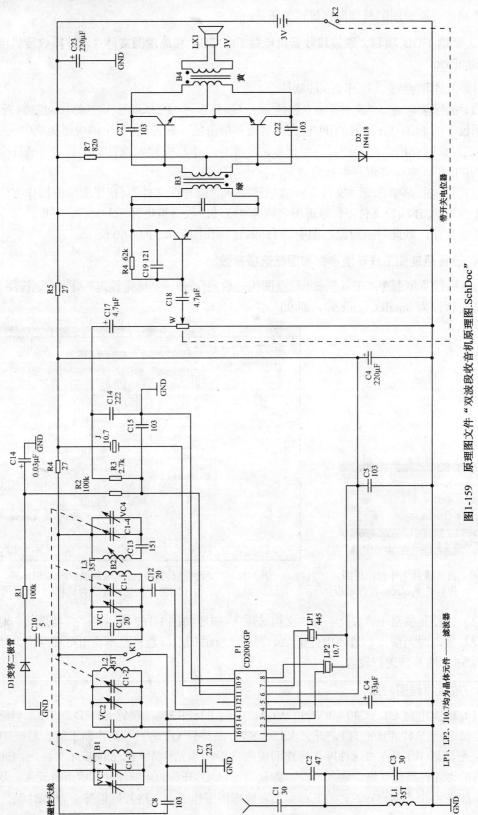

图 1-159 原理图文件"双波段收音机原理图.SchDoc"

绘制当前原理图的具体操作过程如下：

1. 新建 PCB 项目"双波段收音机电路.PrjPCB"和原理图文件"双波段收音机电路原理图.SchDoc"

（1）双击图标 ![icon]，打开 Protel 软件。

（2）执行菜单命令"文件"→"创建"→"项目"→"PCB 项目"，光标指向左侧 Projects 操作面板上的 PCB_Project1.PrjPCB 文件名处并单击鼠标右键，在弹出的快捷菜单中选择"保存项目"；此时弹出"保存项目"对话框，在相应文本框中输入项目文件名"双波段收音机电路.PrjPCB"，单击"保存"按钮。

（3）再执行菜单命令"文件"→"创建"→"原理图文件"，使用上步的操作方法将其保存在当前 PCB 项目文件下，原理图名称为"双波段收音机电路.SchDoc"。再重新保存一下当前项目文件，则此时当前原理图中的 Projects 操作面板如图 1-160 所示。

2. 设置原理图工作环境参数和图纸选项参数

（1）执行菜单命令"工具"→"原理图优先设定"，弹出"优先设定"对话框，按图 1-161 所示将光标设为 Small Cursor 90，即 90°小十字光标。

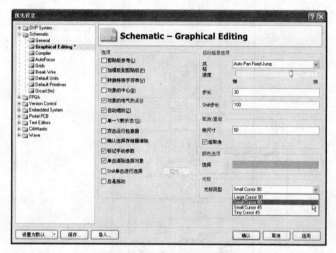

图 1-160　新建项目文件和原理图文件后的 Projects 操作面板

图 1-161　设置"双波段收音机电路原理图.SchDoc"工作环境的"优先设定"对话框

（2）执行菜单命令"设计"→"文档选项"，按照如图 1-162 所示的"文档选项"对话框中所设参数，对当前文档选项中使用 A4 图纸、Standard 标题栏，不使用可视网格，捕获网格设为 5mil 的参数进行设置。

3. 放置原理图对象

（1）放置电容 C1～C30 和 VC1～VC4、电阻 R1～R7、二极管元件 D1～D2、电感元件 L1～L4、B1～B4、电桥 BT1、开关 K1 和 K2、晶体管 Q1～Q3、扬声器 LS1、晶振 J1、天线 J2、变阻器 W1。在"元件库"操作面板中选中基本元件库 Miscellaneous Devices.IntLib，在下方的"元件筛选"框中输入"C"，即只列出以 C 开头的当前元件库中所有元件。从这些元件中选择元件"Cap Pol2"，将其拖至当前原理图工作区中，将其标识符设为"C1"且注释

项目 1　绘制简单原理图

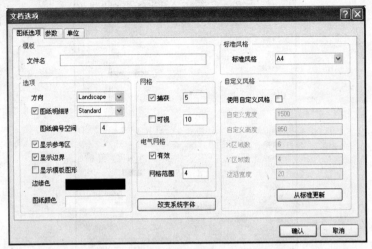

图 1-162　设置"双波段收音机电路原理图.SchDoc"图纸参数的"文档选项"对话框

设为"0.03μF",此时完成元件 C1 的放置。使用相同的方法放置其余电容元件 C2～C30 和 VC1～VC4、电阻 R1～R7、二极管 D1～D2、电感元件 L1～L4、电桥 BT1、开关 K1 和 K2、晶体管 Q1～Q3、扬声器 LS1、晶振 J1、天线 J2、变阻器 W1,并根据表 1-2 中的内容来设置其属性。

(2) 放置集成电路元件 CD2003GP。在基本元件库中无此元件,先在基本元件库中找到如图 1-163 所示的元件 Header 8X2,再将其修改成集成电路元件 CD2003GP。具体操作过程如下:

◆ 双击打开元件 Header 8X2 的"元件属性"对话框,将其标识符设为"P1"且元件注释设为"CD2003GP";取消选中"锁定引脚"复选框,单击"确认"按钮。

◆ 此时,光标指向"引脚 2"并按住,将其拖到如图 1-164 所示的相应位置处。

◆ 使用上步的操作方法,按图 1-164 所示将其余各引脚拖至指定位置。

◆ 再双击当前元件,并在弹出的"元件属性"对话框中选中"锁定引脚"复选框。

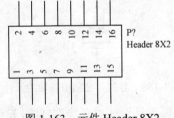
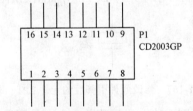

图 1-163　元件 Header 8X2　　图 1-164　修改后集成电路元件 CD2003GP

(3) 放置 LP1 和 LP2。在基本元件库中无此元件,先在基本元件库中找到如图 1-165 所示的元件 XTAL,再将其修改成晶体元件 LP1。具体操作过程如下:

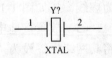

图 1-165　元件 XTAL

◆ 双击打开元件 XTAL 的"元件属性"对话框,将其标识符设为"LP1"且元件注释设为"465";取消选中"锁定引脚"复选框,单击"确认"按钮。

◆ 光标指向一个引脚并双击,在弹出的"引脚属性"对话框中按如图 1-166 所示的内容设置当前引脚的属性。

67

电子 CAD 绘图与制版项目教程

图 1-166　修改元件 XTAL 的引脚属性

◆ 再双击当前元件，并在弹出的"元件属性"对话框中选中"锁定引脚"复选框，即将"引脚名称"和"标识符"隐藏，再将其引脚长度设为"10"，单击"确认"按钮，结果如图 1-167 所示。
◆ 使用与上步相同的方法，将引脚 2 也设为相同的属性。
◆ 复制并粘贴引脚 1，双击粘贴后的引脚，在弹出的"引脚属性"对话框中将其标识符设为"3"并将其隐藏，再将其显示名称设为"OSC3"并隐藏，单击"确认"按钮，结果如图 1-168 所示。
◆ 双击当前元件，在弹出的"元件属性"对话框中选中"锁定引脚"复选框，单击"确认"按钮，完成元件 LP1 的修改。
◆ 复制并粘贴元件 LP1，并将粘贴后的元件标识符改为 LP2。

图 1-167　修改元件引脚后的元件 LP1　　　图 1-168　复制并粘贴引脚后的元件 LP1

（4）绘制虚线。执行菜单命令"放置"→"描画工具"→"直线"，此时光标为十字形，按 Tab 键，在弹出的"折线"对话框中将其"线风格"选项设置为"Dashed"，即将其转换为虚线。按如图 1-169 所示的内容来绘制两条虚线。

（5）放置接地电源符号。执行菜单命令"放置"→"电源端口"，放置 6 个接地符号并将其网络标签设为"GND"。

（6）放置文本字符。执行菜单命令"放置"→"文本字符串"，在当前原理图中放置字符串"LP1、LP2、J10.7 均为晶体元件——滤波器"、"磁性天线"、"带开关电位器"。

4．布局原理图对象

按如图 1-169 所示的内容，使用光标或菜单"编辑"→"排列"，来排列与对齐当前原理图对象的位置。

项目1 绘制简单原理图

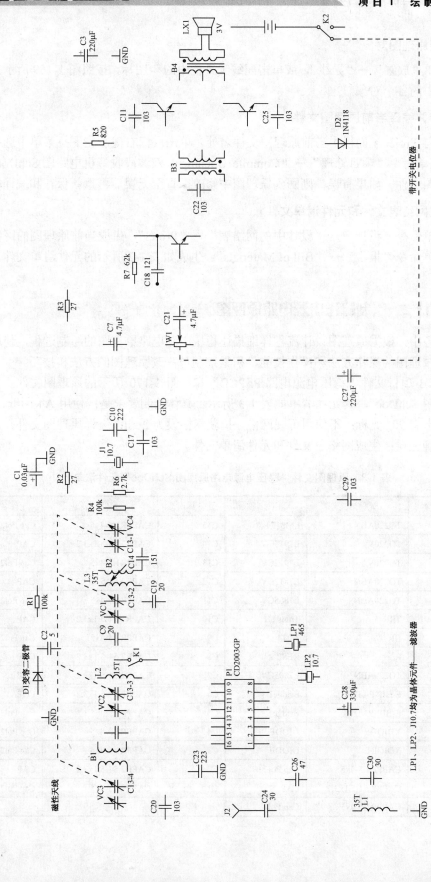

图1-169 "双波段收音机电路原理图.SchDoc"原理图的元件布局

69

5. 连接原理图对象

使用菜单"放置"→"导线",或单击配线工具栏中的≈图标,按照图 1-169 所示来连接当前原理图中的各个对象。

6. 保存并编译当前原理图文件

光标指向 Projects 面板中当前原理图文件名处,单击鼠标右键,在下拉菜单中选中"保存"。执行菜单命令"项目管理"→"Compile Document 双波段收音机电路图.SchDoc",编译当前原理图文件。如果有误,则回到原理图中修改,直至无误后再重新保存和编译检查。

7. 生成网络表文件和元件清单文件

执行菜单命令"设计"→"设计中的网络表"→"Protel",生成当前原理图的网络表文件;执行菜单命令"报告"→"Bill of Materials",生成如表 1-2 所示的元件清单文件。

综合设计 2 绘制稳压电源电路原理图

在本任务中,根据原理图设计流程详细描述稳压电源电路原理图的绘制过程,使用户熟练掌握绘制原理图的操作方法和操作技能,积累绘制与修改原理图的方法和技巧。

新建 PCB 项目文件"稳压电源电路.PrjPCB"和如图 1-170 所示的原理图文件"稳压电源电路原理图.SchDoc",其元件清单如表 1-3 所示。具体绘制要求是:使用 A4 图纸、ANSI 标题栏、大十字 90°光标;不使用可视网格,捕获网格设为 2mil;编译原理图文件,保证当前原理图正确无误;生成网络表文件和元件清单文件。

表 1-3 原理图文件"稳压电源电路原理图.SchDoc"元件清单

元件标识符	元件封装	元件名称	元件标识符	元件封装	元件名称
U13	TO220ABN	LM317T	C15	CAPPR1.5-4x5	Cap Pol2
U12	TO220V	L7915CV	C14	CAPR2.54-5.1x3.2	CAP
U11	TO220V	L7912CV	C13	CAPPR1.5-4x5	Cap Pol2
U2	TO220ABN	L7812CV	C12	CAPR2.54-5.1x3.2	CAP
U1	TO220ABN	L7805CV	C11	CAPPR1.5-4x5	Cap Pol2
T1	TRF_5	Trans CT	C10	CAPR2.54-5.1x3.2	CAP
R2	HR	POT1	C9	CAPPR1.5-4x5	Cap Pol2
R1	R	RES2	C8	CAPR2.54-5.1x3.2	CAP
LM1	TO220ABN	L7805CV	C7	CAPR2.54-5.1x3.2	CAP
DT2	E-BIP-P4/D10	Bridge1	C6	CAPR2.54-5.1x3.2	CAP
DT1	E-BIP-P4/D10	Bridge1	C5	CAPPR1.5-4x5	Cap Pol2
D2	XDIODE	DIODE	C4	CAPPR1.5-4x5	Cap Pol2
D1	XDIODE	DIODE	C3	CAPPR1.5-4x5	Cap Pol2
C18	CAPPR1.5-4x5	Cap Pol2	C2	CAPR2.54-5.1x3.2	CAP
C17	CAPR2.54-5.1x3.2	CAP	C1	CAPPR1.5-4x5	Cap Pol2
C16	CAPPR1.5-4x5	Cap Pol2			

项目1 绘制简单原理图

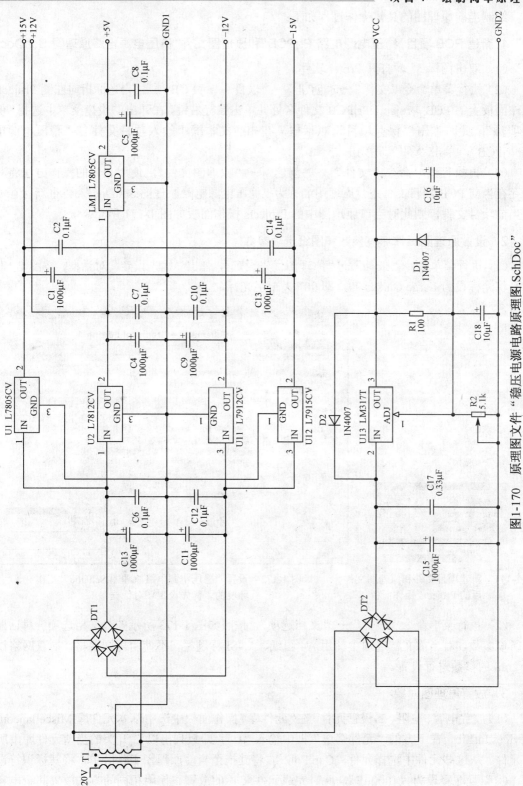

图1-170 原理图文件"稳压电源电路原理图.SchDoc"

绘制当前原理图的具体操作过程如下：

1. 新建 PCB 项目"稳压电源电路.PrjPCB"和原理图文件"稳压电源电路原理图.SchDoc"

（1）双击图标 ，打开 Protel 软件。

（2）执行菜单命令"文件"→"创建"→"项目"→"PCB 项目"，光标指向左侧 Projects 操作面板上的 PCB_Project1.PrjPCB 文件名处并单击鼠标右键，在弹出的快捷菜单中选择"保存项目"；此时弹出"保存项目"对话框，在相应文本框中输入项目文件名"稳压电源电路.PrjPCB"，单击"保存"按钮。

（3）再执行菜单命令"文件"→"创建"→"原理图文件"，使用上步的操作方法将其保存在当前 PCB 项目文件下，原理图名称为"稳压电源电路原理图.SchDoc"。再重新保存一下当前项目文件，则此时当前原理图中的 Projects 操作面板如图 1-171 所示。

2．设置原理图工作环境参数和图纸选项参数

（1）执行菜单命令"工具"→"原理图优先设定"，弹出"优先设定"对话框，按图 1-172 所示将光标设为 Large Cursor 90，即 90°大十字光标。

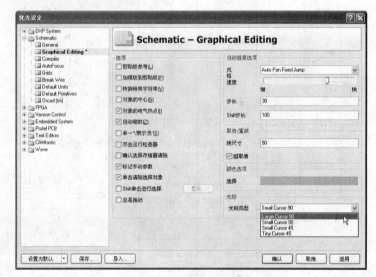

图 1-171　新建项目文件和原理图文件后的 Projects 操作面板　　　图 1-172　设置"稳压电源电路原理图.SchDoc"工作环境的"优先设定"对话框

（2）执行菜单命令"设计"→"文档选项"，按照如图 1-173 所示的"文档选项"对话框中所设参数，对当前文档选项中使用 A4 图纸、ANSI 标题栏，不使用可视网格，捕获网格设为 2mil 的参数进行设置。

3．放置原理图对象

（1）放置电容、电阻、二极管元件。在"元件库"操作面板中选中基本元件库 Miscellaneous Devices.IntLib，在下方的"元件筛选"框中输入"C"，即只列出以 C 开头的当前元件库中所有元件。从这些元件中选择元件"Cap Pol2"，将其拖至当前原理图工作区中，将其标识符设为"C1"且注释设为"1000μF"，此时完成元件 C1 的放置。使用相同的方法放置其余电容元件 C2～C18、电阻 R1～R2、二极管 D1～D2，并根据表 1-3 中的内容来设置其属性。

项目 1　绘制简单原理图

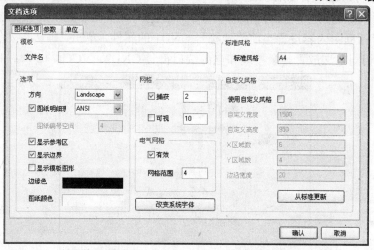

图 1-173　设置"稳压电源电路原理图.SchDoc"图纸参数的"文档选项"对话框

（2）放置变压器 T1 和电桥 DT1、DT2。这 3 个元件也在基本元件库中，按照表 1-3 中所示的相应元件名称找到元件，使用与上步相同的操作方法将它们放置到当前原理图工作区中并设置其属性。

（3）放置 U1～U2、U11～U13、LM1 元件。执行菜单命令"工具"→"查找元件"，按图 1-174 中所示内容设置当前弹出的"元件库查找"对话框。单击"查找"按钮，找到此元件后的"元件库"操作面板如图 1-175 所示。将找到的元件 L7805CV 拖至当前原理图工作区中，此时弹出如图 1-176 所示的确认加载元件库对话框，单击"是"按钮，即可将元件 L7805CV 所在库加载到当前 PCB 项目中，完成元件 U1 的放置。依据表 1-3 中的元件信息，并使用相同的操作方法放置 U2、U11～U13、LM1 元件。

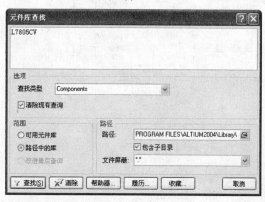

图 1-174　查找元件 L7805CV 的"元件库查找"对话框

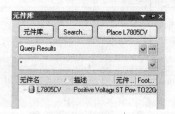

图 1-175　找到元件 L7805CV 后的"元件库"操作面板

图 1-176　确认加载元件库对话框

73

电子 CAD 绘图与制版项目教程

（4）放置电源和接地符号。执行菜单命令"放置"→"电源端口"，按如图 1-177 所示的"电源端口"对话框中内容设置当前接地符号 GND1 的属性，单击"确认"按钮，完成 GND1 的放置。使用相同方法放置其余接地和电源端口符号 GND2、VCC、+5V、−12V、−15V。

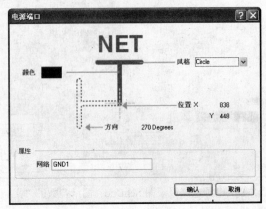

图 1-177 设置接地符号 GND1 属性的"电源端口"对话框

4. 布局原理图对象

按如图 1-178 所示的内容，使用光标或菜单"编辑"→"排列"，来排列与对齐当前原理图对象的位置。

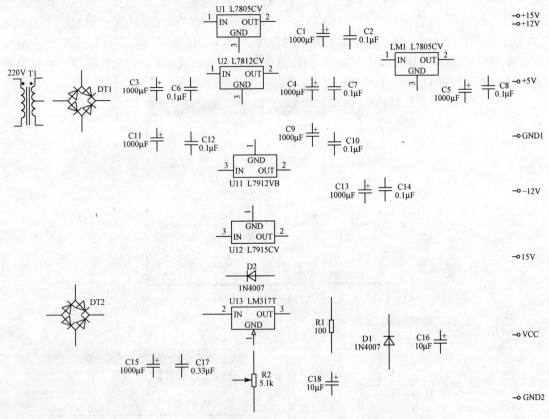

图 1-178 "稳压电源电路原理图.SchDoc"原理图的元件布局

项目1 绘制简单原理图

5．连接原理图对象

使用菜单"放置"→"导线"，或单击配线工具栏中的 图标，按照图 1-170 所示来连接当前原理图中的各个对象。

6．保存并编译当前原理图文件

光标指向 Projects 面板中当前原理图文件名处，单击鼠标右键，在下拉菜单中选中"保存"。执行菜单命令"项目管理"→"Compile Document 稳压电源电路图.SchDoc"，编译当前原理图文件。如果有误，则回到原理图中修改，直至无误后再重新保存和编译检查。

7．生成网络表文件和元件清单文件

执行菜单命令"设计"→"设计中的网络表"→"Protel"，生成当前原理图的网络表文件；执行菜单命令"报告"→"Bill of Materials"，生成如表 1-3 所示的元件清单文件。

项目总结

本项目将设计简单原理图的操作过程及 Protel 软件功能按实际的简单原理图设计过程进行了任务化，共分为 Protel 软件功能、新建原理图文件、编辑原理图文件、生成原理图报表文件 4 个任务。在每个任务阶段都按照实际设计过程的顺序介绍了用户必须掌握的操作方法及操作技能，具体内容包括：

1．创建 Protel 的 PCB 项目工程和原理图文件

使用菜单"文件"→"项目"→"PCB 项目"或使用菜单"文件"→"创建"→"原理图文件"。

2．设计印制电路板文件的操作流程

创建 Protel 2004 的 PCB 项目工程文件、原理图文件、PCB 文件→设计并编译原理图文件→生成网络表和其他报表文件→生成并规划电路板文件→导入工程变化订单→设计并编译印制电路板文件→生成并打印工作层文件。

3．设计原理图文件的操作流程

新建原理图文件→设置原理图工作环境和图纸参数→加载元件库→放置并编辑元件→连接元件→编译原理图文件→生成原理图报表文件。

4．设计原理图系统工作环境参数和文档选项设置方法

使用菜单"工具"→"原理图优选项"，设置原理图系统工作环境参数；使用菜单"设计"→"文档选项"，设置当前原理图的图纸格式。

5．加载原理图元件库

使用"元件库"库操作面板和菜单"设计"→"追加/删除元件库"，来添加当前原理图所需元件库。

6．元件属性设置方法

双击元件或在放置元件之前按 Tab 键，调出"元件属性"对话框，在此设置当前元件属

电子 CAD 绘图与制版项目教程

性。还可以使用原理图快捷菜单,来直接或成批修改元件组件属性。

7. 原理图常用工具栏使用方法

原理图中常用工具栏有两个,包括"配线"工具栏和"实用"工具栏,先选中相应对象,再单击这两个工具栏中相应图标,可以实现放置元件、绘制图形、排列与对齐、图纸符号、端口符号等原理图常用对象。

8. 修改原理图元件的设计方法

调出当前元件的"元件属性"对话框,取消选中"锁定引脚"复选框;回到原理图中双击相应引脚就会弹出"引脚属性"对话框,可以在此修改元件引脚属性,还可以拖动当前元件引脚位置来修改元件外形。

9. 编译原理图文件

使用菜单"项目管理"→"Compile Document Sheet1.SchDoc",只编译当前原理图文件;执行菜单命令"项目管理"→"Compile PCB Project PCB_Project1.PrjPCB",可以编译当前 PCB 项目中所有文件。编译后可以根据弹出的"Messages"对话框内容,来修改原理图中的错误,直至无误为止。

10. 生成原理图网络表等报表文件

使用菜单"报告"的下拉子菜单,可以生成原理图的网络表文件、元件清单报表文件、元件交叉参考表文件和原理图层次报表文件等。

11. 打印输出原理图文件

使用菜单"文件"→"页面设定",在弹出的"Schematic Print Properties"对话框中设置打印纸尺寸、图纸缩放比例、打印方向等选项的参数。

项目练习

1. 以"班级+姓名+学号"命名一个新建文件夹,在此文件夹中新建 PCB 项目文件 LX1.PrjPCB 和如图 1-179 所示的原理图文件"LX1.SchDoc"。具体绘制要求是:使用 A4 图纸、ANSI 标题栏、大十字 90°光标;不使用可视网格,捕获网络设为 2mil;编译原理图文件,保证当前原理图正确无误;生成网络表文件和元件清单文件。

2. 以"班级+姓名+学号"命名一个新建文件夹,在此文件夹中新建 PCB 项目文件 LX2.PrjPCB 和如图 1-180 所示的原理图文件"LX2.SchDoc"。具体绘制要求是:使用自定义图纸、ANSI 标题栏、小十字 90°光标;不使用可视网格,捕获网络设为 5mil;编译原理图文件,保证当前原理图正确无误;生成网络表文件和元件清单文件。

项目1 绘制简单原理图

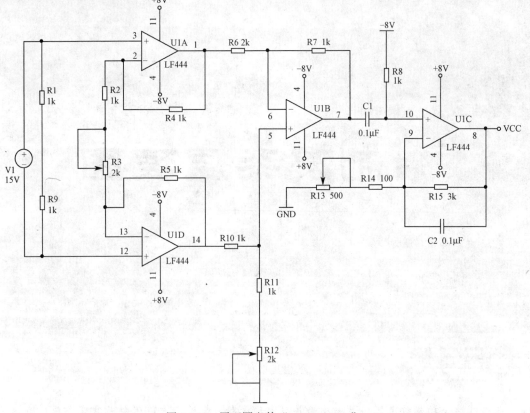

图 1-179 原理图文件 "LX1.SchDoc"

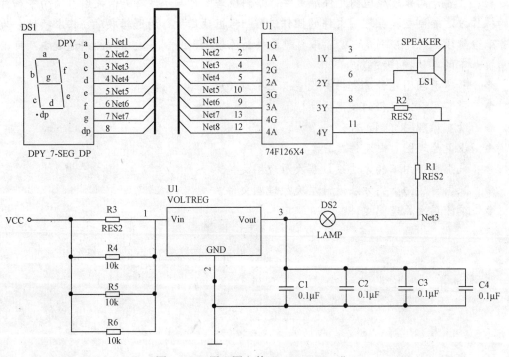

图 1-180 原理图文件 "LX2.SchDoc"

项目 2　绘制复杂原理图

教学导入

本项目结合功率放大器、温控及简易频率计电路、数控步进稳压电源这 3 个典型电路的绘制过程，主要介绍新建原理图元件库文件，绘制原理图自制元件符号，采用自顶向下和自底向上的操作方法绘制层次原理图文件的操作流程。根据项目执行的逻辑顺序，将本项目分为两个任务来分阶段执行，分别是：绘制带自制元件的原理图、绘制层次原理图。通过本项目，使用户掌握如下的具体操作技能：

- 新建原理图元件库文件并设置其工作环境；
- "实用"工具栏的使用方法；
- 绘制原理图自制元件；
- 设置原理图自制元件属性；
- 采用自顶向下的方法设计层次原理图文件；
- 采用自底向上的方法设计层次原理图文件；
- 编译层次原理图文件。

项目 2　绘制复杂原理图

在用户绘制大型复杂的原理图时,把所有元件都放置在一张图纸上会使整个图纸显得很拥挤且不规范;还有,当实际元件符号在系统元件库中查找不到且不能通过修改元件来实现时,则系统元件库将不能满足实际需要。在这些情况下,可以使用 Protel 软件提供的层次原理图的绘制方法和原理图自制元件的方法来解决。本项目主要介绍在当前 PCB 项目中创建并编辑原理图元件库文件的操作方法和层次原理图的绘制方法,使用户能够规范地绘制复杂原理图文件。

任务 2.1　绘制带自制元件的原理图

任务目标
- 新建原理图元件库文件并设置其工作环境;
- "实用"工具栏的使用方法;
- 绘制原理图自制元件;
- 设置原理图自制元件属性。

Protel 软件提供了非常丰富的集成元件库,它在保留以前版本的原理图元件库之外,还增加了十几家大型电子元器件生产厂家的集成元件库,这些集成元件库收录了电路设计中几乎所有的常用元件,用户还可以在其官网上更新其集成元件库。用户在绘制原理图时,只要直接从集成元件库中调用即可。但当用户无法从系统集成元件库中找到与实际元件相符的元件时,就可以根据实际元器件外形和尺寸自行绘制原理图自制元件。Protel 软件提供的原理图元件库文件是在绘制原理图时为用户专门设计的自制原理图元件符号库,其文件扩展名为".SchLib"。

2.1.1　新建原理图元件库文件

1. 新建原理图元件库文件方法

在当前 PCB 项目文件中,光标指向"Projects"操作面板中的 PCB 项目文件名处且单击鼠标右键,从弹出的快捷菜单中选择"追加新文件到项目中"→"Schematic Library",此时的"Projects"操作面板如图 2-1 所示。在当前 PCB 项目中自动增加了一个绿色的 Libraries 文件夹,在其下方还自动增加了一个 Schematic Library Documents 文件夹,此文件夹中新建了一个 Schlib1.Schlib 的原理图元件库文件。

图 2-1　新建原理图元件库文件后的"Projects"操作面板

执行菜单命令"文件"→"保存",在弹出的保存文件对话框中输入相应的文件名,再将当前 PCB 项目重新保存,则此时的原理图元件库.Schlib 窗口组成如图 2-2 所示。在原理图元件库文件窗口的工作区中央位置,有两条水平和垂直的坐标线,两条坐标线的交点即是原点。用户在绘制原理图自制元件时,要以此原点为基准点来绘制。

2. 设置原理图元件库文件属性

执行菜单命令"工具"→"文档属性",弹出如图 2-3 所示的"库编辑器工作区"对话框,在此设置当前文件的图纸属性,主要包括图纸尺寸、图纸方向、图纸边界和工作区颜色、网格格式等信息。

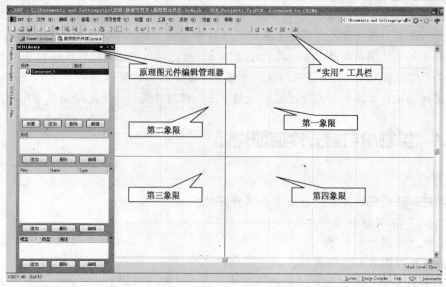

图 2-2　原理图元件库.Schlib 窗口组成

图 2-3　"库编辑器工作区"对话框

2.1.2　绘制原理图自制元件

当用户创建原理图元件库文件之后，系统会自动创建一个以 Component 命名的新元件，它会出现在窗口左侧的"SCH Library"操作面板中，使用这个面板可以创建、修改和浏览当前原理图元件库中的自制元件符号信息。

执行菜单命令"工具"→"新元件"，弹出如图 2-4 所示的"New Component Name"对话框，在此输入新的自制元件名称，单击"确认"按钮即可新建一个原理图自制元件，其左侧的"SCH Library"操作面板如图 2-5 所示。

图 2-4　"New Component Name"对话框　　图 2-5　新建了两个自制元件的"SCH Library"操作面板

项目2 绘制复杂原理图

1. "放置"菜单和"实用"工具栏

绘制原理图自制元件可以使用"实用"工具栏和"放置"菜单中的命令来实现，在"放置"菜单中的命令都可以在"实用"工具栏中找到与其相对应的图标。执行菜单命令"放置"，其中的子菜单主要包括以下命令：

（1）放置 IEEE 符号。执行"放置"→"IEEE 符号"，或单击"实用"工具栏中的 图标，都可以放置如表 2-1 所示的 IEEE 符号。

表 2-1 IEEE 符号及其功能

IEEE 符号	IEEE 符号功能	IEEE 符号	IEEE 符号功能
○	低电平触发符号	⊥	低电平触发输出符号
←	向左的信号流标识符号	π	符号π
▷	上升沿触发时钟脉冲符号	≥	大于等于符号
⊣	低电平触发输入符号	◇	具有提高阻抗的开集极输出符号
⌒	模拟信号输入符号	◇	开射极输出符号
✻	非逻辑性连接符号	◇	有上拉电阻的开射极输出符号
⊓	有暂缓性输出的标识符号	#	数字输入信号
◇	具有开集极输出的标识符号	▷	反相器的标识符号
▽	高阻抗状态符号	◁▷	双向信号的标识符号
▷	高输出电流的标识符号	←	数据向左移动的标识符号
⊓	脉冲符号	≤	小于等于符号
⊢⊣	延时符号	Σ	符号Σ
]	多条 I/O 线组合符号	⊓	施密特触发输入特性的标识符号
}	二进制组合的符号	→	旋转数据右移的标识符号

（2）放置引脚。执行"放置"→"引脚"，或单击"实用"工具栏中的 图标下的 图标，都可以放置元件引脚。此时光标变为十字形且上方浮现引脚符号，如图 2-6 所示；在适当的位置处单击即可放置一个引脚；此时仍处于放置引脚状态，用户可以使用相同的方法继续放置引脚符号；如果需要结束放置引脚状态，只要单击鼠标右键或按 Esc 键即可。设置引脚属性的操作方法请参考项目1。

图 2-6 放置引脚符号

> ❗ 提示：放置引脚时要注意，必须将引脚的电气节点朝向需要与导线相连接的方向，即向外。否则，绘制好的自制元件无法与原理图中的其余对象进行连接。放置好的元件引脚需要根据实际需要，在其引脚属性对话框设置当前引脚的名称、序号、电气类型、长度、IEEE 符号和颜色等属性。

（3）放置圆弧。执行"放置"→"圆弧"，可以放置圆弧形状。此时光标变为十字形且上方出现圆弧形状，具体绘制过程参照项目1。

（4）放置椭圆弧。执行"放置"→"椭圆弧"，或单击"实用"工具栏中的 图标下的 图标，都可以放置椭圆弧形状。此时光标变为十字形且上方出现椭圆弧形状，具体绘制

81

过程参照项目 1。

（5）放置椭圆。执行"放置"→"椭圆"，或单击"实用"工具栏中的图标下的图标，都可以放置椭圆形状。此时光标变为十字形且上方出现椭圆形状，具体绘制过程参照项目 1。

（6）放置饼图。执行"放置"→"饼图"，可以放置饼图形状。此时光标变为十字形且上方出现饼图形状，具体绘制过程参照项目 1。

（7）放置直线。执行"放置"→"直线"，或单击"实用"工具栏中的图标下的图标，都可以放置直线形状。此时光标变为十字形且上方出现直线形状，具体绘制过程参照项目 1。

（8）放置矩形。执行"放置"→"矩形"，或单击"实用"工具栏中的图标下的图标，都可以放置矩形形状。此时光标变为十字形且上方出现矩形形状，具体绘制过程参照项目 1。

（9）放置圆边矩形。执行"放置"→"圆边矩形"，或单击"实用"工具栏中的图标下的图标，都可以放置圆边矩形形状。此时光标变为十字形且上方出现圆边矩形形状，具体绘制过程参照项目 1。

（10）放置多边形。执行"放置"→"多边形"，或单击"实用"工具栏中的图标下的图标，都可以放置多边形形状。此时光标变为十字形且上方出现多边形形状，具体绘制过程参照项目 1。

（11）放置贝塞尔曲线。执行"放置"→"贝塞尔曲线"，或单击"实用"工具栏中的图标下的图标，都可以放置贝塞尔曲线形状。此时光标变为十字形且上方出现贝塞尔曲线形状，具体绘制过程参照项目 1。

（12）放置文本字符串。执行"放置"→"文本字符串"，或单击"实用"工具栏中的图标下的图标，都可以放置文本字符串。此时光标变为十字形且上方出现文本字符串，具体绘制过程参照项目 1。

（13）放置图片。执行"放置"→"图片"，或单击"实用"工具栏中的图标下的图标，都可以放置图片。此时光标变为十字形且上方出现图片，具体绘制过程参照项目 1。

2. 绘制简单自制元件

以绘制一个电阻器 R 为例，说明简单原理图自制元件的操作过程。

（1）绘制元件外形。执行菜单命令"放置"→"矩形"，光标变为十字形，在当前工作区的原点处单击确定当前元件左上角的顶点；向右拉动光标至适当位置处单击，确定元件外形右上角的顶点（在拉动光标过程中可以随时按"Shift+Space"组合键来修改直线的拐角模式，或按 Tab 键修改直线属性）；向下方拉动光标至合适位置处单击，确定矩形右下角的顶点；按如图 2-7 所示的"矩形"对话框中的内容设置当前矩形的属性；执行菜单命令"放置"→"矩形"，绘制好的自制元件 R 的矩形边框如图 2-8 所示。

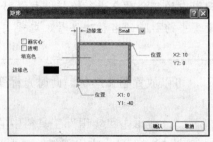

图 2-7 自制元件外形的"矩形"对话框

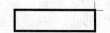

图 2-8 自制元件 R 的外形

项目2 绘制复杂原理图

(2) 绘制元件引脚。执行菜单命令"放置"→"引脚",光标变为十字形且下方浮现引脚符号,箭头光标处即是引脚的电气节点;按 Space 键旋转引脚使电气节点向上,移动光标至电阻外形上方并单击放置;使用同样的方法再放置一个引脚符号,使其电气节点向下,绘制完成的自制元件 R 如图 2-9 所示;双击自制元件上方的引脚符号,按如图 2-10 所示的"引脚属性"对话框中的内容设置当前引脚属性;双击自制元件下方的引脚符号,按如图 2-11 所示的"引脚属性"对话框中的内容设置当前引脚属性。

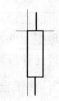

图 2-9 自制元件 R

图 2-10 自制元件 R 上方引脚的属性设置

图 2-11 自制元件 R 下方引脚的属性设置

(3) 设置自制元件 R 属性。执行菜单命令"工具"→"元件属性",弹出如图 2-12 所示的"Library Component Properties"对话框,在此设置当前自制元件的属性,包括元件的默认标识符、注释信息、元件参数值、元件常用模型等。

(4) 保存元件 R。执行菜单命令"工具"→"重新命名元件",弹出如图 2-13 所示的"Rename Component"对话框,在其中重新输入元件名称 R,单击"确认"按钮即可重新命名当前自制元件。

图 2-12 "Library Component Properties"对话框　　图 2-13 "Rename Component"对话框

（5）放置元件 R。自制元件绘制完成后，再重新保存当前 PCB 项目文件和原理图元件库文件，回到原理图中，单击右侧的"元件库"操作面板，在元件库文件的文本框中选中当前的原理图元件库名称，其下方就会显示当前库中所有的自制元件，接下来的放置和其余操作与系统元件操作方法一致。

3. 编辑自制元件

（1）删除自制元件。执行菜单命令"工具"→"删除元件"，弹出如图 2-14 所示的"Confirm"对话框，单击"Yes"按钮即可删除当前自制元件。

（2）删除重复的自制元件。执行菜单命令"工具"→"删除重复"，弹出如图 2-15 所示的"Confirm"对话框，单击"Yes"按钮即可删除当前重复的自制元件。如果当前原理图库文件中无重复自制元件，会弹出提示对话框，否则直接将重复的自制元件自动删除。

图 2-14　删除自制元件的"Confirm"对话框　　　图 2-15　删除重复元件的"Confirm"对话框

（3）复制自制元件。执行菜单命令"工具"→"复制元件"，弹出如图 2-16 所示的"Destination Library"对话框，在此选择当前自制元件的复制目标原理图库文件，选中当前对话框中的一个文件并单击"确认"按钮，即可将当前自制元件复制到目标原理图元件库文件中。

（4）移动自制元件。执行菜单命令"工具"→"移动元件"，也会弹出如图 2-16 所示的"Destination Library"对话框，在此选择当前自制元件的移动目标原理图库文件，选中当前对话框中的一个文件并单击"确认"按钮，即可将当前自制元件移到目标原理图元件库文件中。

（5）自制元件参数管理。执行菜单命令"工具"→"参数管理"，弹出如图 2-17 所示的"参数编辑器选项"对话框，在此可以为当前自制元件增加参数及参数值，具体操作过程如下：

图 2-16　"Destination Library"对话框　　　图 2-17　"参数编辑器选项"对话框

◆ 单击"参数编辑器选项"对话框中的"确认"按钮，弹出如图 2-18 所示的"Parameter Table Editor For Project"对话框，在此增加当前自制元件所需元件参数及参数值。

◆ 在如图 2-18 所示对话框中单击"追加列…"按钮，弹出如图 2-19 所示的"追加参数"对话框，在此按当前图中所示内容添加相应内容并单击"确认"按钮。

◆ 追加自制元件参数后的对话框如图 2-20 所示，将光标指向 R 处并单击鼠标右键，从弹出的快捷菜单中选择"编辑"，此时当前自制元件的"参数值"所在列可以编辑，

项目2 绘制复杂原理图

在此输入数值 1K；用同样的方法为其余的自制元件添加参数值；单击"接受变化（建立 ECO）"按钮，使设置后的元件参数生效。

 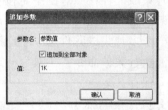

图 2-18 "Parameter Table Editor For Project"对话框　　图 2-19 "追加参数"对话框

◆ 此时弹出如图 2-21 所示的"工程变化订单（ECO）"对话框，单击"使变化生效"按钮，在"检查"一列选项无误的状态下再单击"执行变化"按钮，即可使所添加的自制元件参数生效。

 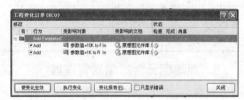

图 2-20 追加自制元件参数　　图 2-21 使自制元件参数生效的"工程变化订单（ECO）"对话框

> 提示：在原理图中放置追加了自制元件参数后的元件时，其"元件属性"对话框中的"Parameters for"选项区中会自动显示已追加的元件参数，如图 2-22 所示。
>
>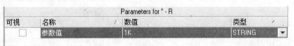
>
> 图 2-22 追加了参数的自制元件属性对话框中的"Parameters for"选项区

（6）元件模式管理。执行菜单命令"工具"→"模式管理器"，弹出如图 2-23 所示的参数编辑器选项对话框，在此可以为当前自制元件设置元件模型。选中左侧选项中的一个自制元件 R，单击"Add Footprint"按钮，在弹出的下拉框中选中一种元件模型，这里选择 Footprint；在弹出的"PCB 模型"对话框中选择一个适合当前自制元件的封装，单击"确认"按钮，则追加元件模型后的"参数编辑器选项"对话框如图 2-24 所示。

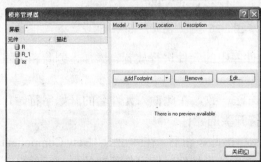 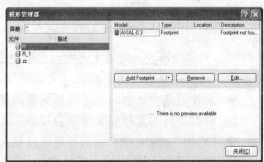

图 2-23 参数编辑器选项对话框　　图 2-24 添加 Footprint 模型的参数编辑器选项对话框

4. 绘制多片集成元件

多片集成元件在原理图中是按各个子片进行绘制和连接的,但在印制电路板中是以一个元件封装的形式存在的。在绘制多片集成的自制元件时,也需要按各个子片进行分别绘制。以绘制一个多片集成元件 ZZ 为例说明具体操作过程。

(1) 执行菜单命令"工具"→"新元件",新建一个自制元件 ZZ,绘制当前元件的第一个子片并保存。

(2) 执行菜单命令"工具"→"创建元件",此时在元件库编辑管理器中的自制元件列表如图 2-25 所示,即在当前自制元件 ZZ 左侧出现折叠展开按钮。单击此按钮,则在 ZZ 元件下方出现它的两个子片,分别单击 Part A 和 Part B,并分别在相应的工作区中绘制元件。

(3) 如果需要再在当前自制元件上增加子片,只要再执行菜单命令"工具"→"创建元件"即可,其余操作与单片自制元件的操作方法一致。

> 提示:所有原理图元件库中的自制元件都绘制完成后,需要重新保存当前原理图元件库文件和当前 PCB 项目文件。

5. 原理图元件库编辑管理器

当前原理图元件库中的自制元件绘制完成后,所有自制元件都会显示在如图 2-26 所示的原理图元件库编辑管理器中,在此可以浏览和编辑自制元件。

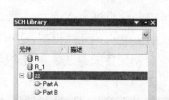

图 2-25 多片集成的自制元件 ZZ

图 2-26 原理图元件库编辑管理器

(1) 元件选项区。可以实现对当前原理图元件库中的元件进行放置、添加、删除和编辑等操作,其中主要选项功能如下:

◆ 元件筛选文本框:与原理图编辑器使用方法一致,在此输入元件名的开始字符时,在其下方的元件列表中就会显示以此字符开头的元件。

◆ "追加"按钮:添加新的原理图自制元件。单击此按钮后,在弹出的"New Component Name"对话框中输入元件名称,再单击"确认"按钮,即可使新建的自制元件自动出现在元件列表中。

- ◆ "删除"按钮：删除当前原理图元件库中的指定元件。
- ◆ "编辑"按钮：单击此按钮后弹出"元件属性"对话框，在此设置当前自制元件的属性。
- ◆ "放置"按钮：可以直接将当前自制元件放置在原理图文件中。

（2）"别名"选项区。用户可以在此设置当前元件的别名。

（3）引脚选项区。在此显示当前自制元件的引脚信息，包括引脚序号、引脚名称、引脚类型等。单击其下方的"追加"按钮后，箭头光标下方出现十字形光标，且自动跳转到元件编辑工作区中，同时在光标上浮动着一个引脚。确定位置后单击，实现当前引脚的放置。此时，光标仍处于放置引脚状态，用户可继续放置。若要退出放置引脚状态，单击鼠标右键即可。

（4）元件模型选项区。可以实现为当前自制元件添加或放置 Signal Integrity 模型、Footprint 模型、PCB 3D 模型和 Simulation 模型等操作。单击下方的"追加"按钮，箭头光标下方出现十字形光标，弹出如图 2-27 所示的"加新的模型"对话框，在此可以为当前自制元件选择一个元件的新模型。再单击下方的"编辑"按钮，可以对新添加的元件模型进行编辑。

图 2-27 "加新的模型"对话框

2.1.3 创建元件库及元件报表文件

1．建立设计项目元件库

项目元件库是将当前项目工程的原理图文件中用到的所有元件集合在一个元件库文件中，用户在进行项目设计时，只需要导入此项目元件库而不用导入其他元件库。这样既方便了项目设计，也方便了设计文件的保存与交换。在当前项目中的原理图文件中执行菜单命令"设计"→"建立设计项目元件库"，生成的项目元件库以当前项目名来命名，且此文件扩展名为".SCHLIB"，如图 2-28 所示。

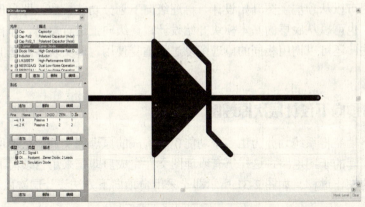

图 2-28 设计项目元件库

2．创建原理图元件库报表文件

执行菜单命令"报告"→"元件库"，弹出如图 2-29 所示的当前原理图的元件库报表。其中列出了当前原理图元件库中所有元件的名称及相关描述，此文件扩展名是".rep"。

3. 创建元件报表文件

在原理图元件库文件中,打开一个自制元件。执行菜单命令"报告"→"元件",弹出如图 2-30 所示的"Schlib1.cmp"文件窗口,其中列出了当前元件的元件引脚个数、元件名称、引脚属性等细节信息。

图 2-29 当前原理图的元件库报表   图 2-30 "Schlib1.cmp"文件窗口

任务 2.2 绘制层次原理图

任务目标
- ◆ 采用自顶向下的方法设计层次原理图文件;
- ◆ 采用自底向上的方法设计层次原理图文件。

对于一个复杂系统的 PCB 工程项目来说,一张简单的图纸不可能将整个系统功能都实现,通常是根据电路功能将原理图文件划分成多个功能模块,分别由不同的设计人员来完成,即采用层次原理图的设计方法来完成。层次原理图的设计方法是一种模块化的设计方法,即将复杂的原理图划分为多个功能模块,再将每个功能模块的原理图电路进行细分和设计。根据系统需要,还可以再向下一级细分,这样一层一层细分下去就构成了树状的层次结构,即层次原理图。这种层次原理图的设计方法将电路图设计模块化,大大提高了设计效率。

层次原理图可以从顶层主图开始设计,再逐级向下划分功能模块,即自顶向下的层次原理图设计方法;也可以从底层的基本模块开始设计,逐级向上进行总结,即自底向上的层次原理图设计方法;还可以调用相同的原理图以进行重复使用,即实现多通道的层次原理图设计方法。

2.2.1 自顶向下设计层次原理图

先根据电路功能将系统划分为由多个功能模块构成的原理图文件,在最顶层文件中用电路符号来代替实际的子图电路,这样所有原理图文件完成后即是采用自顶向下的方法设计层次原理图文件的操作过程。如图 2-31 所示即是采用自顶向下方法设计层次原理图的结构图。

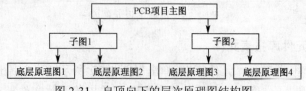

图 2-31 自顶向下的层次原理图结构图

项目2 绘制复杂原理图

1. 绘制层次原理图的主图文件

在当前 PCB 项目中新建一个原理图文件,将其作为主图文件。在主图文件中,放置元件和符号的方法与一般原理图的操作方法一致。但为了构成层次原理图,还需要在主图文件放置图纸符号和图纸入口,才能使主图文件与子图文件建立层次关系。

(1) 放置图纸符号。在主图文件中放置图纸符号,用于由图纸符号创建其下一层次的子图文件。执行菜单命令"放置"→"图纸符号",或单击"配线"工具栏中的 图标,在当前主图文件中放置一个图纸符号。双击这个图纸符号,在弹出的"图纸符号"对话框中设置其符号格式和子图文件名,如图 2-32 所示。在输入子图文件名时要注意,只输入文件主名即可,因为在生成子图时系统会自动为其加上文件扩展名。

(2) 放置图纸入口。图纸入口是用于连接图纸符号与原理图其余对象的端口,执行菜单命令"放置"→"图纸入口",或单击"配线"工具栏中的 图标,根据实际需要在指定的图纸符号上方放置几个图纸入口。双击已放置的图纸入口符号,在弹出的"图纸入口"对话框中设置其名称、位置、电气类型、风格和颜色等信息。放置图纸入口后的图纸符号如图 2-33 所示。

图 2-32 图纸符号"子图 1"

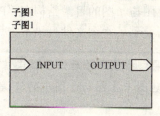
图 2-33 放置图纸入口后的图纸符号

> 提示:图纸符号和图纸入口的放置方法及属性设置方法请参考项目 1。

2. 由图纸符号生成子图文件

在主图文件中,执行菜单命令"设计"→"根据符号创建图纸",此时光标变为十字形,在图纸符号上方单击,弹出如图 2-34 所示的"Confirm"对话框,单击"Yes"按钮时其产生的子图中的端口符号的电气类型与原来主图中图纸入口的电气类型相反,即输出变为输入;如果单击此对话框中的"No"按钮,则其产生的子图中的端口符号的电气类型与原来主图中图纸入口的电气类型相同,即输出仍为输出。用户可以根据实现电路特点来进行选择。

接着,系统将自动以图纸符号中定义的子图名称为原理图文件名,生成一个新的原理图文件,即子图文件。用相同的方法将主图中的其他图纸符号转换成子图文件,此时的"Projects"面板如图 2-35 所示。

图 2-34 "Confirm"对话框

图 2-35 "Projects"面板中的层次原理图目录

3. 层次原理图之间的切换

如果构成层次原理图的张数较多，经常需要在各个子图与主图之间进行切换。直接双击"Projects"面板中相应文件的图标即可切换到对应的原理图中，也可以使用命令进行切换。

（1）从主图切换到子图。打开主图文件，执行菜单命令"工具"→"改变设计层次"，此时箭头光标下方出现十字形状，在主图中任意一个图纸符号上单击，即可切换到相应的子图文件中，单击鼠标右键结束切换状态。

（2）从子图切换到主图。打开一个子图文件，执行菜单命令"工具"→"改变设计层次"，此时箭头光标下方出现十字形状，在子图中任意一个图纸入口上单击，即可切换到主图文件中，单击鼠标右键结束切换状态。

4. 编译层次原理图文件

主图文件和子图文件都绘制好之后，重新保存当前层次原理图和 PCB 项目文件。执行菜单命令"项目管理"→"Compile PCB Project PCB_Project1.PrjPCB"，编译当前项目文件后，层次原理图的主图与子图的目录结构在"Projects"面板中发生了变化，如图 2-36 所示，即两个子图文件折叠到了主图文件目录下方。

> 提示：如果文件被编译后弹出错误信息对话框，用户可以使用修改简单原理图的方法来修改层次原理图中主图与子图中的错误，修改之后重新保存文件，再重新进行编译，直至无误为止。

2.2.2 自底向上设计层次原理图

根据电路功能将系统划分为由多个功能模块构成的原理图文件，先绘制底层的子图文件，再生成主图文件，并在主图文件中用电路符号来代替实际的子图电路，这样所有原理图文件完成后就构成了自底向上设计层次原理图文件的操作过程。如图 2-37 所示即是采用自底向上方法设计层次原理图的结构图。

图 2-36 编译后的层次原理图目录结构

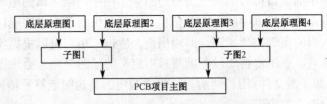
图 2-37 自底向上的层次原理图结构图

> 提示：层次原理图中的设计层次可以是多层，不仅是指图 2-31 和图 2-37 所示的 3 层结构，还可以是 2 层、4 层等结构层次。

1. 新建子图文件

在当前项目中新建一个原理图文件作为其中一个子图文件，绘制好原理图中内容后，执行菜单命令"放置"→"端口"，或单击"配线"工具栏中的 图标来放置原理图端口符号

项目 2 绘制复杂原理图

（I/O）；设置好其属性，再保存这个原理图文件。用同样的方法新建其余需要作为子图的原理图文件中的端口符号并保存。

2. 新建主图文件

在当前 PCB 项目中新建一个空白的原理图文件，将其作为主图文件。打开这个主图文件，执行菜单命令"设计"→"根据图纸建立图纸符号"，弹出如图 2-38 所示的"Choose Document to Place"对话框。从中选择一个文件后，单击"确认"按钮，弹出"是否反转 I/O 端口电气类型"对话框，单击"Yes"或"No"按钮后，系统自动回到主图文件中，且有一个方块电路符号随光标一同移动。在适合的位置处单击即可将选中的原理图文件转换为主图中的图纸符号，如图 2-39 所示。其他作为子图文件的原理图文件也用相同的方法来转换，继续绘制主图文件中的其余对象，即可完成主图文件的绘制。

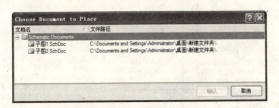

图 2-38 "Choose Document to Place"对话框

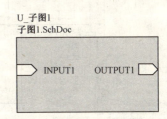

图 2-39 由子图转换成的图纸符号

2.2.3 多通道的层次原理图的设计方法

Protel 提供了多通道的层次原理图设计方法，用户可以在项目中重复引用同一个原理图文件，如果需要修改这个被引用的原理图文件，只需修改一次即可，其层次结构如图 2-40 所示。

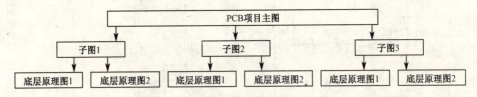

图 2-40 多通道的层次原理图组成结构

综合设计 3 绘制功率放大器电路图

在本任务中，通过详细描述功率放大器电路原理图绘制过程，使用户具备设计层次原理图、设计原理图元件库和综合修改复杂原理图的操作技能。

新建 PCB 项目文件"功率放大器电路.PrjPCB"、如图 2-41 所示的原理图文件"功率放大器原理图.SchDoc"和原理图元件库文件"自制元件.SchLib"，其元件清单如表 2-2 所示。具体绘制要求是：使用 A3 图纸、Standard 标题栏、小十字 90°光标；不使用可视网格，捕获网格设为 2mil；绘制如图 2-42、图 2-43 所示的自制元件 RP、RP2；编译原理图文件，保证当前原理图正确无误；生成网络表文件、元件清单文件和自制元件报告文件。

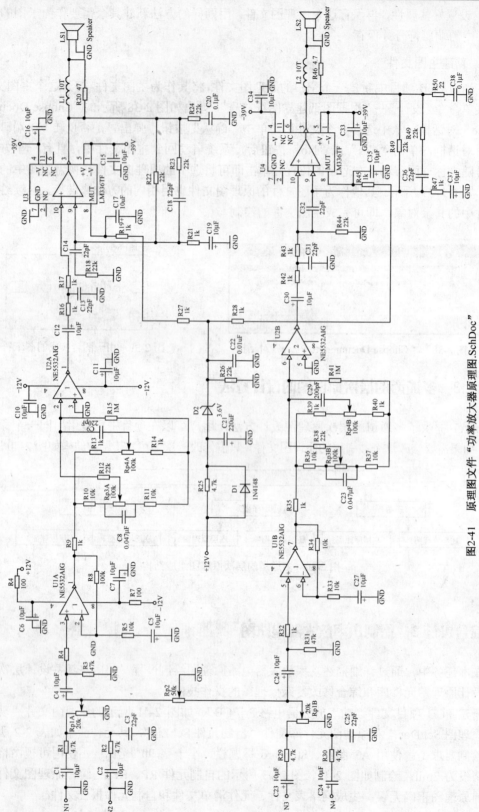

图2-41 原理图文件"功率放大器原理图.SchDoc"

图 2-42 自制元件 RP　　图 2-43 多片集成的自制元件 RP2（包括 RP2A、RP2B）

表 2-2 "功率放大器原理图.SchDoc" 元件清单

标识符	元件封装	元件名称	标识符	元件封装	元件名称
C1	CAPPR1.5-4x5	Cap Pol2	D1	DIO7.1-3.9x1.9	Diode 1N4148
C2	CAPPR1.5-4x5	Cap Pol2	D2	DIODE-0.7	D Zener
C3	RAD-0.3	Cap	L1	INDC1005-0402	Inductor
C4	CAPPR1.5-4x5	Cap Pol2	L2	INDC1005-0402	Inductor
C5	CAPPR1.5-4x5	Cap Pol2	LS1	PIN2	Speaker
C6	CAPPR1.5-4x5	Cap Pol2	LS2	PIN2	Speaker
C7	CAPPR1.5-4x5	Cap Pol2	R1	AXIAL-0.4	Res2
C8	RAD-0.3	Cap	R2	AXIAL-0.4	Res2
C9	RAD-0.3	Cap	R3	AXIAL-0.4	Res2
C10	CAPPR1.5-4x5	Cap Pol2	R4	AXIAL-0.4	Res2
C11	CAPPR1.5-4x5	Cap Pol2	R5	AXIAL-0.4	Res2
C12	CAPPR1.5-4x5	Cap Pol2	R6	AXIAL-0.4	Res2
C13	RAD-0.3	Cap	R7	AXIAL-0.4	Res2
C14	RAD-0.3	Cap	R8	AXIAL-0.4	Res2
C15	CAPPR1.5-4x5	Cap Pol2	R9	AXIAL-0.4	Res2
C16	CAPPR1.5-4x5	Cap Pol2	R10	AXIAL-0.4	Res2
C17	CAPPR1.5-4x5	Cap Pol2	R11	AXIAL-0.4	Res2
C18	RAD-0.3	Cap	R12	AXIAL-0.4	Res2
C19	CAPPR1.5-4x5	Cap Pol2	R13	AXIAL-0.4	Res2
C20	RAD-0.3	Cap	R14	AXIAL-0.4	Res2
C21	CAPPR1.5-4x5	Cap Pol2	R15	AXIAL-0.4	Res2
C22	RAD-0.3	Cap	R16	AXIAL-0.4	Res2
C23	CAPPR1.5-4x5	Cap Pol2	R17	AXIAL-0.4	Res2
C24	CAPPR1.5-4x5	Cap Pol2	R18	AXIAL-0.4	Res2
C25	RAD-0.3	Cap	R19	AXIAL-0.4	Res2
C26	CAPPR1.5-4x5	Cap Pol2	R20	AXIAL-0.4	Res2
C27	CAPPR1.5-4x5	Cap Pol2	R21	AXIAL-0.4	Res2
C28	RAD-0.3	Cap	R22	AXIAL-0.4	Res2
C29	RAD-0.3	Cap	R23	AXIAL-0.4	Res2
C30	CAPPR1.5-4x5	Cap Pol2	R24	AXIAL-0.4	Res2
C31	RAD-0.3	Cap	R25	AXIAL-0.4	Res2
C32	RAD-0.3	Cap	R26	AXIAL-0.4	Res2
C33	CAPPR1.5-4x5	Cap Pol2	R27	AXIAL-0.4	Res2
C34	CAPPR1.5-4x5	Cap Pol2	R28	AXIAL-0.4	Res2
C35	CAPPR1.5-4x5	Cap Pol2	R29	AXIAL-0.4	Res2
C36	RAD-0.3	Cap	R30	AXIAL-0.4	Res2
C37	CAPPR1.5-4x5	Cap Pol2	R31	AXIAL-0.4	Res2
C38	RAD-0.3	Cap	R32	AXIAL-0.4	Res2

电子CAD绘图与制版项目教程

续表

标识符	元件封装	元件名称	标识符	元件封装	元件名称
R33	AXIAL-0.4	Res2	R46	AXIAL-0.4	Res2
R34	AXIAL-0.4	Res2	R47	AXIAL-0.4	Res2
R35	AXIAL-0.4	Res2	R48	AXIAL-0.4	Res2
R36	AXIAL-0.4	Res2	R49	AXIAL-0.4	Res2
R37	AXIAL-0.4	Res2	R50	AXIAL-0.4	Res2
R38	AXIAL-0.4	Res2	Rp1		RP2
R39	AXIAL-0.4	Res2	Rp2		RP
R40	AXIAL-0.4	Res2	Rp3		RP2
R41	AXIAL-0.4	Res2	Rp4		RP2
R42	AXIAL-0.4	Res2	U1	JG008	NE5532AJG
R43	AXIAL-0.4	Res2	U2	JG008	NE5532AJG
R44	AXIAL-0.4	Res2	U3	HDR1X11H	LM3886TF
R45	AXIAL-0.4	Res2	U4	HDR1X11H	LM3886TF

绘制当前项目文件的具体操作过程如下：

1. 新建PCB项目"功率放大器电路.PrjPCB"和原理图文件"功率放大器原理图.SchDoc"

（1）双击图标 ![icon]，打开Protel软件。

（2）执行菜单命令"文件"→"创建"→"项目"→"PCB项目"，新建"功率放大器电路.PrjPCB"。

（3）执行菜单命令"文件"→"创建"→"原理图"，新建原理图文件"功率放大器原理图.SchDoc"。

（4）光标指向"Projects"面板的PCB项目文件名上方单击鼠标右键，在弹出的快捷菜单中选择"追加新文件到项目"→"Schematic Library"，即新建原理图元件库文件"自制元件.SchLib"。

2. 设置原理图工作环境参数和图纸选项参数

（1）执行菜单命令"工具"→"原理图优先设定"，弹出"优先设定"对话框，将"光标类型"选项设为Small Cursor 90，即90°小十字光标。

（2）执行菜单命令"设计"→"文档选项"，在打开的对话框中对当前文档选项进行设置：使用A3图纸、Standard标题栏，不使用可视网格，捕获网格设为2mil。

3. 绘制原理图自制元件RP

（1）双击原理图元件库文件"自制元件.SchLib"，执行菜单命令"工具"→"重新命名元件"，在弹出的"Rename Component"对话框中输入自制元件名称"RP"。

（2）执行菜单命令"放置"→"直线"，绘制如图2-42所示的矩形形状和三角形形状。

（3）执行菜单命令"放置"→"引脚"，放置如图2-42所示的3个引脚并设置其引脚标识符。

（4）执行菜单命令"工具"→"元件属性"，在弹出的"Library Component Properties"对话框中将其Default Designator选项设为"RP？"。

（5）单击 按钮，保存当前自制元件RP。

4. 绘制原理图自制元件 RP2

（1）执行菜单命令"工具"→"新建元件"，在弹出的"Rename Component"对话框中输入自制元件名称"RP2"。

（2）执行菜单命令"放置"→"直线"，绘制出如图 2-43 左侧图形中所示的矩形形状和三角形形状。

（3）执行菜单命令"放置"→"引脚"，放置如图 2-43 左侧图形中所示的三个引脚并设置其引脚标识符。

（4）执行菜单命令"工具"→"创建元件"，则在当前自制元件 RP2 中创建了第二个子片，在此绘制出如图 2-43 右侧图形所示的图形形状和引脚。

（5）执行菜单命令"工具"→"元件属性"，在弹出的"Library Component Properties"对话框中将其 Default Designator 选项设为"RP2?"。

（6）单击 按钮，保存当前自制元件 RP2。编辑完成的原理图元件库文件"自制元件.SchLib"的"SCH Library"面板如图 2-44 所示。

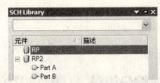

图 2-44　原理图元件库文件"自制元件.SchLib"的"SCH Library"面板

5. 放置原理图对象

（1）在"Projects"面板上双击"功率放大器原理图.SchDoc"的原理图文件名，回到原理图编辑窗口。

（2）放置自制元件 RP 和 RP2。在元件库面板上选中"自制元件"库，在其元件列表中分别选中自制元件 RP 和 RP2 并将其放置在当前原理图文件中，按照表 2-2 所示设置其元件属性。

（3）放置原理图中其余元件和对象。执行菜单命令"放置"→"元件"，按图 2-41 所示来放置当前原理图中其余元件和接地电源符号，并根据表 2-2 分别设置其对象属性。

6. 布局原理图对象

按图 2-41 所示的内容，使用光标或菜单"编辑"→"排列"来排列与对齐当前原理图对象的位置。

7. 连接原理图对象

使用菜单"放置"→"导线"，或单击"配线"工具栏中的 图标，按照图 2-41 所示来连接当前原理图中的各个对象。

8. 保存并编译当前项目文件

光标指向"Projects"面板中当前原理图文件名处，单击鼠标右键，在下拉菜单中选中"保存"。执行菜单命令"项目管理"→"Compile PCB Project 功率放大器电路.PrjPCB"，编译当前项目中所有文件；如果有误则回到相应文件中修改，直至无误后再重新保存和编译检查。

9. 生成网络表文件和元件清单文件

执行菜单命令"设计"→"设计中的网络表"→"Protel"，生成当前原理图的网络表文件；执行菜单命令"报告"→"Bill of Materials"，生成如表 2-2 所示的元件清单文件。

10．生成自制元件报告文件

执行菜单命令“报告”→“元件”，则生成如图 2-45 所示的自制元件 RP 报告文件“自制元件.cmp”。

```
主页面 | 自制元件.SCHLIB | 自制元件.cmp
Component Name : RP

Part Count : 2

Part : *
        Pins - (Normal) : 0
                Hidden Pins :

Part : *
        Pins - (Normal) : 3
                BOT             2               Passive
                TOP             1               Passive
                TAP             3               Passive
                Hidden Pins :
```

图 2-45　自制元件 RP 报告文件“自制元件.cmp”

综合设计 4　绘制温控及简易频率计电路原理图

在本任务中，通过详细描述温控及简易频率计电路原理图绘制过程，使用户掌握设计层次原理图、设计原理图元件库和综合修改复杂原理图的操作方法与技巧。

新建 PCB 项目文件“温控及简易频率计电路.PrjPCB”、如图 2-46 所示的原理图文件“温控及简易频率计电路主图.SchDoc”、如图 2-47 所示的子图文件“WCJ.SchDoc”和原理图

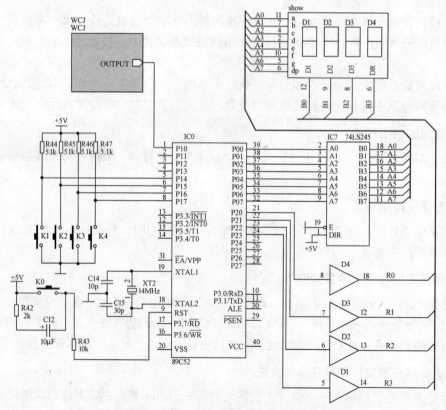

图 2-46　原理图文件“温控及简易频率计电路主图.SchDoc”

项目 2 绘制复杂原理图

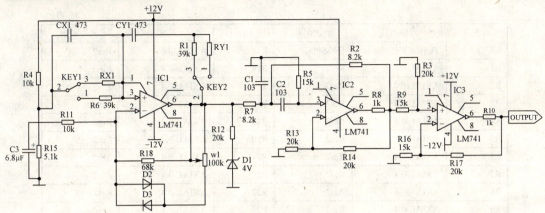

图 2-47 子图文件 "WCJ.SchDoc"

元件库文件 "自制元件.SchLib",其元件清单如表 2-3 所示。具体绘制要求是:使用 A4 图纸、Standard 标题栏、小十字 90°光标;不使用可视网格,捕获网格设为 5mil;绘制如图 2-48 所示的自制元件 SHOW;编译 PCB 项目文件,保证当前层次原理图正确无误;生成网络表文件、元件清单文件和自制元件报告文件。

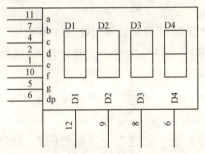

图 2-48 自制元件 SHOW

表 2-3 "温控及简易频率计电路主图.SchDoc" 元件清单

标识符	元件封装	元件名称	标识符	元件封装	元件名称
C1	RAD-0.3	Cap	D6	DIP-16	TD62384
C2	RAD-0.3	Cap	D7	DIP-16	TD62384
C3	POLAR0.8	Cap Pol2	IC1	H08C	LM741H
C4	RAD-0.3	Cap	IC2	H08C	LM741H
C5	RAD-0.3	Cap	IC3	H08C	LM741H
C6	POLAR0.8	Cap Pol2	IC4	SOT129-1	P89C52X2BN
CX1	RAD-0.3	Cap	IC5	738-03	SN74LS245N
CY1	RAD-0.3	Cap	K1	SPST-2	SW-PB
D1	DIODE-0.7	D Zener	K2	SPST-2	SW-PB
D2	DSO-C2/X3.3	Diode	K3	SPST-2	SW-PB
D3	DSO-C2/X3.3	Diode	K4	SPST-2	SW-PB
D4	DIP-16	TD62384	K5	SPST-2	SW-PB
D5	DIP-16	TD62384	KEY1	TL36WW15050	SW-SPDT

续表

标识符	元件封装	元件名称	标识符	元件封装	元件名称
KEY2	TL36WW15050	SW-SPDT	R15	AXIAL-0.4	Res2
R1	AXIAL-0.4	Res2	R16	AXIAL-0.4	Res2
R2	AXIAL-0.4	Res2	R17	AXIAL-0.4	Res2
R3	AXIAL-0.4	Res2	R18	AXIAL-0.4	Res2
R4	AXIAL-0.4	Res2	R19	AXIAL-0.4	Res2
R5	AXIAL-0.4	Res2	R20	AXIAL-0.4	Res2
R6	AXIAL-0.4	Res2	R21	AXIAL-0.4	Res2
R7	AXIAL-0.4	Res2	R22	AXIAL-0.4	Res2
R8	AXIAL-0.4	Res2	R23	AXIAL-0.4	Res2
R9	AXIAL-0.4	Res2	R24	AXIAL-0.4	Res2
R10	AXIAL-0.4	Res2	RX1	AXIAL-0.4	Res2
R11	AXIAL-0.4	Res2	RY1	AXIAL-0.4	Res2
R12	AXIAL-0.4	Res2	show1		SHOW
R13	AXIAL-0.4	Res2	w1	AXIAL-0.4	Res2
R14	AXIAL-0.4	Res2	XT1	BCY-W2/D3.1	XTAL

绘制当前项目文件的具体操作过程如下：

1. **新建 PCB 项目文件"温控及简易频率计电路.PrjPCB"、原理图文件"温控及简易频率计电路主图.SchDoc"、原理图元件库文件"自制元件.SchLib"**

（1）双击图标，打开 Protel 软件。

（2）执行菜单命令"文件"→"创建"→"项目"→"PCB 项目"，新建"温控及简易频率计电路.PrjPCB"。

（3）执行菜单命令"文件"→"创建"→"原理图"，新建原理图文件"温控及简易频率计电路主图.SchDoc"。

（4）光标指向"Projects"面板的 PCB 项目文件名上方单击鼠标右键，在弹出的快捷菜单中选择"追加新文件到项目"→"Schematic Library"，即新建原理图元件库文件"自制元件.SchLib"。

2. **设置原理图工作环境参数和图纸选项参数**

（1）执行菜单命令"工具"→"原理图优先设定"，弹出"优先设定"对话框，将"光标类型"选项设为 Small Cursor 90，即 90°小十字光标。

（2）执行菜单命令"设计"→"文档选项"，对当前文档选项中的使用 A4 图纸、Standard 标题栏，不使用可视网格，捕获网格设为 5mil 的参数进行设置。

3. **绘制原理图自制元件 SHOW**

（1）双击原理图元件库文件"自制元件.SchLib"，执行菜单命令"工具"→"重新命名元件"，在弹出的"Rename Component"对话框中输入自制元件名称"SHOW"。

（2）执行菜单命令"放置"→"直线"和"字符串"，绘制出如图 2-49 所示的自制元件 SHOW 的外形。

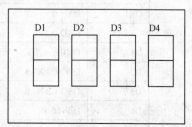

图 2-49　自制元件 SHOW 的外形

项目2 绘制复杂原理图

（3）执行菜单命令"放置"→"引脚",放置如图 2-48 所示的自制元件引脚并设置其引脚标识符。

（4）执行菜单命令"工具"→"元件属性",在弹出的"Library Component Properties"对话框中,将其 Default Designator 选项设为"SHOW？"。

（5）单击按钮,保存当前自制元件 SHOW。

4．放置原理图文件"温控及简易频率计电路主图.SchDoc"中的对象

（1）在"Projects"面板上双击"温控及简易频率计电路主图.SchDoc"的原理图文件名,回到原理图编辑窗口。

（2）放置自制元件 SHOW。在元件库面板上选中"自制元件"库,在其元件列表中分别选中自制元件 SHOW 并将其放置在当前原理图文件中,按照表 2-3 所示设置其元件属性。

（3）放置原理图中其余元件和对象。执行菜单命令"放置"→"元件",按图 2-46 所示来放置当前原理图中其余元件和接地电源符号,并根据表 2-3 所示分别设置其对象属性。

5．布局并连接原理图"温控及简易频率计电路主图.SchDoc"中的对象

按图 2-46 所示的内容,使用光标或菜单"编辑"→"排列"来排列与对齐当前原理图对象的位置。执行菜单命令"放置"→"导线",或单击"配线"工具栏中的图标,连接当前原理图中的各个对象。

6．生成子图文件"WCJ.SchDoc"

执行菜单命令"设计"→"根据符号创建图纸",光标变为十字形且在图纸符号 WCJ 上单击,在弹出的提示对话框中单击"NO"按钮,则生成新的子图文件"WCJ.SchDoc"。按图 2-47 所示绘制其中对象。

7．保存并编译当前项目文件

光标指向"Projects"面板中当前原理图文件名处,单击鼠标右键,在下拉菜单中选中"保存"。执行菜单命令"项目管理"→"Compile PCB Project 温控及简易频率计电路.PrjPCB",编译当前项目中所有文件,编译后的"Projects"操作面板如图 2-50 所示；如果有误则回到相应文件中修改,直至无误后再重新保存和编译检查。

图 2-50 编译项目文件"温控及简易频率计电路.PrjPCB"后的"Projects"操作面板

8．生成网络表文件和元件清单文件

执行菜单命令"设计"→"设计中的网络表"→"Protel",生成当前原理图的网络表文件；执行菜单命令"报告"→"Bill of Materials",生成如表 2-3 所示的元件清单文件。

9．生成自制元件报告文件

执行菜单命令"报告"→"元件",则生成如图 2-51 所示的自制元件 SHOW 报告文件"自制元件.cmp"。

```
主页面    温控及简易频率计主图.SCHDOC *    WCJ.SchDoc    Schlib1.SchLib *    Schlib1.cmp

Component Name : SHOW
Part Count. : 2
Part : *
       Pins - (Normal) : 0
            Hidden Pins :

Part : *
       Pins - (Normal) : 12
            D1        12        Passive
            D2         9        Passive
            D3         8        Passive
            D4         6        Passive
            a         11        Passive
            b          7        Passive
            c          4        Passive
            d          2        Passive
            e          1        Passive
            f         10        Passive
            g          5        Passive
            dp         6        Passive
            Hidden Pins :
```

图 2-51　自制元件 SHOW 报告文件"自制元件.cmp"

综合设计 5　绘制数控步进稳压电源电路原理图

在本任务中，通过详细描述数控步进稳压电源电路原理图绘制过程，使用户熟练掌握设计层次原理图、设计原理图元件库和综合修改复杂原理图的操作过程与技巧。

新建 PCB 项目文件"数控步进稳压电源电路.PrjPCB"，绘制如图 2-52～图 2-55 所示的原理图文件"数控步进稳压电源电路主图.SchDoc"、子图文件"dianyuan.SchDoc"、子图文件"shizhong.SchDoc"、子图文件"shuchu.SchDoc"，新建原理图元件库文件"自制元件.SchLib"，其元件清单如表 2-4 所示。具体绘制要求是：使用 A3 图纸、Standard 标题栏、小十字 90°光标；不使用可视网格，不使用捕获网格；绘制如图 2-56 所示的自制元件 KG、QQQ；编译 PCB 项目文件，保证当前层次原理图正确无误；生成网络表文件和元件清单文件。

绘制当前项目文件的具体操作过程如下：

1. 新建 PCB 项目"数控步进稳压电源电路.PrjPCB"、原理图文件"数控步进稳压电源电路主图.SchDoc"、原理图元件库文件"自制元件.SchLib"

（1）双击图标 ，打开 Protel 软件。

（2）执行菜单命令"文件"→"创建"→"项目"→"PCB 项目"，新建"数控步进稳压电源电路.PrjPCB"。

（3）执行菜单命令"文件"→"创建"→"原理图"，新建原理图文件"数控步进稳压电源电路主图.SchDoc"。

（4）光标指向"Projects"面板的 PCB 项目文件名上方单击鼠标右键，在弹出的快捷菜单中选择"追加新文件到项目"→"Schematic Library"，即新建原理图元件库文件"自制元件.SchLib"。

2. 设置原理图工作环境参数和图纸选项参数

（1）执行菜单命令"工具"→"原理图优先设定"，弹出"优先设定"对话框，将"光标类型"选项设为 Small Cursor 90，即 90°小十字光标。

项目 2 绘制复杂原理图

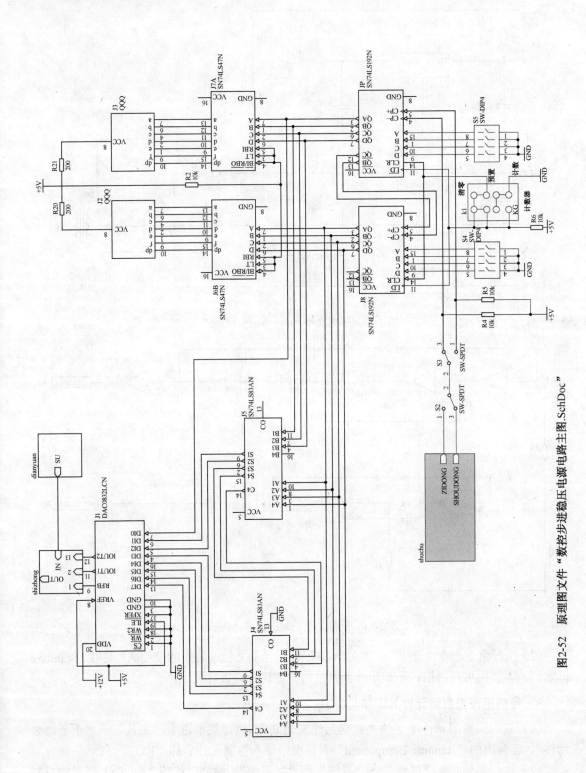

图2-52 原理图文件"数控步进稳压电源电路主图.SchDoc"

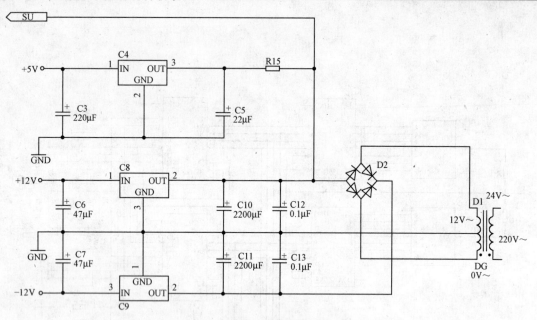

图 2-53　子图文件 "dianyuan.SchDoc"

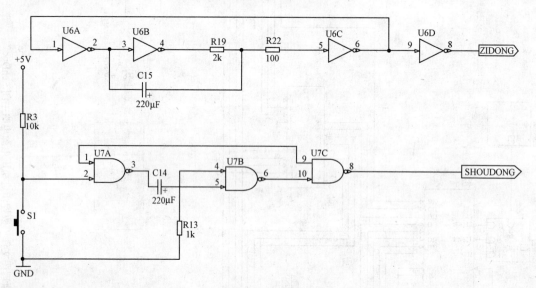

图 2-54　子图文件 "shizhong.SchDoc"

（2）执行菜单命令 "设计"→"文档选项"，对当前文档选项中的使用 A3 图纸、Standard 标题栏，不使用可视网格、不使用捕获网格的参数进行设置。

3．绘制原理图自制元件 KG 和 QQQ

（1）双击原理图元件库文件 "自制元件.SchLib"，执行菜单命令 "工具"→"重新命名元件"，在弹出的 "Rename Component" 对话框中输入自制元件名称 "KG"。

（2）执行菜单命令 "放置"→"直线" 和 "字符串"，绘制出如图 2-56（a）所示的自制元件 KG 的外形。

项目 2　绘制复杂原理图

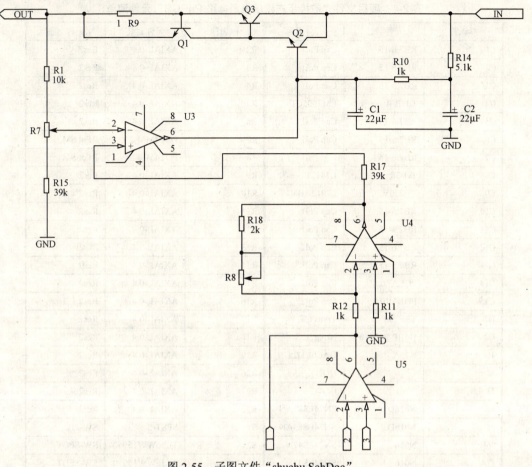

图 2-55　子图文件 "shuchu.SchDoc"

（3）执行菜单命令"放置"→"引脚"，放置如图 2-56（b）所示的自制元件 KG 引脚并设置其引脚标识符。

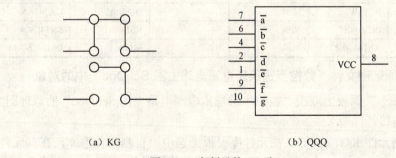

（a）KG　　　　　　　　　　　　（b）QQQ

图 2-56　自制元件 KG 和 QQQ

（4）执行菜单命令"工具"→"元件属性"，在弹出的"Library Component Properties"对话框中，将其 Default Designator 选项设为"K?"。

（5）单击 按钮，保存当前自制元件 KG。

（6）使用与上面相同的操作方法，创建并保存自制元件 QQQ。

103

表 2-4 项目文件"数控步进稳压电源电路.PrjPCB"元件清单

标识符	元件封装	元件名称	标识符	元件封装	元件名称
C1	RB7.6-15	Cap Pol1	R2	AXIAL-0.4	Res2
C2	RB7.6-15	Cap Pol1	R3	AXIAL-0.4	Res2
C3	RB7.6-15	Cap Pol1	R4	AXIAL-0.4	Res2
C4	TO3B	LM7805CT	R5	AXIAL-0.4	Res2
C5	RB7.6-15	Cap Pol1	R6	AXIAL-0.4	Res2
C6	RB7.6-15	Cap Pol1	R7	POT4MM-2	RPot SM
C7	RB7.6-15	Cap Pol1	R8	POT4MM-2	RPot SM
C8	TO-3R	L7812T	R9	AXIAL-0.4	Res2
C9	TO220V	L7912ABV	R10	AXIAL-0.4	Res2
C10	RB7.6-15	Cap Pol1	R11	AXIAL-0.4	Res2
C11	RB7.6-15	Cap Pol1	R12	AXIAL-0.4	Res2
C12	RB7.6-15	Cap Pol1	R13	AXIAL-0.4	Res2
C13	RB7.6-15	Cap Pol1	R14	AXIAL-0.4	Res2
C14	POLAR0.8	Cap Pol2	R15	AXIAL-0.4	Res2
C15	POLAR0.8	Cap Pol2	R16	AXIAL-0.4	Res2
D1	TRF_5	Trans CT	R17	AXIAL-0.4	Res2
D2	E-BIP-P4/D10	Bridge1	R18	AXIAL-0.4	Res2
J1	N20A	DAC0832LCN	R19	AXIAL-0.4	Res2
J2		QQQ	R20	AXIAL-0.4	Res2
J3		QQQ	R21	AXIAL-0.4	Res2
J4	N016D	SN74LS83AN	R22	AXIAL-0.4	Res2
J5	N016D	SN74LS83AN	S1	SPST-2	SW-PB
J6B	N016	SN74LS47N	S2	TL36WW15050	SW-SPDT
J7A	N016	SN74LS47N	S3	TL36WW15050	SW-SPDT
J8	N016D	SN74LS192N	S4	DIP-8	SW-DIP4
J9	N016D	SN74LS192N	S5	DIP-8	SW-DIP4
k1		KG	U3	DIP8	UA741AN
Q1	BCY-W3	NPN	U4	DIP8	UA741AN
Q2	BCY-W3	NPN	U5	DIP8	UA741AN
Q3	BCY-W3	NPN	U6	N014	SN74LS04N
R1	AXIAL-0.4	Res2	U7	M14A	DM74LS00M

4. 放置主图原理图文件"数控步进稳压电源电路主图.SchDoc"中的对象

(1) 在"Projects"面板上双击"数控步进稳压电源电路主图.SchDoc"的原理图文件名,回到原理图编辑窗口。

(2) 放置自制元件 KG、QQQ。在元件库面板上选中"自制元件"库,在其元件列表中分别选中自制元件 KG 或 QQQ 并将其放置在当前原理图文件中,按照表 2-4 所示内容来设置对应的元件属性。

(3) 放置原理图中的其余元件和对象。执行菜单命令"放置"→"元件",按图 2-52 所示来放置当前原理图中其余元件和接地电源符号,并根据表 2-4 所示内容来分别设置其对象属性。

项目2 绘制复杂原理图

5. 布局并连接原理图"数控步进稳压电源电路主图.SchDoc"中的对象

按图 2-52 所示的内容，使用光标或菜单"编辑"→"排列"来排列与对齐当前原理图对象的位置。执行菜单命令"放置"→"导线"，或单击"配线"工具栏中的 图标，连接当前原理图中的各个对象。

6. 生成子图文件"dianyuan.SchDoc"、"shizhong.SchDoc"和"shuchu.SchDoc"

执行菜单命令"设计"→"根据符号创建图纸"，光标变为十字形且分别在图纸符号 dianyuan、shizhong、shuchu 上单击，分别在弹出的提示对话框中单击"NO"按钮，则生成 3 个新的子图文件。分别按图 2-53～图 2-55 所示内容来绘制其中的对象。

7. 保存并编译当前项目文件

光标指向"Projects"面板中当前原理图文件名处，单击鼠标右键，在下拉菜单中选中"保存"。执行菜单命令"项目管理"→"Compile PCB Project 数控步进稳压电源电路.PrjPCB"，编译当前项目中所有文件。如果有误则回到相应文件中修改，直至无误后再重新保存和编译检查。

8. 生成网络表文件和元件清单文件

执行菜单命令"设计"→"设计中的网络表"→"Protel"，生成当前原理图的网络表文件；执行菜单命令"报告"→"Bill of Materials"，生成如表 2-4 所示的元件清单文件。

9. 生成自制元件报告文件

执行菜单命令"报告"→"元件"，则生成如图 2-57 所示的自制元件 QQQ 的报告文件"自制元件.cmp"。

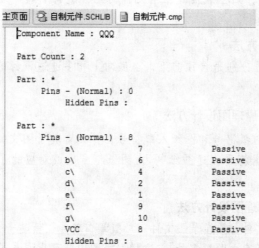

图 2-57 自制元件 QQQ 的报告文件"自制元件.cmp"

项目总结

本项目将设计层次原理图的操作过程及 Protel 软件功能按实际的简单原理图设计过程进行了任务化，共分为绘制带自制元件原理图和绘制层次原理图两个任务。主要内容包括绘制并放置原理图自制元件，层次原理图文件设计方法，放置图纸符号和图纸入口符号，生成子图文件，生成原理图自制元件报表文件。在每个任务阶段都按照实际设计过程的顺序介绍了用户必须掌握的操作方法及操作技能，具体内容包括：

1. 新建原理图元件库文件

光标指向"Projects"操作面板中的 PCB 项目文件名处且单击鼠标右键，从弹出的快捷菜单中选择"追加新文件到项目中"→"Schematic Library"。

2. 绘制原理图自制元件

执行菜单命令"工具"→"新元件"，在此输入新的自制元件名称，单击"确认"按钮即可新建一个原理图自制元件。使用"放置"菜单或"实用"工具栏来绘制单片的原理图自制元件，如果是多片集成的原理图自制元件，可以执行菜单命令"工具"→"创建元件"，在当前自制元件基础上创建子件。

3. 编辑自制元件

使用"工具"菜单和原理图元件库编辑管理器都可以对原理图自制元件进行删除、复制、剪切、粘贴等基本操作，还可以设置自制元件的属性和参数。

4. 创建元件库

在当前项目中的原理图文件中执行菜单命令"设计"→"建立设计项目元件库"，生成当前项目的元件库并以当前项目名来命名，且此文件扩展名为".SchLib"。

5. 创建原理图元件库报表文件和元件报表文件

执行菜单命令"报告"→"元件库"，则生成当前原理图的元件库报表文件。执行菜单命令"报告"→"元件"，则生成描述当前元件的元件引脚个数、元件名称、引脚属性等细节信息的元件报表文件。

6. 设计层次原理图方法

包括 3 种设计方法，分别是自顶向下、自底向上和多通道设计的方法。其中，最常用的是前两种设计方法。

7. 自顶向下的层次原理图设计方法

在主图文件中放置图纸符号和图纸入口符号，并设置其子图文件属性和文件名。执行菜单命令"设计"→"根据符号创建图纸"，由图纸符号生成对应的子图文件。接着，完成各个子图文件的绘制操作。

8. 自底向上层次原理图设计方法

先绘制出各个子图文件，并在子图文件中放置端口符号。新建一个主图文件，执行菜单命令"设计"→"根据图纸建立图纸符号"，这样在主图中即可生成与子图相对应的图纸符号。

9. 编译层次原理图文件

执行菜单命令"项目管理"→"Compile PCB Project PCB_Project1.PrjPCB"，可以编译当前 PCB 项目中的所有文件。编译后可以根据弹出的"Messages"对话框内容，来修改层次原理图中主图和各个子图文件中的错误，直至无误为止。

项目2 绘制复杂原理图

项目练习

用"班级+姓名+学号"命名一个新建文件夹,在此文件夹中新建 PCB 项目文件 LX1.PrjPCB 和如图 2-58 所示的主图文件"LX1.SchDoc",采用自顶向下的设计方法绘制如图 2-59、图 2-60 所示的两个子图文件"CPU.SchDoc"和"Input.SchDoc"。具体绘制要求是:使用 A4 图纸、Standard 标题栏、小十字 90°光标;不使用可视网格,捕获网络设为 5mil;编译层次原理图文件,保证当前原理图正确无误;生成当前项目的元件库文件。

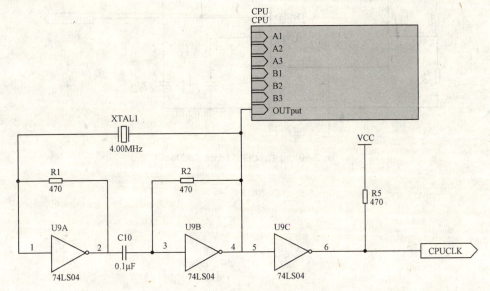

图 2-58 主图文件"LX1.SchDoc"

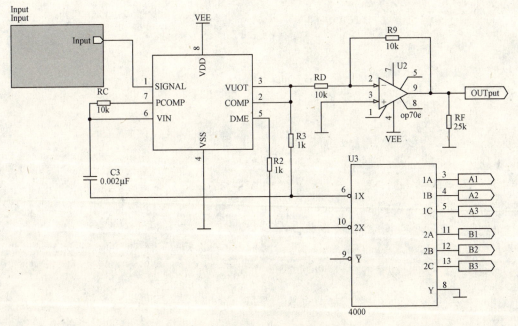

图 2-59 子图文件"CPU.SchDoc"

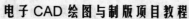

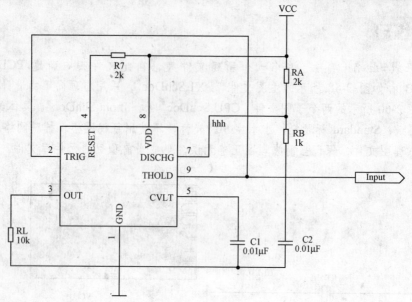

图 2-60　子图文件"Input.SchDoc"

项目 3
设计印制电路板

教学导入

本项目结合双波段收音机单层电路板、稳压电源单层电路板、功率放大器双层电路板和数控步进稳压电源双层电路板这 4 个典型电路板的设计与操作过程,主要介绍新建印制电路板文件、绘制元件自制封装、单层电路板文件和双层电路板文件的设计与操作流程。根据项目内容的逻辑关系将本项目分为 5 个任务分阶段执行,分别是:印制电路板基础知识、设计单层印制电路板、绘制元件自制封装、设计双层印制电路板、设计多层印制电路板。通过本项目的学习,使用户掌握如下的知识内容与具体操作技能:

- ◆ 新建印制电路板文件并设置其工作环境;
- ◆ 设计印制电路板文件的工作板层;
- ◆ 规划印制电路板外形;
- ◆ 导入工程变化订单;
- ◆ 新建元件封装库文件并绘制自制元件封装;
- ◆ 印制电路板文件的自动布局与手动布局;
- ◆ 放置印制电路板的辅助内容;
- ◆ 设计自动布线规则;
- ◆ 印制电路板文件的自动布线与手动布线;
- ◆ 生成印制电路板文件、工作层文件和报表文件。

设计印制电路板文件是在原理图绘制完毕的基础上进行的,在绘制原理图阶段生成的网络表文件为进行印制电路板设计提供元件描述和网络连接信息。Protel 软件提供了功能强大的印制电路板设计编辑器,能够设计单层板、双层板和多层板文件。本项目主要介绍在当前印制电路板项目中创建并编辑单层印制电路板文件、双层印制电路板文件的操作方法和元件自制封装的绘制方法,使用户能够规范地设计带有元件自制封装的印制电路板文件。

任务 3.1 印制电路板基础知识

任务目标

- ◆ 选择印制电路板材质和工作层;
- ◆ 确定铜膜导线的宽度、间距和焊盘的形式;
- ◆ 根据布局原则进行合理布局;
- ◆ 设计印制电路板上特殊元件封装结构;
- ◆ 根据电路要求设计布线规则;
- ◆ 合理进行布线;
- ◆ 生成印制电路板工作层文件。

印制电路板是现代电子产品内部必不可少的一部分,为电子产品中的电子元件焊接和装配提供支撑。没有印制电路板就没有现代化电子信息产业的高速发展,它已经极其广泛地应用在电子产品的生产制造中。实际的印制电路板是由绝缘基板、铜膜导线和电子元件的焊盘组成的,它用铜膜导线代替了复杂的人工走线而实现电路中各个元器件的电气连接。印制电路板的出现减少了传统方式下的接线工作量,更简化了电子产品的装配与焊接工作,缩小了整机体积,提高了电子设备的质量和可靠性,标准化的设计更有利于生产过程的规模化、机械化和自动化。我们要进行的印制电路板设计是根据用户的订单要求,将电路原理图中网络表文件提供的元件和网络信息转换成印制电路板图的综合设计过程。采用计算机辅助设计的方法设计印制电路板时,还需要考虑到印制电路板的设计质量,使其符合原理图的电气连接和产品电气性能、机械性能的要求,印制电路板加工工艺和电子产品装配工艺的基本要求。

3.1.1 印制电路板结构

在用 PCB 系统进行设计前,先了解一下印制电路板的结构,理解一些基本概念,尤其是涉及布线规则时,这些概念很重要。一般来说,印制电路板的结构有单层板、双层板和多层板 3 种。

(1)单层板:单层板是一种一面有覆铜,另一面没有覆铜的电路板,用户只可在覆铜的一面布线并放置元件。单层板由于成本低、不用打过孔而被广泛应用。由于单层板走线只能在一面上进行,因此它的设计往往比双层板或多层板困难得多。

(2)双层板:双层板是一种两面都覆铜的电路板。它包括顶层(Top Layer)和底层(Bottom Layer)两层,顶层一般为元件面,底层一般为焊锡层面,其两面都可以布线。双层板的电路一般比单层板的电路复杂,但布线比较容易,是制作电路板比较理想的选择。

(3)多层板:多层板是一种包含了 3 层或 3 层以上多个工作层的电路板。除了顶层、底层以外，还包括中间层、内部电源或接地层等。随着电子技术的高速发展，电子产品越来越精密，电路板也就越来越复杂，多层电路板的应用也越来越广泛。

3.1.2 电路板的工作层

印制电路板中的"层"不是虚拟的，而是印制板材料本身实实在在的铜箔层。现今，由于电子线路的元件密集安装、抗干扰和布线等特殊要求，一些较新的电子产品中所用的印制板不仅上下两面可供布线，在板的中间还设有能被特殊加工的夹层铜箔。例如，现在的计算机主板所用的印制板材料大多在 4 层以上。这些层因加工相对较难而大多用于设置走线较为简单的电源布线层，并常用大面积填充的办法来布线。上下位置的表面层与中间各层需要连通的地方用"过孔"来沟通。要注意的是，一旦选定了所用印制板的层数，务必关闭那些未被使用的层，以免布线出现差错。

3.1.3 元件封装

在印制电路板设计完成后，要送到专门制作电路板的厂家制作成电路板。取回制好的电路板，还要将元件焊接上去，要保证取用元件的引脚和印制电路板上的焊盘一致就得靠元件封装。元件封装是指元件焊接到电路板时的外观和焊盘位置。

既然元件封装只是元件的外观和焊盘位置，那么纯粹的元件封装仅仅是空间的概念。因此，不同的元件可以共用同一个元件封装；另外，同种元件也可以有不同的封装，如 RES 代表电阻，它的封装形式可以是 AXIAL-0.4、C1608-0603、CR2012-0805 等。所以在取用焊接元件时，不仅要知道元件名称，还要知道元件的封装。元件的封装可以在设计原理图时指定，也可以在载入网络表时指定。

> 提示：通常在放置元件时，应该参考该元件生产单位提供的数据手册，选择正确的封装形式。如果 Protel 没有提供这种封装，则可以自己按照数据手册绘制。

1. 元件封装的分类

元件的封装形式可以分成两大类，即插针式元件封装（THT）和表面贴装式（SMT）元件封装。插针式元件封装焊接时先要将元件针脚插入焊盘导通孔，然后再焊锡。由于插针式元件封装的焊盘和过孔贯穿整个电路板，所以其焊盘的属性对话框中，PCB 的层属性必须为 Multi Layer（多层）。SMT 元件封装的焊盘只限于表面层，在其焊盘的属性对话框中，Layer 层属性必须为单一表面工作层，如 Top Layer 或 Bottom Layer。

下面介绍最常见的两种类型的封装，它们分别属于插针式元件封装和 SMT 元件封装。

（1）DIP 封装：双列直插封装，简称 DIP（Dual In-line Package），属于插针式元件封装，如图 3-1 所示。DIP 封装结构具有以下特点：适合 PCB 的穿孔安装，易于对 PCB 布线，操作方便。

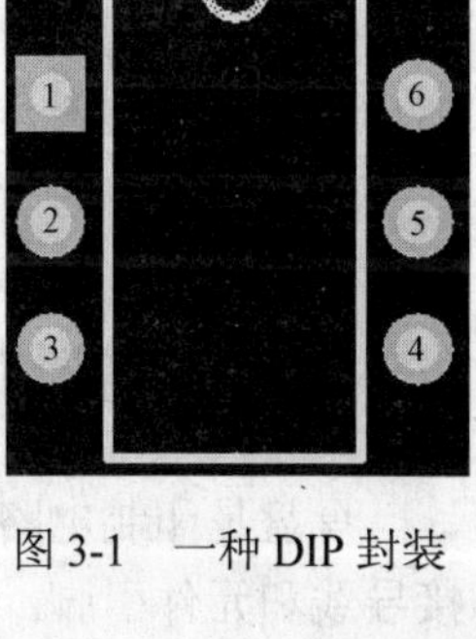

DIP 封装结构形式有：多层陶瓷双列直插式 DIP、单层陶瓷双列直插式 DIP 和引线框架式 DIP（含玻璃陶瓷封接式、塑料包封结构式和陶瓷低熔玻璃封装式）。

图 3-1 一种 DIP 封装

(2)芯片载体封装：属于 SMT 元件封装。芯片载体封装形式有陶瓷无引线芯片载体（Leadless Ceramic Chip Carrier，LCCC，如图 3-2 所示）、塑料有引线芯片载体（Plastic Leaded Chip Carrier，PLCC，如图 3-3 所示，与 LCCC 相似）、小尺寸封装（Small Outline Package，SOP，如图 3-4 所示）、塑料四边引出扁平封装（Plastic Quad Flat Package，PQFP，如图 3-5 所示）和球栅阵列封装（Ball Grid Array，BGA，如图 3-6 所示），与 PLCC 或 PQFP 封装相比，BGA 封装更节省电路板面积。

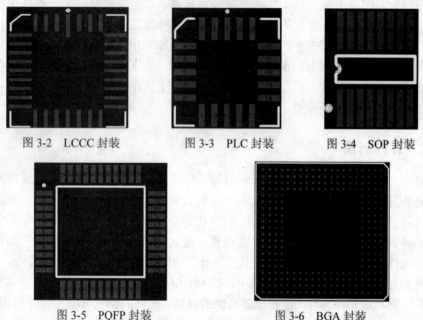

图 3-2　LCCC 封装　　　图 3-3　PLC 封装　　　图 3-4　SOP 封装

图 3-5　PQFP 封装　　　图 3-6　BGA 封装

2. 元件封装的编号

元件封装的编号一般为元件类型+焊盘距离（焊盘数）+外形尺寸。可以根据元件封装编号来判别元件封装的规格。

例如，AXIAL-0.4 表示此元件封装为轴状形状，两个焊盘间的距离为 400mil（约等于 10mm）；DIP16 表示双排引脚的元件封装，两排共 16 个引脚；RB.2/.4 表示极性电容类元件封装，引脚间距离为 200mil，元件直径为 400mil。这里.2 和 0.2 都表示 200mil。

3.1.4　电路板的铜膜导线、焊盘及过孔

铜膜导线简称导线，用于连接各个焊盘，是印制电路板最重要的部分。印制电路板设计都是围绕如何布置导线来进行的。与导线有关的另外一种线，常称为飞线，即预拉线。飞线是在引入网络表后，系统根据规则生成的用来指引布线的一种连线。飞线与导线有本质的区别，飞线只是一种形式上的连线。它只是在形式上表示出各个焊盘间的连接关系，没有电气的连接意义。导线则是根据飞线指示的焊盘间的连接关系而布置的，是具有电气连接意义的连接线路。

焊盘是印制电路板设计中最常接触也是最重要的概念之一。焊盘的作用是放置焊锡、连接导线和元件引脚。选择元件的焊盘类型要综合考虑该元件的形状、大小、布置形式、振动、

项目 3　设计印制电路板

受热情况和受力方向等因素，Protel 在封装库中给出了一系列不同大小和形状的焊盘，如圆形、方形、八角、圆方和定位用焊盘等，用户还可以根据自己的需要自行编辑。例如，对发热且受力较大、电流较大的焊盘，可自行设计成"泪滴状"。一般而言，自行编辑焊盘要考虑以下原则：

（1）形状上长短不一致时，要考虑连线宽度与焊盘特定边长的大小差异不能过大。

（2）需要在元件引脚之间走线时，选用长短不对称的焊盘往往事半功倍。

（3）各元件焊盘孔的大小要按元件引脚粗细分别编辑确定，原则是孔的尺寸比引脚直径大 0.2～0.4mm。

过孔是为连通各层之间的线路，在各层需要连通的导线的交会处钻上一个公共孔，这就是过孔。过孔有 3 种，即从顶层贯通到底层的穿透式过孔、从顶层通到内层或从内层通到底层的埋孔，以及内层间隐藏的盲孔。过孔从上面看上去有两个尺寸，即通孔直径和过孔直径。通孔和过孔之间的孔壁用于连接不同层的导线。一般而言，设计线路时对过孔的处理有以下原则：

（1）尽量少用过孔。一旦选用了过孔，务必处理好它与周边各实体的间隙，特别是容易被忽视的中间各层与过孔不相连的线与过孔的间隙。

（2）需要的载流量越大，所需的过孔尺寸越大，如电源层和地层与其他层连接所用的过孔就要大一些。

3.1.5　印制电路板设计原则

印制电路板的设计目标需要从以下 4 个方面进行综合考虑。

（1）印制电路板设计的准确性，是指印制电路板上元件封装和铜膜导线的连接关系必须与电路原理图一致。

（2）印制电路板设计的可靠性，是指在能够满足设计要求的前提下，应尽量将电路板的层数设计得少一些，这样可降低费用并提高印制电路板的可靠性。

（3）印制电路板设计的工艺性，是指印制电路板外形尺寸应尽量符合标准化尺寸，还要考虑元件在印制电路板上的安装、排列方式和焊盘、走线的形式。

（4）印制电路板设计的经济性，是指从生产制造的角度选择覆铜板的板材、质量、规格和印制电路板工艺技术要求，使印制电路板制作成本在整机的材料成本中只占很小的比例。

任务 3.2　设计单层印制电路板

任务目标

- 新建印制电路板文件；
- 设置印制电路板工作环境参数；
- 规划电路板外形和尺寸；
- 导入工程变化订单；
- 电路板自动布局与手动布局；
- 设计布线规则；

电子CAD绘图与制版项目教程

- ◆ 自动布线与手动布线；
- ◆ 新建自制封装库文件并绘制自制元件封装；
- ◆ 添加电路板辅助信息；
- ◆ 生成电路板工作层文件。

单层板是一面有覆铜，而另一面没有覆铜的印制电路板，用户只能在单层板覆铜的一面布线。单层板中安装元件的一面称为元件面，元件引脚焊接的一面称为焊接面。其价格便宜，但是布线困难，经常需要跳线连接不能布通的铜膜线。在设计方式上，采用的是零件均集中在其中的一面，而敷铜导线均集中在另一面上的形式。因此，适用于元件较少且原理图较简单的电子产品。

实际的印制电路板设计流程如下所示：

1．新建印制电路板文件

可以使用向导来新建印制电路板文件，也可以使用菜单来新建印制电路板文件。新建的印制电路板文件一定要保存在当前的印制电路板项目工程文件中，即不能使其成为自由文件，否则在接下来的设计过程中会有错误出现。

2．设置印制电路板文件工作环境

根据实际情况来设置当前电路板文件的图纸位置和尺寸、网格类型和尺寸、测量单位等，为设计印制电路板文件做好准备工作。

3．设计印制电路板文件工作板层

根据实际情况，设计单层板、双层板和多层板所需工作层，不同类型的工作板层中放置不同种类的操作对象。

4．规划印制电路板文件外形和尺寸

根据实际元件封装外形和安装需要，绘制印制电路板文件外形和尺寸，在元件封装布局时还可以对文件外形和尺寸进行调整。

5．导入工程变化订单

将网络表文件中的元件和网络信息通过菜单导入到当前印制电路板文件中，在导入过程中如果有错误提示信息，需要根据提示将错误修改后再重新进行导入工程变化订单的操作。

6．元件封装布局

导入的元件封装和网络信息出现在当前印制电路板右侧，可以使用菜单对其进行自动布局，但结果通常不能满足要求，需要手动布局对其进行调整使整个印制电路板文件中的元件封装布局符合电气和机械布局规则。

7．设计布线规则

在完成元件布局后且真正布线之前，需要设置布线器采用的自动布线规则，包括电气规则、线宽规则、电源层规则、SMT规则等常用布线规则。只有设置好需要的规则，才能正确地进行布线操作。

项目3 设计印制电路板

8. 电路板布线

通过菜单使用自动布线器布线后，通常不能全部符合实际需求，要结合手动布线使电路板布线更合理。

9. 添加电路板辅助信息

在完成元件布局后，需要添加电源和接地焊盘、辅助说明文字、网络、覆铜等内容，使电路板文件更符合实际要求。

10. 绘制元件自制封装

有些特殊元件需要用户绘制自制的元件封装，在当前印制电路板项目中新建元件封装文件，通常包括绘制元件封装外形和焊盘两部分。绘制完成的元件封装需要在原理图中的对应符号上添加，再重新导入当前印制电路板文件中。

11. 生成印制电路板工作层文件

设计生成的电路板文件可以输出为多种格式的工作层文件，为制作电路板做好充分准备。

3.2.1 新建印制电路板文件

在当前印制电路板项目中新建印制电路板文件，通常使用两种方法。一种是使用菜单来实现，另一种是使用向导来实现。这两种方法的区别在于使用向导来新建印制电路板文件的过程中，不仅新建了一个文件，而且还可以在创建文件过程中设计电路板外形、尺寸、工作层、线宽等参数。因此，用户可以根据实际情况来选择操作方法。

执行菜单命令"文件"→"创建"→"印制电路板文件"，在"Projects"面板的当前项目中出现新建的印制电路板文件，系统默认的文件名是"PCB1.PcbDoc"。也可用快捷菜单新建当前项目中的印制电路板文件，还可以使用 Protel 2004 软件提供的 PCB 向导来新建一个印制电路板文件，具体操作步骤如下：

1. 使用菜单新建电路板文件

在当前印制电路板项目中，执行菜单命令"文件"→"创建"→"印制电路板文件"，在"Projects"面板的当前项目中出现新建的印制电路板文件，系统默认的文件名是"PCB1.PcbDoc"。也可用快捷菜单新建当前项目中的印制电路板文件，将光标指向当前印制电路板项目文件名处且单击鼠标右键，在弹出的快捷菜单中执行"追加新文件到当前项目中"→"PCB"即可。

新建的印制电路板文件出现在当前印制电路板项目文件下，双击这个印制电路板文件名，即可进入印制电路板文件工作区中，其工作窗口组成如图3-7所示。其中主要菜单及工具栏的功能如下：

（1）菜单栏。在印制电路板文件的编辑环境中，"文件"菜单、"编辑"菜单、"查看"菜单、"项目管理"菜单、"放置"菜单、"设计"菜单、"工具"菜单、"报告"菜单与原理图编辑环境中的菜单功能基本相似，但这些菜单的子菜单功能会根据其所在的印制电路板编辑环境的不同而有所改变。"自动布线"菜单是印制电路板窗口中特有的一个菜单项，它能够实现系统自动布线时的相关操作和选项设置。

电子CAD绘图与制版项目教程

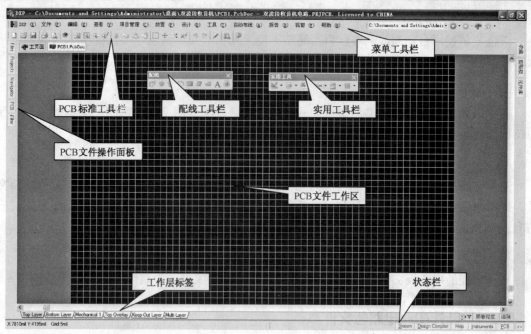

图 3-7　印制电路板文件工作窗口组成

（2）标准工具栏。此工具栏与原理图中的标准工具栏基本相同，只是少了 图标，如图 3-8 所示。

图 3-8　印制电路板文件标准工具栏

（3）常用工具栏。印制电路板文件中常用的工具栏有配线工具栏、实用工具栏、导航工具栏等。执行菜单命令"查看"→"工具栏"，用户可从中选择相应工具栏。

（4）配线工具栏。主要用于放置印制电路板中的铜膜导线、焊盘、过孔、图形、覆铜、字符等对象，如图 3-9 所示，用户可以使用"查看"菜单来切换显示或隐藏该工具栏。实用工具栏主要用于实现印制电路板中的放置绘图工具、元件位置排列、网络形式、元件集合、房间、尺寸标注等对象，如图 3-10 所示。

图 3-9　配线工具栏　　　　　图 3-10　实用工具栏

2. 使用向导新建电路板文件

具体操作过程为：

（1）执行菜单命令"查看"→"主页面"，将当前窗口切换到"主页"窗口。单击当前窗口右下角工作区面板中的 System 选项，如图 3-11 所示，从中选择"Files"，使"Files"面板出现在当前窗口中。选择"Files"操作面板中的"根据模板新建"选项区中的 PCB Board Wizard…选项，如图 3-12 所示。此时，弹出如图 3-13 所示的"PCB 板向导"对话框。

项目 3　设计印制电路板

图 3-11　系统工作区面板中的 System 选项　　图 3-12　"Files"操作面板

（2）单击"下一步"按钮，弹出如图 3-14 所示的对话框。在此选择当前印制电路板文件所用的量度单位，包括英制单位和公制单位。用户在选择单位时，需要注意英制单位与公制单位的转换关系，即 1in=1 000mil，1mil=0.025 4mm。

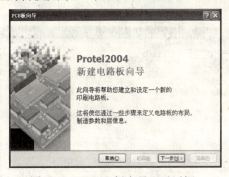

图 3-13　"PCB 板向导"对话框一　　　　　图 3-14　"PCB 板向导"对话框二

（3）单击"下一步"按钮，弹出如图 3-15 所示的对话框，在此选择电路板外形。如果选择 Custom 选项，则用户可以自己定义电路板的外形、尺寸、边界和图形标志等，在当前对话框右侧的预览区不显示其图形。用户还可以从左侧列表中选择一种常用的工业标准电路板，则在右侧预览区会出现对应电路板的图形。用户可以在此电路板的基础上进行修改操作，如图 3-16 所示。

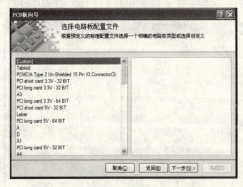

图 3-15　"PCB 板向导"对话框三　　　　　图 3-16　"PCB 板向导"对话框四

（4）单击"下一步"按钮，弹出如图 3-17 所示的对话框，在此设计电路板参数和属性，主要选项的功能如下：

- "轮廓形状"选项区：用于设置电路板外形，包括矩形、圆形和自定义形状。用户选择不同的电路板外形，右侧对应的选项会显示相应的电路板外形。
- "电路板尺寸"选项区：设置电路板尺寸。在"宽"选项后的文本框中设置电路板的宽度；在"高"选项后的文本框中设置电路板的高度；"放置尺寸于此层"选项用于设置电路板尺寸标注所在的层面，系统默认的层面是 Mechanical Layer 1；"边界导线宽度"选项用于设置电路板上的边界铜膜导线的宽度；"尺寸线宽度"选项用于设置电路板尺寸线的宽度；"禁止布线区与板子边沿的距离"选项用于设置电路板的电气边界与物理边界的距离；复选框"标题栏和刻度"用于设置是否生成标题块和比例尺；"角切除"选项用于设置是否在电路板上的角位置开口；"图标字符串"选项用于设置是否生成图例和字符；"内部切除"选项用于设置是否在电路板上的内部开口；"尺寸线"选项用于设置是否生成尺寸线。

（5）单击"下一步"按钮，弹出如图 3-18 所示的对话框，在此可以设置电路板上角部切除的尺寸和位置。

 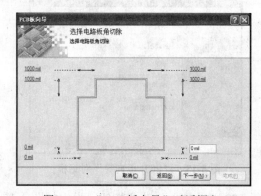

图 3-17　"PCB 板向导"对话框五　　　　图 3-18　"PCB 板向导"对话框六

（6）单击"下一步"按钮，弹出如图 3-19 所示的对话框，在此可以设置电路板上内部切除的左下角起始位置和内部切除的尺寸。

（7）单击"下一步"按钮，弹出如图 3-20 所示的对话框，在此可以设置电路板的层数。"信号层"选项用于设置电路板信号层的数目，"内部电源层"选项用于设置电路板内部电源层的数目。

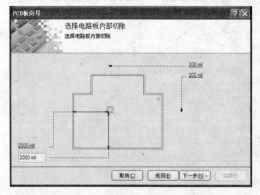 

图 3-19　"PCB 板向导"对话框七　　　　图 3-20　"PCB 板向导"对话框八

(8) 单击"下一步"按钮，弹出如图3-21所示的对话框，在此可以设置电路板中过孔的样式。包括两个选项，分别是"只显示通孔"和"只显示盲孔或埋过孔"。

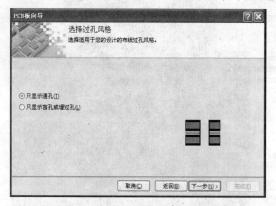

图3-21　"PCB板向导"对话框九

> 提示：电路板上的通孔是贯穿整个电路板的；盲孔是在多层板内层中的孔，它不穿透电路板的顶层和底层；埋孔是只有一面穿透电路板，另一面在电路板内部工作层中。

(9) 单击"下一步"按钮，弹出如图3-22所示的对话框，在此设置元件类型及布线逻辑技术。在"此电路板主要是"选项中包括表面贴装式元件比较多或插针式元件比较多。如果用户选择了"表面贴装元件"，则下面会出现元件是否放置在板的两面的选项；如果用户选择"通孔元件"，下面则会出现询问相邻焊盘间的走线数目的选项设置。

(10) 单击"下一步"按钮，弹出如图3-23所示的对话框，在此设置线宽和过孔限制参数。包括设置铜膜导线的最小宽度、过孔的最小直径、过孔的最小孔尺寸、铜膜导线之间的最小距离。

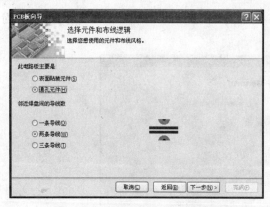

图3-22　"PCB板向导"对话框十

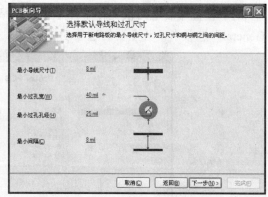

图3-23　"PCB板向导"对话框十一

(11) 单击"下一步"按钮，在弹出的对话框中单击"完成"按钮，即完成用向导生成印制电路板文件的操作过程。新建的印制电路板文件是以自由文件形式存在的，如图3-24所示。用户需要将其移动到当前项目中，先将新的印制电路板文件保存之后，再执行菜单命令"项目管理"→"追加已存在的文件到当前PCB项目中"，在弹出的对话框中选择新建的印制电路板文件即可。

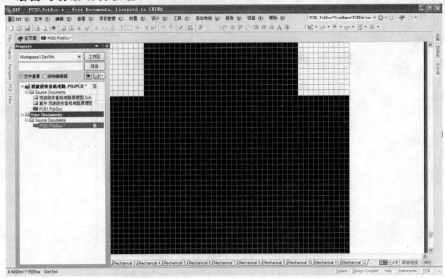

图 3-24 以自由文件形式存在的印制电路板文件

3.2.2 设置印制电路板文件工作环境

新建印制电路板文件后，即进入印制电路板文件设计编辑器。与原理图一样，对印制电路板文件也同样要设置其工作环境参数，从而使印制电路板的设计更加精确。

执行菜单命令"工具"→"优先设定"，弹出如图 3-25 所示的"优先设定"对话框，它包括多个选项卡，本书主要介绍比较实用的"General"选项卡、"Display"选项卡、"Show/Hide"选项卡、"Defaults"选项卡的功能。

1."General"选项卡

用于设置印制电路板文件工作环境，选择图 3-25 中左侧的"Protel PCB"菜单项中的"General"选项卡，其主要的选项功能如下：

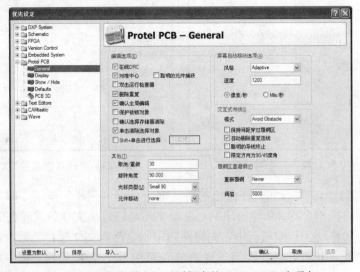

图 3-25 "优先设定"对话框中的"General"选项卡

项目 3 设计印制电路板

（1）"编辑选项"区：用于设置印制电路板文件编辑参数，主要包括如下选项：
- "在线 DRC"复选框：在布线和调整过程中实时地进行 DRC 检查。
- "对准中心"复选框：用于移动对象的光标会自动移动到对象参考点位置。
- "聪明的元件捕获"复选框：当用户双击选取元件时，光标出现在对应元件最近的焊盘上方。
- "双击运行检查器"复选框：双击元件或引脚时，则会弹出检查器窗口，在其中会显示所检查元件的信息。
- "删除重复"复选框：自动删除重复的组件。
- "确认全局编辑"复选框：在进行全局修改时会出现全局修改结果提示对话框。
- "保护被锁对象"复选框：保护锁定的对象，当移动或修改锁定的对象属性时，系统就会弹出警告信息。
- "确认选择存储器清除"复选框：允许保存一组对象的选择状态。
- "单击清除选择对象"复选框：单击对象时，原来被选的对象仍保持被选择状态。
- "Shift+单击进行选择"复选框：用 Shift 键和鼠标一起操作，才能选中相应对象。

（2）"屏幕自动移动选项"区：用于设计自动移动功能，"速度"选项用于设置光标移动速度，"像素/秒"单选项用于设置移动速度单位；"Mils/秒"单选项是毫英寸/秒。"风格"选项提供了 7 种用于设置对象移动的模式，具体功能如下：
- Adaptive 模式：根据当前图形位置自动选择其移动方式。
- Disable 模式：取消移动功能。
- Re-Center 模式：当光标移动到编辑区边缘时，系统将当前光标所在位置设为新的编辑区中心点。
- Fixed Size Jump 模式：当光标移动到编辑区边缘时，则以 Step Size 项中的设定值为步进值向未显示区域移动；当同时按住 Shift 键时，则以 Shift Step 项中的设定值为步进值向未显示区域移动。系统默认的模式为当前这种移动模式。
- Shift Accelerate 模式：当光标移动到编辑区边缘时，如果 Shift Step 值比 Step Size 值大，则其以 Step Size 值为步进值向未显示区域移动，而当同时按住 Shift 键时，则以 Shift Step 项中的设定值为步进值向未显示区域移动；如果 Shift Step 值比 Step Size 值小，则其以 Shift Step 值为步进值向未显示区域移动。
- Shift Decelerate 模式：当光标移动到编辑区边缘时，如果 Shift Step 值比 Step Size 值大，则其以 Shift Step 值为步进值向未显示区域移动，当同时按住 Shift 键时，则以 Step Size 项中的设定值为步进值向未显示区域移动；如果 Shift Step 值比 Step Size 值小，则其以 Shift Step 值为步进值向未显示区域移动。
- Ballistic 模式：当光标移动到编辑区边缘时，越向编辑区边缘移动，其移动速度越快。

（3）"交互式布线"选项区：用于设置交互布线模式。"模式"选项中提供 3 种布线模式，分别是 Ignore Obstacle（忽略障碍）、Avoid Obstacle（避开障碍）和 Push Obstacle（移开障碍）。主要复选框及其功能如下：
- "保持间距穿过覆铜区"复选框：在覆铜区内走线时，会自动调整覆铜区的内容，从而使导线与覆铜区之间的距离大于安全间距。
- "自动删除重复连线"复选框：自动删除相同一对节点中间的重复连线。

◆ "聪明的导线终止"复选框：快速跟踪导线的端部。

◆ "限定方向为 90/45 度角"复选框：使布线方向只限制在 90°和 45°。

（4）"覆铜区重灌铜"选项区：用于设置交互式布线中的避免障碍和推挤布线方式。"重新覆铜"选项提供 3 种方式，分别是 Always（自动重新覆铜）、Never（不使用任何推挤布线方式）、Threshold（当超过了设定好的避免障碍限制值时推挤多边形）。

（5）"其他"选项区：主要功能如下：

◆ "旋转角度"选项：设置对象的旋转角度。

◆ "光标类型"选项：设置光标类型，包括 Small 90、Large 90、Small 45。

◆ "取消/重做"选项：设置撤销操作/重复操作的步数。

◆ "元件移动"选项：设置当移动元件时，与元件相连接的导线是否断开。包括两个选项，分别是 Component Tracks（当使用 Drag 命令时，导线和元件的连接不断开）、None（当使用 Drag 命令时，导线和元件的连接断开）。

2. "Display" 选项卡

用于设置屏幕和元件显示模式。选择图 3-25 中左侧的"Protel PCB"菜单项中的"Display"选项卡，弹出如图 3-26 所示的对话框，其主要选项及其功能如下：

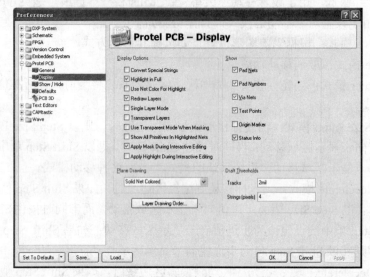

图 3-26 "优先设定"对话框中的"Display"选项卡

（1）"显示"选项区：用于设置显示选项参数，主要包括如下功能：

◆ "转换特殊字符串"复选框：将特殊字符串转化成它所代表的文字。

◆ "全部加亮"复选框：被选中对象以高亮方式显示。

◆ "用网络颜色加亮"复选框：被选中的网格都以高亮方式显示。

◆ "重画阶层"复选框：当重画电路板时，系统会依次一层一层地重绘。

◆ "单层模式"复选框：只显示当前层。

◆ "透明显示模式"复选框：将所有的工作层都设为透明状态。

（2）"表示"选项区：用于设置 PCB 显示内容，主要功能如下：

◆ "焊盘网络"选项：显示焊盘的网络名称。

项目3 设计印制电路板

- ◆ "焊盘号"选项：显示焊盘序号。
- ◆ "过孔网络"选项：在较大显示比例时显示过孔的网络名称。
- ◆ "测试点"选项：显示测试点。
- ◆ "原点标记"选项：显示绝对坐标的黑色带叉圆圈。
- ◆ "状态信息"选项：在 PCB 设计管理器的状态栏上，显示当前对象的状态信息。

(3)"草案阈值"选项区：用于设置显示模式，主要功能如下：

- ◆ "导线"选项：当导线宽度大于设定的极限值时，导线将以轮廓来显示。
- ◆ "字符串(像素)"选项：当字符像素大于设定的极限值时，将以方框形式来显示。

3."Show/Hide"选项卡

选择图 3-25 中左侧的"Protel PCB"菜单项中的"Show/Hide"选项卡，弹出如图 3-27 所示的对话框，用于设置印制电路板文件中图形对象的显示模式。每一种图形对象都有同样的 3 种显示模式，分别是最终显示模式、草案显示模式、隐藏显示模式。

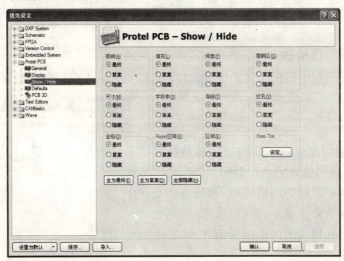

图 3-27 "优先设定"对话框中的"Show/Hide"选项卡

4."Defaults"选项卡

用于设置常用选项的默认值。选择图 3-25 中左侧的"Protel PCB"菜单项中的"Defaults"选项卡，弹出如图 3-28 所示的对话框，它主要用于设置印制电路板文件中常用对象被放置到编辑区中时的初始状态。这些对象的默认属性被存放在安装路径下的"\system\ADVPCB.DFT"文件中，用户也可以单击此对话框中的"另存为…"按钮，将这些设置存放在一个自己指定的 DFT 文件中。这样在下一次进入设计软件时，单击"导入…"按钮，装入上次存储的 DFT 文件，即可读出上一次设计的常用对象的默认值。单击"全部重置"按钮，修复系统默认的 DFT 文件。

3.2.3 设计印制电路板文件选项参数

执行菜单命令"设计"→"PCB 板选项"，弹出如图 3-29 所示的"PCB 板选择项"对话框，主要功能包括元件网格设置、电气网格设置、可视网格设置、计量单位设置和图纸大小设置等。

电子 CAD 绘图与制版项目教程

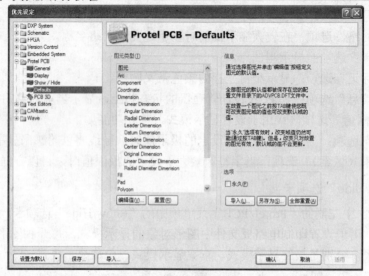

图 3-28 "优先设定"对话框中的"Defaults"选项卡

1. "测量单位"选项区

用于设置当前印制电路板文件的度量单位,包括 Imperial(英制单位)和 Metric(公制单位)。

2. 网格设置

用于设置当前印制电路板文件中的捕获网格(Snap Grid)和可视网格(Visible Grid)的尺寸,捕获网格是指捕获对象时的网格间距,可视网格是在印制电路板文件背景中显示的网格尺寸。印制电路板编辑区中,光标移动的间距由 Snap Grid 编辑框中的尺寸来决定。

3. 元件网格

用于设置元件移动的间距。

图 3-29 "PCB 板选择项"对话框

4. 电气网格

用于设置电气网格的属性。电气网格具有自动捕捉焊盘的功能,在布线时,系统以当前光标为中心并以"范围"设置值为半径捕捉焊盘。当捕捉到焊盘时,光标将自动定位到该焊盘上。

5. 可视网格

用于设置可视网格的类型和间距,可视网格类型有两种,包括 Lines(线状)和 Dots(点状)。

6. 图纸位置

设置图纸的大小和位置,主要选项的功能如下:

◆ X/Y 选项:用于设置图纸左上角位置。

项目 3　设计印制电路板

- ◆ "宽"选项：用于设置图纸的宽度。
- ◆ "高"选项：用于设置图纸的高度。
- ◆ "显示图纸"复选框：设置当显示图纸时，是否只显示电路板部分。
- ◆ "锁定图纸图元"复选框：链接包含模板元素的机械层到当前图纸。

3.2.4　设置印制电路板文件的工作层

设置好印制电路板工作环境参数后，还要设置用户所设计的印制电路板文件的工作层，以确定电路板类型。Protel 2004 可以最多设置 32 个信号层和 16 个内部电源层，还提供了堆栈管理器对电路板各个层进行管理，用户可以定义层的结构，还可能看到电路板层堆栈的立体效果。

1．PCB 层堆栈管理器

执行菜单命令"设计"→"图层堆栈管理器"，弹出如图 3-30 所示的"图层堆栈管理器"对话框，其中主要选项的功能如下：

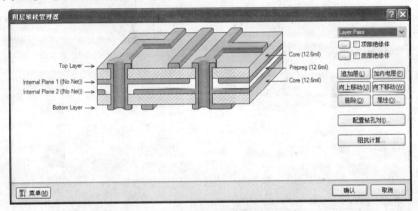

图 3-30　"图层堆栈管理器"对话框

- ◆ "追加层"按钮：用于添加中间信号层。
- ◆ "加内电层"按钮：用于添加内部电源层或接地层。在添加信号层前，要先单击一个信号层再添加层。
- ◆ "顶部绝缘体"复选框：用于在顶层添加绝缘层。单击左边的 □ 按钮，打开如图 3-31 所示的"介电性能"对话框，在此设置添加的绝缘层的属性。
- ◆ "底部绝缘体"复选框：用于在底层添加绝缘层。
- ◆ Core 选项：用于设置中心层厚度。
- ◆ "向上移动"按钮：向上移动当前所选层的位置。
- ◆ "向下移动"按钮：向下移动当前所选层的位置。
- ◆ "属性…"按钮：用于设置所选层属性，弹出如图 3-32 所示的"编辑层"对话框。

2．设置工作层和层颜色

在印制电路板文件的编辑区下方，有一行工作层标签。用户在印制电路板上放置对象之前，都要先单击其对应的层标签后才可以放置。用户可以事先对当前印制电路板文件所用到

图 3-31　"介电性能"对话框　　　　图 3-32　"编辑层"对话框

的工作层进行板层属性和层颜色设置，执行菜单命令"设计"→"PCB 板层次颜色"，弹出如图 3-33 所示的"板层和颜色"对话框，在此对话框中设置当前印制电路板文件所需的板层及层中对象颜色，具体功能如下：

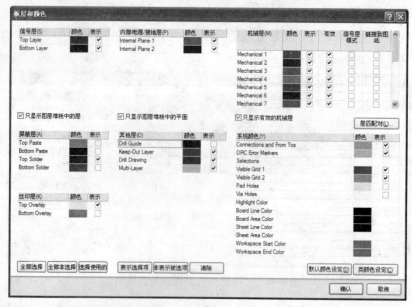

图 3-33　"板层和颜色"对话框

（1）"信号层"选项区：用于设置当前印制电路板文件所需要的信号层，包括 Top Layer（顶层）和 Bottom Layer（底层），需要哪个信号层就在其右侧的复选框中单击即可。如果选中"只显示图层堆栈中的层"复选框，则只显示层管理器中新建的信号层。

（2）"内部电源/接地层"选项区：用于在当前印制电路板文件中添加内电层。在添加之前，要在层堆栈管理器中至少添加一个内电层，否则在此对话框中不显示内电层，在此可以根据需要选择已添加的内电层。如果选中"只显示图层堆栈中的平面"复选框，则只显示层管理器中新建的内电层。

（3）"机械层"选项区：用于设置当前印制电路板文件中的机械层的数目，最多可设置 16 个机械层。系统默认只有一个机械层，如果选中"只显示有效的机械层"复选框，则只显示被激活的机械层。

（4）"屏蔽层"选项区：用于选择与信号层对应的助焊膜层和阻焊膜层，包括 Top Paste（顶层助焊层）、Top Solder（顶层阻焊层）、Bottom Paste（底层助焊层）和 Bottom Solder（底

层阻焊层）。

（5）"丝印层"选项区：用于选择相应的丝印层，包括 Top Overlay（顶层丝印层）和 Bottom Overlay（底层丝印层）。

（6）"其他层"选项区：用于选择实际需要的其他工作层，包括 Drill Guide（钻孔导引层）、Keep-Out Layer（禁止布线层）、Drill Drawing（钻孔绘图层）和 Multi-Layer（多层）。

（7）"系统颜色"选项区：用于设置当前印制电路板文件的系统颜色，主要选项功能如下：

◆ Connections and From Tos 选项：用于设置是否显示飞线。
◆ DRC Error Markers 选项：用于设置显示自动布线检查时的错误标记。
◆ Pad Holes 选项：用于设置显示焊盘通孔。
◆ Via Holes 选项：用于设置显示过孔的通孔。
◆ Visible Grid 1 选项：用于设置显示第一组栅格。
◆ Visible Grid 2 选项：用于设置显示第二组栅格。

3. 设置单层电路板的工作层

单层板的特点是只有一面有覆铜，只需要选择一个信号层就可以了；还需要选择与这个信号层相对应的丝印层用于放置元件封装图形和说明信息；选择与信号层相对应的阻焊层；禁止布线层，用于规划电路板的边界；一个机械层，用于放置辅助说明信息；多层，用于 THT 元件的安装和焊接。设置好工作层的单层板文件的工作层标签如图 3-34 所示。

Top Layer / Mechanical 1 / Top Overlay / Top Solder / Keep-Out Layer / Multi-Layer /

图 3-34　单层板的工作层标签

> 提示：单层板的工作层并不是固定不变的，其中的机械层、助焊层和阻焊层等工作层都是可以使用或不使用的，用户可以根据实际情况进行选择。

3.2.5 印制电路板文件的基本对象及编辑操作

在设计好印制电路板文件的名称、工作环境、文档选项和工作层之后，用户还需要学会使用印制电路板文件中常用对象的绘制和对象的编辑操作方法，才能流畅地进行电路板设计工作。印制电路板文件中的放置对象都集中在"放置"菜单和配线工具栏中，对这些对象的编辑操作命令几乎都集中在"编辑"菜单和实用工具栏中。如果当前印制电路板文件中无配线工具栏和实用工具栏，用户可以执行菜单命令"查看"→"工具栏"，在弹出的子菜单中单击就可以调出这两个工具栏了。

1. 加载并浏览元件封装库

由于软件使用的是集成元件库，所以向印制电路板文件中加载元件封装库的操作方法与在原理图中加载元件库的方法一致。可以使用菜单操作，也可以使用"Projects"面板中对应的"元件库"按钮来加载元件库。但如果需要加载自制元件封装库，可以执行菜单命令"设计"→"追加/删除库文件"，在弹出的如图 3-35 所示的"可用元件库"对话框中单击"安装…"按钮；再在弹出的"打开"对话框中找到自制元件封装库的所在路径，选中该文件并单击"打开"按钮，这样，就可以将其加载到当前项目文件中。

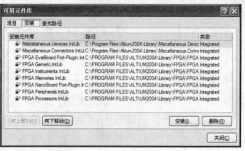

图 3-35 "可用元件库"对话框

执行菜单命令"设计"→"浏览元件",就会弹出如图 3-36 所示的"元件库"操作面板,在此浏览元件的封装。单击其上方的"查找…"按钮,弹出如图 3-37 所示的"元件库查找"对话框,其操作方法与在原理图中搜索元件的操作方法一致。在"查找类型"选项中选择"Protel Footprints",即进行元件封装的查找;再指定查找范围,接着单击"查找"按钮,可以将选中的元件封装和其所在的库文件加载在当前的印制电路板文件中。

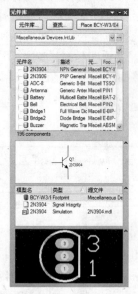

图 3-36 "元件库"操作面板　　　　图 3-37 "元件库查找"对话框

2. 放置元件封装

在设计印制电路板时,除了需要由网络表导入的元件封装之外,有时还需要在当前印制电路板文件中放置新的元件封装和网络,具体操作方法如下:

(1) 放置元件封装。进入印制电路板文件工作区,在"元件库"面板中单击要放置的元件封装,将其拖到当前印制电路板文件的工作区中即可。也可以使用菜单放置元件封装,即执行菜单命令"放置"→"元件",或者单击配线工具栏中的 ▦ 图标,都会弹出如图 3-38 所示的"放置元件"对话框来放置元件封装,其中主要选项及功能如下:

◆ "放置类型"选项区:用于设置当前元件类型,包括元件封装和元件。

◆ "元件详细"选项区:用于设置元件细节。"封装"选项用于设置当前元件封装的名称,单击右侧的 ▦ 按钮,在弹出的如图 3-39 所示的"库浏览"对话框中选择相应的

项目 3 设计印制电路板

元件封装，还可以单击其中的"查找…"按钮，来查找相应的元件封装；"标识符"选项用于设置当前元件封装的标识符；"注释"选项用于设置当前元件封装的注释信息。

图 3-38 "放置元件"对话框

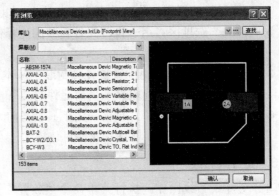

图 3-39 "库浏览"对话框

（2）设置元件封装属性。双击放置好的元件封装符号或在选择放置元件封装命令后且单击之前按 Tab 键，都会弹出如图 3-40 所示的元件封装属性对话框，其中主要选项及功能如下：

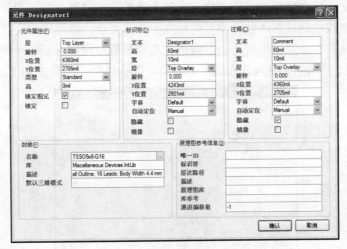

图 3-40 元件封装属性对话框

◆ "元件属性"选项区：主要用于设置其所在工作层和位置等属性。"层"选项用于设置元件封装所在的工作层；"旋转"选项用于设置元件封装的旋转角度；"X 位置"选项用于设置元件封装的 X 轴坐标值；"Y 位置"选项用于设置元件封装的 Y 轴坐标值；"类型"选项用于设置元件的类型，其中 Standard 表示标准的元件类型，Mechanical 表示此元件没有电气属性但能在 BOM 表中生成的元件类型，Graphical 表示当前元件只用于文档而不用于电气错误检查的元件类型，Tie Net in BOM 表示当前元件用于布线时缩短几个不同网络的元件类型；"高"选项用于设置当前元件封装的高度；"锁定图元"复选框是将元件封装作为整体使用，不允许将其图形和引脚拆开使用；"锁定"复选框是指锁定当前元件封装，使其不再被编辑修改。

◆ "标识符"选项区：用于设置元件封装的标识符，"文本"选项用于输入当前元件封装的标识符；"高"选项用于设置当前元件封装标识符的高度；"宽"选项用于设置

129

当前元件封装标识符的宽度;"字体"选项用于设置当前元件封装标识符的字体格式;"自动定位"选项用于设置标识符在元件封装上的位置;"隐藏"复选框可以将当前元件封装的标识符隐藏;"镜像"复选框可以将当前元件封装的标识符水平镜像显示。

◆ "注释"选项区:用于设置元件封装的注释信息,其与"标识符"选项区中的选项功能基本相似。

◆ "封装"选项区:用于设置元件封装的基本属性,"名称"选项用于输入当前元件封装的名称;"库"选项显示当前元件封装所在的元件库。

◆ "原理图参考信息"选项区:用于显示当前元件封装设置完成的信息,包括元件封装标识符、所在 PCB 项目、元件封装描述、元件封装所在元件库等信息。

3. 交互式布线

(1) 交互式布线操作。执行菜单命令"放置"→"交互式布线",或者单击配线工具栏中的 图标,此时光标下方出现十字形符号,移动光标至合适的位置处单击,确定布线的起点。继续移动光标,每单击一次可以确定布线的一个拐角,继续在合适的位置处单击,确定布线的终点。单击鼠标右键,结束此次交互式布线操作。此时,当前光标下方仍有十字形状,说明当前还处于交互式布线状态,用户仍可以用上述的方法继续布线。如果要结束交互式布线,双击鼠标右键或按两次 Esc 键,当前光标变回为箭头状,即可退出交互布线状态。

(2) 设置导线属性。双击放置好的导线或在选择放置导线命令后且单击之前按 Tab 键,都会弹出如图 3-41 所示的"交互式布线"对话框,其中主要选项功能如下:

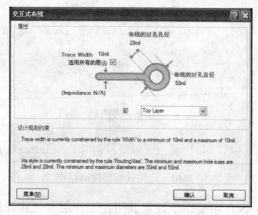

图 3-41 "交互式布线"对话框

◆ "Trace Width"选项:用于设置当前布线的宽度。选中"适用所有的层"复选框,则当前的线宽设置会应用到当前电路板中所有的工作层上。

◆ "布线的过孔孔径"选项:用于设置布线时过孔的内径尺寸。

◆ "布线的过孔直径"选项:用于设置布线时过孔的外径尺寸。

◆ "层"选项:用于设置当前布线所在的工作层。

(3) 设置布线的属性。在交互式布线状态下且确定了布线的起点后,在英文输入法状态下按键盘上的"Shift+Space"组合键,能够改变当前布线的拐角模式。布线共有 4 种拐角模式,分别是直角拐角、45°拐角、圆弧形拐角和任意角度拐角,如图 3-42 所示。双击绘制完成的导线,或在导线上单击鼠标右键并从弹出的快捷菜单中选择"属性"命令,都会弹出如

图 3-43 所示的"导线"对话框,其中主要选项的功能如下:
- "开始 X/Y"选项:用于设置导线起点的精确坐标值。
- "结束 X/Y"选项:用于设置导线终点的精确坐标值。
- "宽"选项:用于设置导线的宽度。
- "层"选项:用于设置当前导线所在的工作层。
- "网络"选项:用于设置导线所在的网络。
- "锁定"复选框:用于设置是否锁定导线位置。
- "禁止布线区"复选框:用于设置将当前导线布于禁止布线层上。

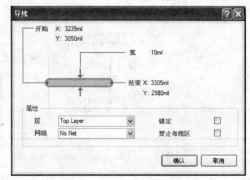

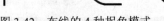

图 3-42 布线的 4 种拐角模式　　　　图 3-43 "导线"对话框

4. 放置焊盘

(1) 放置焊盘操作。执行菜单命令"放置"→"焊盘",或者单击配线工具栏中的 ◎ 图标,此时光标下方出现十字形符号和焊盘符号,移动光标至合适的位置处单击,以确定焊盘的位置。继续移动光标,每单击一次,就可以放置一个焊盘。单击鼠标右键或按 Esc 键,可退出放置焊盘状态。

(2) 设置焊盘属性。双击放置好的焊盘符号或在选择放置焊盘符号命令后且单击之前按 Tab 键,都会弹出如图 3-44 所示的"焊盘"对话框,其中主要选项及功能如下:
- "孔径"选项:用于设置焊盘的内孔尺寸。
- "旋转"选项:用于设置焊盘的旋转角度。
- "位置 X/Y"选项:用于设置焊盘中心点的精确位置。
- "尺寸和形状"选项区:用于设置焊盘的尺寸和外形。选择"简单"时,在其下方设置对应焊盘的 X-尺寸(水平尺寸)、Y-尺寸(垂直尺寸)、形状(包括 Round 圆形、Rectangle 正方形、Octagonal 八角形);选择"顶-中-底"时,在其下方设置焊盘在顶层、中间层和底层中的尺寸和形状;选择"全堆栈"时,单击下方的"编辑全焊盘层定义..."按钮,在弹出的如图 3-45 所示的"焊盘层编辑器"中设置焊盘属性。
- "属性"选项区:"标识符"选项用于设置当前焊盘的序号;"层"选项用于设置焊盘所在板层;"网络"选项用于选择焊盘所在网络;"电气类型"选项用于设置焊盘的电气属性;"锁定"选项用于锁定焊盘;"镀金"选项用于将焊盘的通孔的孔壁加上电镀。
- "助焊膜扩展"选项区:选中"根据规则决定扩展值"选项时,使用设计规则中定义的助焊膜尺寸;若选中"指定扩展值"选项,则可以在其后的文本框中设置助焊膜尺寸。

◆ "阻焊膜扩展"选项区：若选中"根据规则决定扩展值"选项，则使用设计规则中定义的助焊膜尺寸；若选中"指定扩展值"选项，则可以在其后的文本框中设置助焊膜尺寸；若选中"在顶层上强制生成突起"选项，则此时设置的助焊延伸值无效且在顶层的助焊膜上不会有开口且只是一个突起；若选中"在底层上强制生成突起"选项，则此时设置的助焊延伸值无效且在底层的助焊膜上不会有开口且只是一个突起。

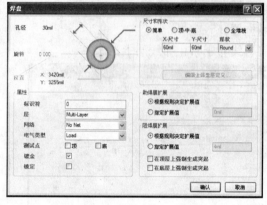

图 3-44 "焊盘"对话框

图 3-45 "焊盘层编辑器"

5. 放置过孔

1）放置过孔操作

执行菜单命令"放置"→"过孔"，或者在布线工具栏中单击 图标，此时光标下方出现十字形符号和过孔符号，移动光标至合适的位置处单击，以确定过孔位置。继续移动光标，每单击一次，就可以放置一个过孔。单击鼠标右键或按 Esc 键，可退出放置过孔状态。

2）设置过孔属性

双击放置好的过孔符号或在选择放置过孔命令后且单击之前按 Tab 键，都会弹出如图 3-46 所示的"过孔"对话框，其中选项及功能如下：

图 3-46 "过孔"对话框

◆ "孔径"选项：用于设置过孔的内孔尺寸。
◆ "直径"选项：用于设置过孔的直径尺寸。
◆ "位置 X/Y"：用于设置过孔中心点的精确坐标值。
◆ "属性"选项区："起始层"选项用于设置过孔的起始板层；"结束层"选项用于设置过孔的结束板层；"网络"选项用于设置过孔所在的网络。
◆ "阻焊层扩展"选项区：若选中"根据规则决定扩展值"选项，则使用设计规则中定义的阻焊膜尺寸；若选中"指定扩展值"选项，则可以在其后的文本框中设置阻焊膜尺寸；若选中"在顶层上强制生成突起"选项，则此时设置的助焊延伸值无效且在顶层的阻焊膜上不会有开口，它只是一个突起；若选中"在底层上强制生成突起"

选项,则此时设置的阻焊延伸值无效且在底层的阻焊膜上不会有开口,它只是一个突起。

6. 放置圆弧

在印制电路板上放置的圆弧,包括圆弧形和圆形,通常将其作为安装孔和自制封装形状或辅助说明信息。可以用3种不同的方法来放置,分别是中心法、边缘法和角度旋转法。具体操作方法如下:

(1)中心法绘制圆弧。执行菜单命令"放置"→"圆弧(中心)",或单击实用工具栏中绘图图标 右侧向下箭头中的 图标,光标下方出现十字形符号;在合适的位置单击以确定圆弧的中心点位置,如图 3-47(a)所示;向外侧拖动光标,在合适的位置处单击,确定圆弧形的半径,如图 3-47(b)所示;使光标在圆弧上移动,在合适角度的位置处单击,确定圆弧形的起始角度,如图 3-47(c)所示;拖动光标,在合适角度的位置处单击,确定圆弧形的终止角度,如图 3-47(d)所示,绘制完成的圆弧形如图 3-47(e)所示。此时仍处于绘制圆弧状态,用户可继续放置。单击鼠标右键或按 Esc 键,可退出绘制圆弧状态。

(a)确定圆弧形中心点

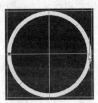
(b)确定圆弧形半径

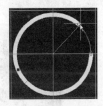
(c)确定圆弧形起始角度

(d)确定圆弧形终止角度

(e)绘制完成的圆弧形

图 3-47 中心法绘制圆弧

(2)边缘法绘制圆弧。执行菜单命令"放置"→"圆弧(任意角度)",或单击实用工具栏中绘图图标 右侧向上箭头中的 图标,光标下方出现十字形符号;在适当位置单击确定圆弧中的一个边缘点位置,如图 3-48(a)所示;向外侧拖动光标,在适当角度的位置处单击,确定圆弧形的半径和中心点位置,如图 3-48(b)所示;拖动光标且在合适角度的位置处单击,确定圆弧形的终止角度,如图3-48(c)所示;绘制完成的圆弧形如图 3-48(d)所示。此时仍处于绘制圆弧状态,用户可继续放置。单击鼠标右键或按 Esc 键,退出绘制圆弧状态。

(3)90°旋转法绘制圆弧。执行菜单命令"放置"→"圆弧(90度)",或单击配线工具栏中的 图标,光标下方出现十字形符号;在合适的位置单击确定圆弧的起点位置,如图3-49(a)所示;向外侧拖动光标,在适当角度的位置处单击,确定圆弧形的半径和旋转角度,如图3-49(b)所示;绘制完成的圆弧形如图 3-49(c)所示。此时仍处于绘制圆弧状态,用户可继续放置。单击鼠标右键或按 Esc 键,退出绘制圆弧状态。

(a) 确定圆弧形边缘点位置　　　　　(b) 确定圆弧形半径和中心点位置

(c) 确定圆弧形终止角度　　　　　　(d) 绘制完成的圆弧形

图 3-48　边缘法绘制圆弧

(a) 确定圆弧形起点位置　　(b) 确定圆弧形半径和旋转角度　　(c) 绘制完成的圆弧形

图 3-49　90°旋转法绘制圆弧

（4）绘制圆形。执行菜单命令"放置"→"圆"，或单击实用工具栏中绘图图标 右侧向下箭头中的 图标，光标下方出现十字形符号；在合适的位置单击确定圆形的中心点位置，如图 3-50（a）所示；向外侧拖动光标，在适当位置处单击以确定圆形的半径，如图 3-50（b）所示。此时仍处于绘制圆形的状态，用户可继续放置。单击鼠标右键或按 Esc 键，退出绘制圆形状态。

(a) 确定圆形中心点位置　　　　　(b) 确定圆形半径

图 3-50　绘制圆形

（5）设置圆弧形和圆形属性。双击放置好的圆弧形和圆形，或在选择放置圆弧形和圆形命令后且单击之前按 Tab 键，都会弹出如图 3-51 所示的"圆弧"对话框，其中主要选项及功能如下：

◆ "半径"选项：用于设置圆弧和圆的半径。
◆ "宽"选项：用于设置圆弧和圆的宽度。

项目3 设计印制电路板

- "起始角"选项：用于设置圆弧的起始角度。
- "结束角"选项：用于设置圆弧的终止角度。
- "中心 X/Y"选项：用于设置圆弧和圆的圆心位置。
- "层"选项：用于设置圆弧和圆所在的工作层。
- "网络"选项：用于设置圆弧和圆所要连接的网络名称。
- "禁止布线区"复选框：选中此项后，当前圆弧和圆处在禁止布线层上。

7. 放置矩形填充

在印制电路板的外露覆铜区中放置矩形填充，可增强系统的抗干扰性。它通常放置在信号层、内部电源层或接地层，并与电源或地网络连接以起到导线和加固焊盘的作用。具体操作方法如下：

（1）放置矩形填充操作。执行菜单命令"放置"→"矩形填充"，或者在配线工具栏中单击 图标，此时光标下方出现十字形符号，移动光标并在合适的位置处单击，以确定填充的左上角坐标。向右下方拖动光标，到合适的位置单击，以确定填充的右下角坐标。此时仍处于放置填充状态，用户还可以连续放置多个填充。单击鼠标右键或按 Esc 键，可退出放置填充状态。

（2）设置矩形填充属性。双击放置好的填充，或在选择放置矩形填充命令后且单击之前按 Tab 键，都会弹出如图 3-52 所示的"矩形填充"对话框，其中主要选项及功能如下：

图 3-51 "圆弧"对话框

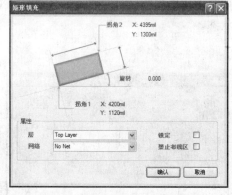
图 3-52 "矩形填充"对话框

- "旋转"选项：用于设置矩形填充的旋转角度。
- "拐角 1 X/Y"选项：用于设置矩形填充的左下角坐标。
- "拐角 2 X/Y"选项：用于设置矩形填充的右上角坐标。
- "属性"选项区："层"选项用于设置矩形填充所在的板层；"网络"选项用于设置矩形填充所连接的网络；"禁止布线区"复选框用于设置是否将填充进行屏蔽。

8. 放置铜区域

铜区域与矩形填充的作用是一致的，只是铜区域可以是多边的不规则形状。具体操作方法如下：

（1）放置铜区域操作。执行菜单命令"放置"→"铜区域"，或者在配线工具栏中单击 图标，此时光标下方出现十字形符号；移动光标并在合适的位置处单击，确定区域第一个顶点；移动光标，在合适位置处单击，确定区域第二个顶点；用同样的方法确定多边形区域的第三个顶点，则会生成由这 3 个顶点围成的多边形区域。用同样的方法再确定几个多边形顶点后，就会出现由这些顶点围成的多边形覆铜区域。此时仍处于放置铜区域状态，用户还可以连续放置多个铜区域。单击鼠标右键或按 Esc 键，可退出放置铜区域状态。

（2）设置铜区域属性。双击放置好的铜区域，或在选择放置铜区域命令后且单击之前按 Tab 键，都会弹出如图 3-53 所示的"区域"对话框，其中主要选项及功能如下：

- "层"选项：用于设置铜区域所在的工作层。
- "网络"选项：用于设置铜区域所连接的网络。
- "切块"复选框：用于设置铜区域为空心。

9. 放置覆铜平面

大面积的多边形覆铜平面与电源层或接地层相接，可以在很大程度上提高系统的抗干扰性能。具体操作方法如下：

（1）放置覆铜平面操作。执行菜单命令"放置"→"覆铜平面"，或者在配线工具栏中单击 图标，都会弹出如图 3-54 所示的"覆铜"对话框。设置好对话框中属性后，此时光标下方出现十字形符号，移动光标并在合适的位置处单击，确定平面起点；移动光标并在合适位置处单击，确定区域的一个中间点；用同样的方法确定多边形区域的多个中间点；最后单击起点位置，使其成为一个封闭平面，结束此次的放置覆铜平面操作。此时仍处于放置覆铜平面状态，用户还可以连续放置多个覆铜平面。单击鼠标右键或按 Esc 键，可退出放置覆铜平面状态。

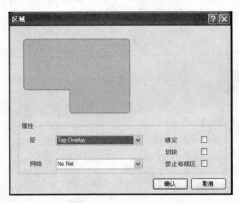

图 3-53 "区域"对话框

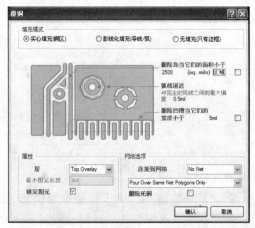

图 3-54 "覆铜"对话框

（2）设置覆铜平面属性。双击放置好的覆铜平面，或在选择放置覆铜平面命令后且单击之前按 Tab 键，都会弹出如图 3-54 所示的对话框，其中主要选项及功能如下：

- "填充模式"选项区：用于设置填充的 3 种模式，它们分别是实心填充（铜区）、影线化填充（导线/弧）、无填充（只有边框）。
- "删除岛"选项：用于设置移除覆铜平面的面积小于指定面积的多边形岛时，将覆铜平面删除。
- "弧线逼近"选项：用于设置包围焊盘或过孔的多边形圆弧的精度。

项目3 设计印制电路板

- ◆ "删除凹槽"选项：用于设置当覆铜平面的宽度小于设定的最小宽度值时，将其删除。系统默认的宽度值是 5mil。
- ◆ "层"选项：用于设置覆铜平面所在的工作层。
- ◆ "最小图元长度"选项：用于设置覆铜平面的最小允许的推挤尺寸，此值设定得越大，则推挤的速度越快。
- ◆ "锁定图元"选项：用于锁定当前覆铜平面的导线，将其作为一个对象来操作。选中此项后，覆铜操作就不会影响到原来的布线。
- ◆ "连接到网络"选项：用于设置覆铜平面所连接的网络。
- ◆ 覆盖相同网络的模式：Pour Over All Same Net Objects 选项功能是将位于覆铜平面内部的导线被此多边形平面覆盖；Pour Over Same Net Polygons Only 选项功能是将位于相同网络内的覆铜平面中的其他覆铜平面被此覆铜平面覆盖；Don't Pour Over Same Net Objects 选项功能是包围相同网络中已有的导线或覆铜平面，而不进行覆盖。
- ◆ "删除死铜"选项：用于删除覆铜平面内部的死铜区域。

影线化填充模式的覆铜对话框如图 3-55 所示，在此增加了"导线宽度"、"网格尺寸"、"围绕焊盘的形状"和"影化线填充模式"4 个选项功能；无填充模式的覆铜对话框如图 3-56 所示，在此增加了"导线宽度"、"网格尺寸"、"围绕焊盘的形状"3 个选项功能。

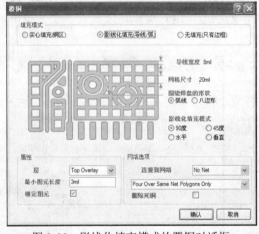

图 3-55　影线化填充模式的覆铜对话框

图 3-56　无填充模式的覆铜对话框

10．分割覆铜平面

此命令用于分割已绘制好的覆铜平面，具体操作方法如下：

（1）先绘制如图 3-57 所示的覆铜平面，执行菜单命令"放置"→"分割覆铜平面"，光标下方出现十字形符号，根据需要在当前多边形覆铜区域上绘制出分割线。

（2）单击鼠标右键结束绘制操作，弹出如图 3-58 所示的确认对话框，单击"Yes"按钮。系统又弹出如图 3-59 所示的重绘覆铜区域确认对话框，单击"Yes"按钮，分割后的多边形覆铜区域如图 3-60 所示。

11．放置字符串

在设计印制电路板文件上放置字符串，用于对相应的元件封装和图形进行说明。具体操作方法如下：

图 3-57 覆铜平面

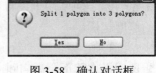

图 3-58 确认对话框

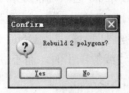

图 3-59 重绘覆铜区域确认对话框

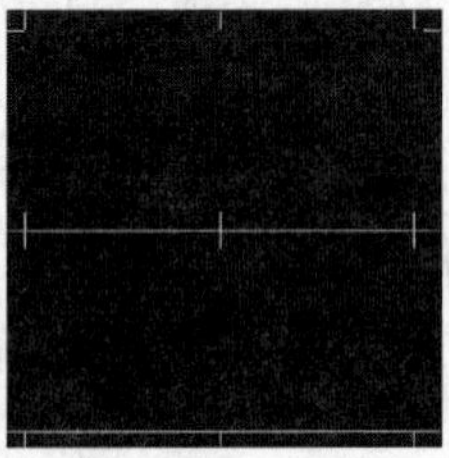

图 3-60 分割后的多边形覆铜区域

（1）放置字符串操作。执行菜单命令"放置"→"字符串"，或者在配线工具栏中单击 A 图标，此时光标下方出现十字形符号和字符串符号，移动光标并在合适的位置处单击，以确定当前字符串的放置位置。此时仍处于放置字符串的状态，用户可以连续放置多个字符串。单击鼠标右键或按 Esc 键，退出放置字符串状态。

（2）设置字符串属性。双击放置好的字符串，或在选择放置字符串命令后且单击之前按 Tab 键，都会弹出如图 3-61 所示的"字符串"对话框，在此可以设置字符串的高度、宽度、旋转角度、内容、所在工作层和字体格式等信息。

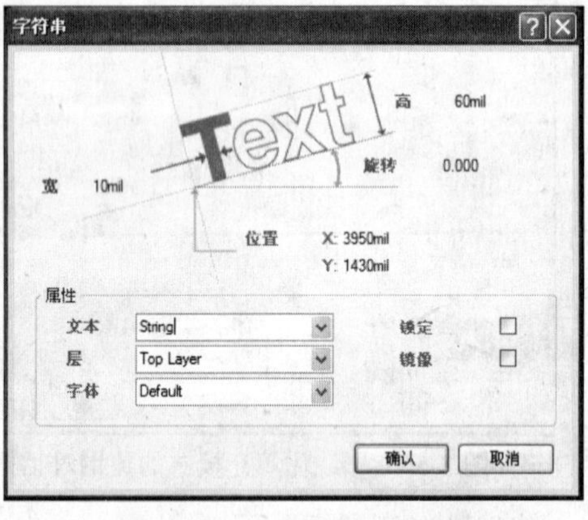

12. 放置直线

直线与交互式布线的区别是：无论当前处于哪个工作层，使用交互式布线时系统会自动切换到信号层中；而当使用直线时，系统就只在当前工作层中放置直线，如果当前处于信号层则直线变为导线，如果当前不处于信号层，则当前直线

图 3-61 "字符串"对话框

只作为一个图形对象存在而不具备电气特性。具体操作方法如下：

（1）放置直线操作。执行菜单命令"放置"→"直线"，或单击实用工具栏中 图标右侧箭头下的 图标，此时光标下方出现十字形符号，移动光标并在合适的位置处单击，以确定当前直线的起点位置；拖动光标至合适位置处，再单击一次以确定直线的第二个顶点；使用同样的方法，可以绘制形状多样的直线；单击鼠标右键，可以结束当前直线的绘制。此时仍处于放置直线的状态，用户可以连续放置多条直线。单击鼠标右键或按 Esc 键，退出放置直线状态。

（2）设置直线属性。双击放置好的字符串，或在选择放置字符串命令后且单击之前按 Tab 键，都会弹出如图 3-62 所示的"导线"对话框，在此可以设置直线的开始与结束位置、宽度、工作层、网络等信息。

项目3 设计印制电路板

13. 放置坐标

坐标可以在电路板设计过程中实现精确定位,起到辅助设计的作用。具体操作方法如下:

(1)放置坐标操作。执行菜单命令"放置"→"坐标",或单击实用工具栏中 图标右侧箭头下的 图标,此时光标下方出现十字形符号和坐标符号;移动光标并在合适的位置处单击,以确定当前坐标的位置;此时仍处于放置坐标状态,用户还可以继续放置坐标。单击鼠标右键或按 Esc 键,即可退出放置坐标状态。

(2)设置坐标属性。双击放置好的坐标,或在选择放置坐标命令后且单击之前按 Tab 键,都会弹出如图 3-63 所示的"坐标"对话框,在其中可以设置当前坐标字符的线宽、高度、精确位置、所在工作层、坐标字符格式等信息。

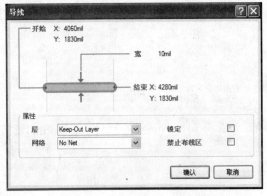
图 3-62 "导线"对话框

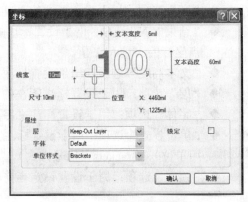
图 3-63 "坐标"对话框

14. 放置尺寸标注

在印制电路板中放置尺寸标注,可以使电路板外形尺寸更精确、更易读,也可用于后期的印制电路板检查和制作,具体操作方法如下:

(1)放置尺寸标注操作。执行菜单命令"放置"→"尺寸",弹出如图 3-64 所示的下拉菜单;或单击实用工具栏中的 图标右侧的向下箭头,弹出如图 3-65 所示的标注下拉菜单,其中包括了线性尺寸、圆弧尺寸、角度尺寸、半径尺寸和直径尺寸等,用户可根据实际需要,灵活地进行选择。如果需要放置标准尺寸标注,可以单击图标 或配线工具栏中图标 右侧的下拉箭头并从弹出的下拉菜单中单击 图标。此时光标下方出现十字形符号和标注符号,移动光标并在合适的位置处单击,确定标注的起点位置;向任意方向拉动光标,在适当位置单击,确定标注的终点位置。此时还可以继续单击,放置多个标注。单击鼠标右键或按 Esc 键,退出放置标注状态。

图 3-64 放置尺寸标注的下拉菜单

图 3-65 标注图标的下拉菜单

(2) 设置标注属性。在放置标注状态下按 Tab 键，或者双击已放置的标注，弹出如图 3-66 所示的"尺寸标注"对话框，其中主要选项的功能如下：

- "开始 X/Y"选项：用于设置标注的起始点坐标的 X 值和 Y 值。
- "线宽"选项：用于设置标注的线宽。
- "文本宽度"选项：用于设置标注文字的宽度。
- "高"选项：用于设置标注的高度。
- "结束 X/Y"选项：用于设置标注的终点坐标的 X 值和 Y 值。
- "文本高度"选项：用于设置标注文字的高度。
- "层"选项：用于设置标注所在的工作层。
- "字体"选项：用于设置标注文字所用的字体。
- "单位样式"选项：用于设置标注文字的单位，分别是 None（无单位）、Normal（常用单位）、Brackets（括号方式）。
- "锁定"选项：用于设置锁定当前标注位置。

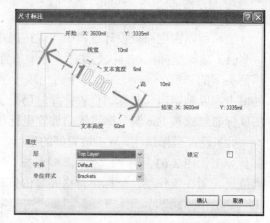

图 3-66 "尺寸标注"对话框

15．设置初始原点

在规划印制电路板外形和尺寸时，需要重新设置一个初始原点以方便用户确定坐标值。执行菜单命令"编辑"→"原点"→"设定"，或单击实用工具栏中的 图标右侧的下拉菜单中的 图标，此时光标下方出现十字形符号，在需要设为原点处单击即可。如果需要恢复上次坐标原点位置，只要执行菜单命令"编辑"→"原点"→"重置"即可。

16．设置对齐方式

印制电路板中对象的对齐方式与原理图中对象的对齐操作方法基本一致。具体操作方法如下：

（1）使用菜单操作。执行菜单命令"编辑"→"排列"，弹出如图 3-67 所示的下拉菜单，其中包括了多种方式的对象排列命令。执行下拉菜单中的"排列…"命令，会弹出如图 3-68 所示的"排列对象"对话框，其中选项功能与原理图中相应对话框功能相同；执行下拉菜单中的"定位元件文本位置…"命令，会弹出如图 3-69 所示的"元件文本位置"对话框，用户在此对话框中可以设置元件与元件文本位置的排列方式，还可以直接手动调整元件文本位置。

（2）使用实用工具栏操作。单击实用工具栏中的对齐图标 右侧的向下箭头，其中各个图标功能如图 3-70 所示。

17．设置泪滴选项

在印制电路板上进行的补泪滴操作是在指定的焊盘与导线之间用铜膜布置一个过渡区，这个铜膜过渡区很像泪滴形状，因此称为补泪滴。通过补泪滴操作的导线与焊盘之间可以更加坚固，泪滴焊盘和过孔的形状通常被定义为弧形或线形。具体操作方法如下：

项目3 设计印制电路板

图 3-67 "排列"命令的子菜单

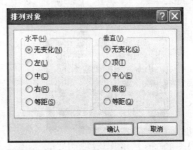

图 3-68 "排列对象"对话框

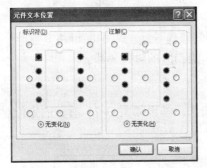

图 3-69 "元件文本位置"对话框

图 3-70 实用工具栏的排列功能图标

（1）执行菜单命令"工具"→"泪滴焊盘"，弹出如图 3-71 所示的"泪滴选项"对话框，其中选项及功能如下。

- "一般"选项区：补泪滴操作范围设置，包括"全部焊盘"、"全部过孔"、"只有选定的对象"、"强制点泪滴"和"建立报告"。
- "行为"选项区：用于设置补泪滴操作行为，包括"追加"和"删除"。
- "泪滴方式"选项区：用于设置补泪滴的形状，包括"圆弧"和"导线"。

（2）单击"确认"按钮后，补泪滴后的对象形状如图 3-72 所示。

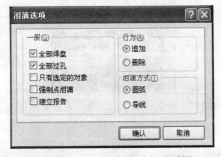

图 3-71 "泪滴选项"对话框

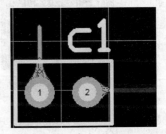

图 3-72 补泪滴后的对象形状

18．设置包地

包地是电路板设计中常用的抗干扰措施之一，形式上是用接地的导线将选中网络包住，实际上是用接地屏蔽的方法来抵抗外界干扰。具体操作方法如下：

(1) 选中需要设置为包地的网络或导线。执行菜单命令"编辑"→"选择"→"连接的铜"，也可单击需要选中的网络包地的导线或网络，如图 3-73 所示。

(2) 放置包地导线。执行菜单命令"工具"→"生成选定对象的包络线"，系统自动对选中的网络或导线进行包地操作，如图 3-74 所示。

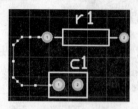
图 3-73　选中包地的导线

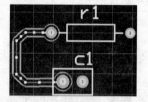
图 3-74　包地操作后的导线

(3) 删除包地导线。当不需要包地导线时，可以执行菜单命令"编辑"→"选择"→"连接的铜"，光标下方出现十字形符号，在需要删除的包地导线上单击即可将其删除。或者直接选中需要删除的包地导线，再按 Delete 键即可删除相应的包地导线。

19. 定位显示选中对象

单击实用工具栏中的定位图标 右侧的向下箭头，弹出如图 3-75 所示的定位对象图标及下拉图标，它实现定位到指定对象的功能。具体操作方法如下。

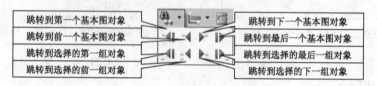
图 3-75　定位对象图标及下拉图标

例如，在当前印制电路板文件中选择几个不相邻的对象，如图 3-76 所示；单击图 3-75 中的 图标即将当前窗口定位到第一个基本图元对象的位置上，此时当前窗口如图 3-77 所示。此项功能也可以实现其他类型的对象定位功能，用户可以自己体验每一个图标的不同功能。

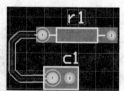
图 3-76　先后选中两个对象

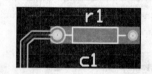
图 3-77　定位到第一个基本图元对象的位置

20. 设置网格选项

单击实用工具栏中的设置网格图标 右侧的向下箭头，弹出如图 3-78 所示的下拉菜单。在此菜单中可以方便地实现可视网格的切换、电气网格的切换、可视网格间距的选择、捕获网格间距的选择等设置操作。

项目3 设计印制电路板

21. 印制电路板文件的快捷菜单

前面介绍的 Protel 软件中的印制电路板交互式布线操作、设置捕获网格操作、窗口视图操作、设置电路板文件参数操作、设置电路板层和颜色操作、设置层堆栈管理器操作、查看操作等,除了可以使用前面介绍的方法实现外,都还可以使用印制电路板文件中的快捷菜单来实现。除了这些功能,快捷菜单还可以实现将在后面介绍的设置布线设计规则操作、添加网格操作、添加元件类等操作。

在印制电路板文件的空白处单击鼠标右键,弹出如图 3-79 所示的印制电路板文件的快捷菜单,其中对应选项的操作方法与前面介绍过的对应的操作方法一致。

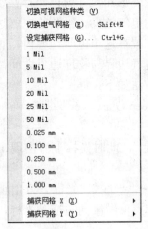   

图 3-78 设置网格图标的下拉菜单   图 3-79 印制电路板文件的快捷菜单

22. 使用快捷菜单查询对象

单击印制电路板文件快捷菜单中的"建立查询"选项,弹出如图 3-80 所示的"Building Query from Board"对话框。例如,在"条件类型/算子"选项区中设置新建表达式的类型,选择 Belongs to Component(属于元件);在"条件值"选项区中选择与左侧表达式相对应的值"c1",此时在右侧的"查询预览"选项区中出现"InComponent('c1')";单击"确认"按钮,印制电路板文件当前窗口以高亮模式显示元件 c1,同时弹出如图 3-81 所示的导航对话框。单击印制电路板文件右下角的"清除"按钮,则清除高度显示模式。

   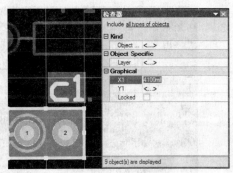

图 3-80 "Building Query from Board"对话框   图 3-81 导航对话框

3.2.6 规划电路板

规划电路板就是设计电路板边界形状和尺寸，首先应该考虑产品的实际需求和电子元件尺寸与数量；其次还需要考虑成本价格等因素，由这些综合因素来确定用户所设计的电路板外形和尺寸。实际上，在软件中规划电路板的操作就是为其绘制电路板外形（物理边界）和电气边界的过程，通常由两种方法实现：一是手动绘制电路板外形和电气边界；二是利用新建印制电路板文件向导来操作。

1．手动规划电路板

使用菜单新建一个印制电路板文件后，其电路板外形和尺寸就已经存在了，需要用户根据实际情况进行修改。首先，需要规划当前电路板的电气边界。绘制的电气边界需要在禁止布线层上完成，之后导入的元件封装和网络必须被放置在这个电气边界内，否则无电气连接特性。其次，需要绘制电路板的物理边界，但要在电气边界与物理边界之间留一定距离，以便不破坏印制电路板及方便电路板安装。具体操作方法如下：

（1）在当前电路板文件中单击工作区下方的"Keep Out Layer"（禁止布线层）工作层标签，使其成为当前工作层。

（2）执行菜单命令"编辑"→"原点"→"设定"，此时光标下方出现十字形符号，在合适的位置处单击，即可重新确定当前电路板的原点。

（3）执行菜单命令"放置"→"禁止布线区"→"导线"，光标下方出现十字形符号，再拖动光标到合适的位置处单击，确定电气边界的起点。继续向右拖动光标，在合适的位置单击确定电气边界的第二个顶点，如图 3-82 所示。

> 提示：在菜单"放置"→"禁止布线区"下方，除了可以放置导线外，还可以放置圆弧、圆、弧线等不规则的电路板边界线，用户可以根据实际情况进行选择。
>
> 如果用户需要精确设定电路板边界各个顶点的位置，则当拖动光标在顶点位置附近时，可观察电路板左下角状态栏中的光标坐标，根据其提示的坐标值来精确定位电路板的各个顶点位置。

（4）向上拖动光标至合适的位置处单击，确定当前电路板电气边界的第三个顶点，如图 3-83 所示。

图 3-82　绘制电路板的电气边界一

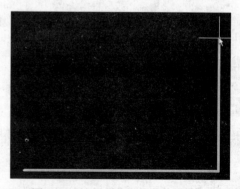
图 3-83　绘制电路板的电气边界二

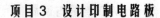

项目3 设计印制电路板

（5）向左拖动光标至合适的位置处单击，确定当前电路板电气边界的第四个顶点，如图 3-84 所示。

（6）向下拖动光标至与起点重合处单击，使电路板的电气边界是一个闭合的区域，如图 3-85 所示。

图 3-84 绘制电路板的电气边界三　　　　图 3-85 绘制电路板的电气边界四

（7）在绘制电气边界的过程中，随时按 Tab 键，会弹出如图 3-86 所示的"线约束"对话框，用户可以在此直接设置边界线宽度和所在的工作层。双击绘制好的电气边界线，弹出如图 3-87 所示的"导线"对话框，在此可以设置边界线所在层、线宽、精确位置、连接网络等选项。

 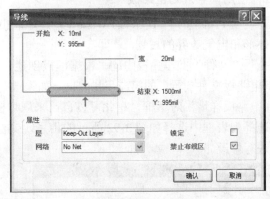

图 3-86 "线约束"对话框　　　　图 3-87 "导线"对话框

（8）绘制物理边界。执行菜单命令"设计"→"PCB 板形状"→"重新定义 PCB 板形状"，此时电路板上方被绿色区域覆盖且光标下方出现十字形符号，在距离电气边界外约 50mil 距离处，绘制如图 3-88 所示的物理边界。单击后，印制电路板大小即与绘制的电路板的物理边界一致。

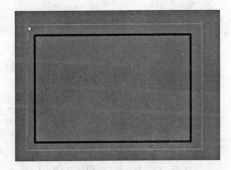

图 3-88 绘制电路板的物理边界

> 提示：一般情况下，系统默认电路板实际外形尺寸要比电气边界范围至少宽 50mil。但用户可以根据实际情况，适当地增大电路板的实际外形尺寸。

145

另外，在菜单"设计"→"PCB板形状"下，还有可以改变印制电路板形状的命令，如"移动PCB板"、"移动PCB板形状"、"根据选定的元件定义"等，这些都可以通过不同的方法来改变印制电路板的形状。例如，执行子菜单"移动PCB板"，PCB被绿色区域覆盖且光标下方出现十字形符号，在印制电路板边界的十字形符号处单击，同时拖动光标，如图3-89所示，即可通过拖动这样的十字形符号的拐点来改变印制电路板外形，改变后的印制电路板外形如图3-90所示。

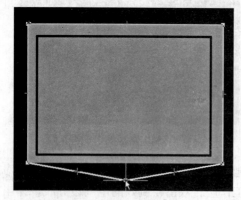
图3-89 移动印制电路板

图3-90 移动印制电路板后的PCB形状

2. 使用向导规划电路板

在使用Protel的PCB Board Wizard新建印制电路板文件的操作过程中，也可以实现对电路板外形和电气边界的规划。

执行"文件"操作面板中的"根据模板创建"选项区中的PCB Board Wizard选项，进行"印制电路板文件向导"的第二步操作时，如果选择Custom选项，就会弹出如图3-91所示的"选择电路板详情"对话框，在此可以自己来规划板子外形；如果不选择Custom选项，还可以从选择列表框中选择如图3-92所示的由系统提供的成形的电路板外形，用户也可以在此基础上进行修改。

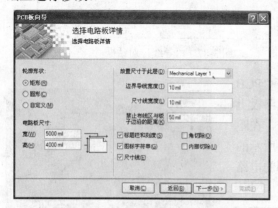
图3-91 "选择电路板详情"对话框

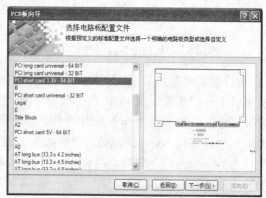
图3-92 选择电路板外形

3.2.7 导入工程变化订单

在向印制电路板文件中导入工程变化订单之前，需要在当前印制电路板项目中准备好原

项目 3　设计印制电路板

理图的网络表文件和印制电路板文件,并将当前印制电路板文件中所需元件封装所在的元件库加载到当前项目中。这样,在导入工程变化订单时才不会丢失元件封装和出现错误提示。

导入工程变化订单的过程就是将对应的原理图中的元件信息和网络连接加载到当前印制电路板项目中的印制电路板文件中,这个过程是设计印制电路板文件关键的一步。

1. 编译当前项目文件

编译当前项目文件是为了检查原理图文件和其他相关文件中是否有错误,以便将其修改过来。打开原理图文件,执行菜单命令"项目管理"→"Compile PCB Project PCB_Project1.PRJPCB",如果系统弹出了"错误信息"对话框,说明当前项目文件中有错误,用户需要将错误修改过来;如果系统没有弹出"错误信息"对话框,说明当前项目文件中无错误,可以继续下一步操作。

2. 导入工程变化订单

切换至原理图文件中,执行菜单命令"设计"→"Update PCB Document PCB1.PcbDoc",弹出"工程改变顺序"对话框,单击此对话框中左侧的折叠/展开按钮,将此对话框中的"行为"栏目的 4 个选项折叠,如图 3-93 所示。在"行为"栏目中的 4 个选项功能分别是:添加元件类成员、添加元件、添加网络、添加房间,即将原理图中相关信息分类并将其导入到相应印制电路板文件中。如果分别展开各个选项,则其中内容分别如图 3-94~图 3-97 所示。

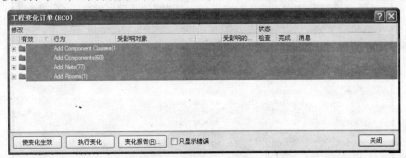

图 3-93　折叠"行为"栏目后的"工程变化订单"对话框

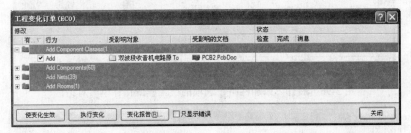

图 3-94　展开"添加元件类成员"选项的"工程变化订单"对话框

导入工程变化订单的具体操作方法如下:

(1)单击图 3-97 中的"使变化生效"按钮,执行检查导入的元件信息和网络信息是否有错误操作,完成此操作时对话框内容如图 3-98 所示。当"检查"选项中都是 ✓ 图形,则说明导入的信息无误;如果此列中有 ✗ 图形,则说明此图形左侧的对象有错误信息,用户应该回到原理图中修改至无误。将修改后的项目文件重新编译之后,再执行导入工程变化订单操作。

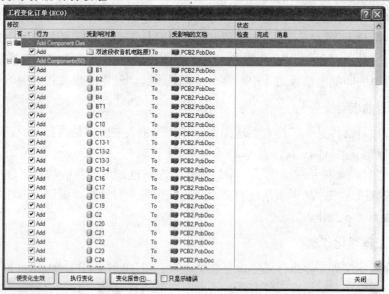

图 3-95 展开"添加元件"选项的"工程变化订单"对话框

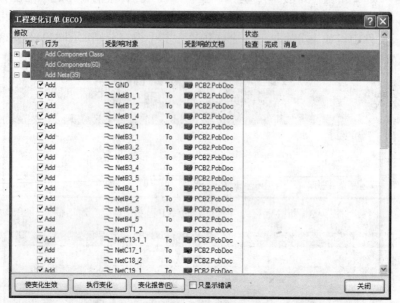

图 3-96 展开"添加网络"选项的"工程变化订单"对话框

图 3-97 展开"添加房间"选项的"工程变化订单"对话框

项目3 设计印制电路板

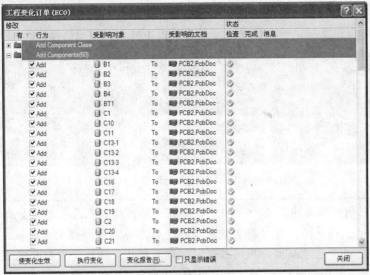

图3-98 检查工程变化顺序的"工程变化订单"对话框

> **提示**：在此进行的检查，主要检查导入的元件信息和网络信息是否有误。对原理图文件进行编译操作，有时并不能检查出原理图文件中存在的所有错误，通过这一步操作，可以提示用户原理图中仍存在的错误，以便于用户进行修改。

（2）单击图3-98中的"执行变化"按钮，完成向当前印制电路板文件中导入元件封装和网络信息的操作，结果如图3-99所示，即将元件封装和网络节点添加到当前印制电路板文件中。当"完成"选项中都是 ◎ 图形时，当前工程变化无误。如果此列中有 ⊗ 图形，则说明此图形左侧对应的操作有误，用户应该回到原理图修改至无误。然后重新编译当前项目文件，再执行导入工程变化订单操作。

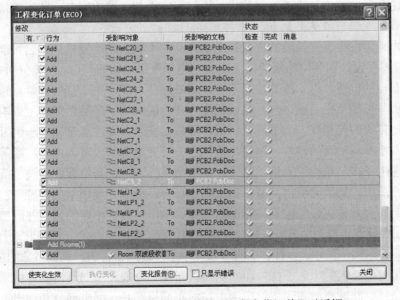

图3-99 执行工程变化订单的"工程变化订单"对话框

149

(3) 单击图 3-99 中的"关闭"按钮,关闭当前对话框,则系统自动回到当前印制电路板文件中,被导入的网络与元件封装显示在当前电路板外形右外侧边缘,如图 3-100 所示。

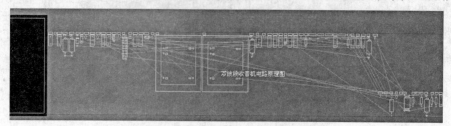

图 3-100　导入网络和元件的电路板文件

> **提示**: 如果当前项目中不止一个印制电路板文件,那么在此菜单中会有与印制电路板文件数目相同的上述菜单,可以将当前原理图中信息导入多个印制电路板文件中。
> 　　在印制电路板中也可以执行导入工程变化订单操作。即打开印制电路板文件,执行菜单命令"设计"→"Import Changes From PCB1.PcbDoc",后续的操作过程与在原理图中向印制电路板文件中导入工程变化订单一致。

3.2.8　电路板元件布局

在有限面积的电路板上合理地进行元件封装的布局操作,是印制电路板设计成功的重要一步。元件布局并不是随意地将元件封装放在电路板上就可以了,而是要遵循一定的布局原则进行布局操作,否则设计出来的印制电路板就容易出现各种干扰,从而使制作出来的印制电路板不能正常工作,导致整机技术指标下降,从而无法实现其产品功能。根据平时的布局经验,一般进行电路板布局需要遵循如下原则:

(1) 尽量按照信号流的走向布局。按照电路图中电信号的流向,逐个依次安排各个功能电路模块,使布局便于信号流通,并使信号流尽可能保持一致的方向。在多数情况下,信号的流向安排成从左到右或从上到下。

(2) 优先确定特殊元件封装的位置。电子产品的干扰问题比较复杂,它可能由多种因素引起。所以在着手设计印制电路板的板面来决定电子产品电路布局时,应先分析电路原理图,确定特殊元器件的位置,再安排其他元器件,尽量避免可能产生干扰的因素。通常所指的特殊元器件是那些可能从电、磁、热、机械强度等几方面对电子产品性能产生影响或者根据操作要求而固定位置的元器件。为了保证调试和维修的安全,要注意带高电压的元器件尽量布置在操作时人手不易触及的地方。例如,电位器、可变电容器或可调电感线圈等调节元件的布局,要考虑电子产品结构的安排。首先,如果是机外调节,其位置要与调节旋钮在机箱面板上的位置相适应;如果是机内调节,则应当放在电路板上方便调节的位置。

(3) 确定其余元件封装的位置。与电路输入、输出端直接相连的元器件应当放在靠近输入、输出接插件或连接器的地方。以每个功能模块的核心元件为中心,围绕它进行布局。考虑到每个元器件的形状、尺寸、极性和引脚数目,以缩短连线为目的,调整对象的位置及方向。

(4) 防止对电路板的电磁干扰。印制电路板布线不合理和布局不恰当等因素,都可能引起电磁干扰。尽可能减小电磁干扰的印制电路板布局原则是:强电部分和弱电部分、输入级和输出级的元件应当尽量分开;直流电源引线较长时,要添加滤波元件,防止 50Hz 干扰;

扬声器、电磁铁等元件产生磁场的元件在布局时要注意减少磁力线对铜膜导线的切割；两个电感类元件的位置应当使它们的磁场方向相互垂直以减少彼此间的磁力线耦合；对干扰源进行磁屏蔽且屏蔽罩应良好接地；使用电缆直接传输信号时，电缆的屏蔽层应该一端接地；某些元器件或导线之间可能有较高电位差，所以应该加大它们之间的距离，以免放电、击穿引起意外短路；金属壳的元器件要避免相互触碰；相互可能产生影响或干扰的元器件，应当尽量分开或采取屏蔽措施；缩短高频部分元器件之间的连线，减小它们的分布参数和相互之间的电磁干扰。

（5）抑制对电路板的热干扰。电路长期工作引起温度升高，会影响元器件的工作状态及性能。例如，装在电路板上的发热元件应当布置在靠近外壳或通风较好的地方，以便利用机壳上开凿的通风孔散热；对于温度敏感的元器件，不宜放在热源附近或设备内的上部等，需要用户在设计电路板时提前加以设计。

在确定了元件封装的布局方案之后，就可以着手执行布局操作了。Protel 软件提供了强大的自动布局功能，它可以将印制电路板外侧的元件封装自动排列在电路板中，还可以将重叠的元件自动分开。但软件的自动布局功能并不能完全满足实际电路板的设计要求，几乎所有的电路板布局都需要手工调整，以使其电路板布局符合电路板布局原则和工艺要求。

1. 元件的自动布局

执行菜单命令"工具"→"放置元件"→"自动布局"，弹出如图 3-101 所示的"自动布局"对话框，用户可以在此对话框中设置自动布局的相关参数。在此提供了两种自动布局方式：分组布局和统计式布局。这两种方式使用了不同的计算和优化元器件位置的方法。

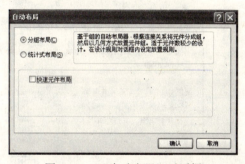

图 3-101 "自动布局"对话框

1）分组布局

这种布局方式将元件封装根据其自身的连接属性分为不同的元件组，并将这些元件封装按照一定规律进行布局。这种布局方式适合于元件封装数量较少（少于 100）时使用。

2）统计式布局

在图 3-101 中选择单选项"统计式布局"，则当前的对话框如图 3-102 所示。这种布局方式使用一种统计算法来放置元件封装，可使各个元件封装之间的连线长度最优化。当印制电路板中元器件超过 100 个时，应该使用统计式布局来对元器件进行自动布局操作。此对话框中各选项功能如下：

- "分组元件"复选框：用于将当前自动布局中连接密切的元件封装组成一组，即自动布局时将这些组件作为一个整体来考虑。
- "旋转元件"复选框：用于设置自动布局时，允许对组件进行旋转调整。
- "自动 PCB 更新"复选框：用于设置自动布局时，允许自动更新印制电路板图。
- "电源网络"文本框：用于设置电源网络名称。
- "接地网络"文本框：用于设置接地网络名称。
- "网格尺寸"文本框：用于设置网格尺寸。

3）停止自动布局

当自动布局结束后，系统会弹出布局结束对话框，单击"OK"按钮，结束自动布局。此时所有组件将布置在 PCB 内。在自动布局过程中，执行菜单命令"Tools"→"Component Placement"→"Stop Auto Placer"，则正在进行的自动布局操作将被终止。

2．手动调整元件布局

自动布局通常以寻找最短布线路径为目标，而其余因素几乎很少考虑到。因此，自动布局结果往往不理想。印制电路板文件中的元件封装虽然已布置好了，但元件封装的位置并不符合布局原则，也不够整齐，因此必须重新布局。这时就需要用户进行手动调整，手动布局调整操作实际上就是对元件封装进行重新排列、移动和旋转等操作，具体操作内容如下：

（1）选择对象。手动调整元件布局前，应该先选中相应元件封装对象。直接用光标单击元件封装即可选中，若同时按 Shift 键，即可选中多个不连续的元件封装。也可以执行菜单命令"编辑"→"选择"，弹出如图 3-103 所示的下拉子菜单，其中的命令及功能分别如下：

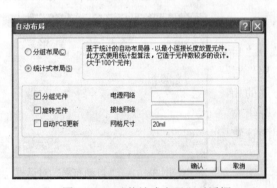

图 3-102　"统计式布局"对话框

图 3-103　"选择"菜单的子菜单命令

- ◆ "区域内对象"：用于选中虚线框内的元件对象。
- ◆ "区域外对象"：用于选中虚线框外部元件对象。
- ◆ "全部对象"：用于选中当前电路板中所有的元件对象。
- ◆ "板上全部对象"：用于选中当前电路板和板中所有的元件对象。
- ◆ "网络中对象"：用于选中指定网络的所有元件对象。
- ◆ "连接的铜"：当选中指定的导线或焊盘时，则与此导线或焊盘处于相同网络的所有元件对象都同时被选中。
- ◆ "物理连接"：用于选中导线和与导线相连接的所有元件对象。
- ◆ "元件连接"：用于选中元件对象和与元件对象相连接的所有对象。
- ◆ "元件网络"：用于选中焊盘和与此焊盘处于同一网络的所有元件对象。
- ◆ "Room 中的连接"：用于选中房间中的连接对象。
- ◆ "层上的全部对象"：用于选中当前层上所有的元件对象。
- ◆ "自由对象"：用于选中电路板中与线路不相连接的所有元件对象。
- ◆ "全部锁定对象"：用于选中所有锁定的元件对象。

项目3 设计印制电路板

◆ "离开网格的焊盘":用于选中电路板中所有自由的焊盘。

◆ "切换选择":用于逐个选取对象,使被选中对象构成一个组件整体。

(2)撤销选择对象。单击印制电路板文件中标准工具栏中的 图标,或者在印制电路板文件工作区的空白处单击,即可撤销所有被选择的元件对象。也可以执行菜单命令"编辑"→"取消选择",在弹出的下拉菜单命令中包括"取消区域内对象"、"取消区域外对象"、"全部对象"、"层上的全部对象"、"自由对象"和"切换选择"命令,用户可以选择相应的子菜单实现撤销选择操作。

(3)移动对象。单击印制电路板文件中标准工具栏中的 图标,光标下方出现十字形符号,光标指向被选中对象并拖动,即可同时移动所有被选中的元件对象。也可以执行菜单命令"编辑"→"移动",弹出如图3-104所示的下拉子菜单,其菜单命令及功能如下:

图3-104 "移动"菜单的子菜单命令

◆ "移动":移动对象命令。使用此命令前,不用先选中对象,只要移动光标到相应对象上方并单击,再拖动光标,即可实现移动相应对象操作。

◆ "拖动":移动对象命令。使用此命令前,不用先选中对象,也可以根据需要选择相应对象。执行此命令时,光标下方出现十字形符号,移动光标到相应对象上方并单击,其对象即可随光标一同移动。在适当位置处单击,确定对象移动到的目标位置。

◆ "元件":选中此命令后,可以在相应对象上单击后再移动光标,当光标移动至合适位置处再单击,即可移动当前的元件对象。

◆ "重布导线":用于将移动后的元件对象进行重新布线。

◆ "建立导线新端点":选中此命令后,光标下方出现十字形符号,在相应导线上单击并拖动,即可新建一个当前导线的拐点;在当前导线上多次单击,即可改变导线的走线方向和拐角个数。

◆ "拖动导线端点":用于以导线的端点为基准来移动导线位置。

◆ "移动选择":用于移动处于被选状态的所有元件对象,使用此命令前,必须先选中对象。

◆ "旋转选择对象":用于旋转被选中的所有对象,使用此命令前,必须先选中对象。

◆ "翻转选择对象":用于将选中对象进行水平翻转。

> 提示:在印制电路板上移动对象时,如果飞线太多则容易混淆视线,用户可以在移动对象的同时按"Ctrl+N"键,使飞线暂时消失。当对象移动到目标位置后,网络飞线会自动恢复。

(4)旋转对象。先选中需要旋转的元件对象,再执行菜单命令"编辑"→"移动"→"旋转选择对象",弹出如图3-105所示的"Rotation Angle"对话框,在此对话框中输入需要旋转的角度值。单击"确认"按钮,箭头光标下方出现十字形符号,在元件上方单击,这样被选中的元件对象以刚才单击处为中心点,并按照对话框中的角度值进行旋转。

图3-105 "Rotation Angle"对话框

153

电子 CAD 绘图与制版项目教程

> 提示：在英文输入法状态下，光标指向被旋转的元件对象并按住鼠标左键不放，同时按 Space 键，每按一次当前对象按逆时针方向旋转 90°；若此时按 X 键，则可以进行水平翻转；若此时按 Y 键，则可以进行垂直翻转。

（5）复制、剪切和粘贴对象。在印制电路板文件中进行元件对象的复制、剪切和粘贴，操作方法与在原理图中进行相同操作的方法基本一致。即先选中相应对象，再执行菜单命令"编辑"→"复制"，即可实现对象的复制操作；执行菜单命令"编辑"→"剪切"，即可实现对象的剪切操作；执行菜单命令"编辑"→"粘贴"，即可实现对象的粘贴操作。也可以分别单击标准工具栏中的 图标、 图标、 图标，分别实现元件对象的复制、剪切和粘贴操作。

（6）删除对象。先选中相应的对象，再执行菜单命令"编辑"，其中有两个删除对象操作命令，分别是"删除"和"清除"命令，这两个命令功能与原理图中相同菜单命令的功能相同。除了在印制电路板文件"编辑"菜单中的删除命令外，还有一些实用的删除导线命令，这些命令及功能如下：

- 删除导线：先选中需要删除的导线，再按 Delete 键，可以删除选中的导线。
- 删除导线段：执行菜单命令"编辑"→"选择"→"物理连接"，箭头光标下方出现十字形符号，在任意两个焊盘之间的一根导线段上单击以选中此段导线，再按"Ctrl+Delete"组合键即可将这两个焊盘间的导线删除。
- 删除相连的导线：执行菜单命令"编辑"→"选择"→"连接的铜"，箭头光标下方出现十字形符号，在任意一根导线上单击，即可选中所有与此导线相连接的其余导线，再按"Ctrl+Delete"组合键即可删除这些相连接的导线。
- 删除同一网络的所有导线：执行菜单命令"编辑"→"选择"→"网络"，箭头光标下方出现十字形符号，在相应网络上的任意一根导线上单击即选中此网络上所有的导线，再按"Ctrl+Delete"组合键即可删除当前网络中所有的导线。

（7）调整元件的文本信息。印制电路板文件上各个元件对象的标识符、注释等文本信息，在进行手动布局后的位置不理想也会影响整个印制电路板的布局效果。因此，在调整好元件布局后还要调整元件的文本信息的布局。首先，双击需要调整的元件的文本信息，弹出如图 3-106 所示的"标识符"对话框，在此对话框中可以设置当前元件对象文本信息的字体、文本、位置、格式等内容。

图 3-106 "标识符"对话框

3.2.9 添加网络连接

在对电路板中元件封装布局整理后，有时会出现缺少元件封装或元件封装不合理的情况。此时如果再回到原理图中进行修改，然后再重新执行导入工程变化订单操作，这样的重复性操作会降低电路板设计效率。此时，用户可以直接在印制电路板文件中添加需要的元件封装和相应的网络连接。

项目 3 设计印制电路板

1. 添加元件封装的网络连接

以图 3-107 中所示内容为例，将新添加的元件封装的 R-1 与 C24-1 相连、R-2 和 C24-2 相连，具体操作方法如下：

（1）在当前印制电路板文件中，执行菜单命令"设计"→"网络表"→"编辑网络"，弹出"网络表管理器"对话框。在"类中的网络"栏目中选择 R-1 所在的网络名称 NetC24_1，同时在"网络中引脚"栏目中出现当前网络中所有的网络连接，如图 3-108 所示。

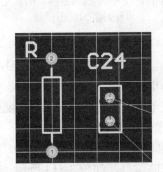

图 3-107 未添加网络连接的元件封装 R 的状态

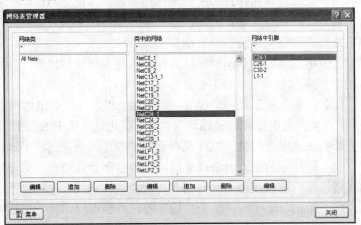

图 3-108 选中了 R-1 所在的网络 NetC24_1 的"网络表管理器"对话框

（2）单击图 3-108 中的"类中的网络"栏目下方的"编辑"按钮，弹出"编辑网络"对话框。在此对话框中的"其他网络中的引脚"栏目中选择 R-1，单击 | > | 按钮，使 R-1 出现在右侧的"网络中引脚"栏目中，说明 NetC24_1 网络已经包含了刚才添加的 R-1 焊盘，如图 3-109 所示。用同样的方法，将 R-2 焊盘添加到 C24-2 所在的网络 NetC24_2，添加结果如图 3-110 所示。

图 3-109 添加了 R-1 焊盘的网络 NetC24_1

图 3-110 添加了 R-2 焊盘的网络 NetC24_2

（3）单击"关闭"按钮，此时印制电路板中 R 元件封装的两个焊盘上多了两条表示网络连接的飞线，如图 3-111 所示。

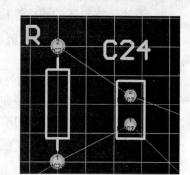

图 3-111 添加了网络连接后的 R 元件封装的状态

2. 添加网络焊盘

印制电路板通常都要向其边缘引出接地网络焊盘、电源网络焊盘或特殊元件封装所在的网络焊盘，以便于与产品中其他部件进行连接。因此，也需要添加网络连接。添加电路板的网络焊盘的操作方法如下：

（1）单击 Multi_Layer 工作层标签，将当前层切换为多层。

（2）在多层上放置一个焊盘，双击这个焊盘即可弹出如图 3-112 所示的"焊盘"对话框。

（3）如果需要添加的是接地焊盘，则在此对话框中的"网络"选项中选择接地网络 GND；如果需要添加电源焊盘，则在此对话框中的"网络"选项中选择电源网络 VCC。

（4）添加好的接地网络或电源网络焊盘上会自动出现与印制电路板文件中相应网络相连的飞线，用户可以使用系统自动布线功能进行布线，也可以手工布线。

（5）单击 Top Overlay 工作层标签，将当前层切换至顶层丝印层。使用配线工具栏中的图标，在网络焊盘附近放置一个字符串，将其作为焊盘的文本说明信息，如图 3-113 所示。

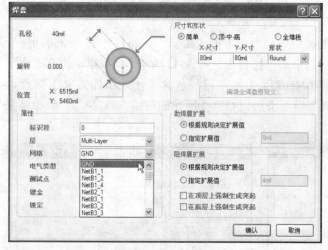

图 3-112 添加网络连接的"焊盘"对话框

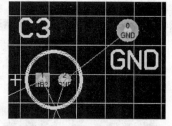

图 3-113 添加的接地网络焊盘

3.2.10 设置电路板设计规则

在印制电路板上对布局好的元件对象进行布线操作，需要遵循一定的布线原则，这样才可以使制作出来的电路板性能更稳定。根据经验丰富的 PCB 设计人员的总结，通常需要遵循的布线原则如下：

◆ 布线顺序原则。确定电路板中元件对象位置后，应该先布置信号线，再布置电源线和地线；电路板中不允许有交叉线路，可以用"钻"和"绕"的方法解决这种情况；根据元件对象的实际安装方式来设计布线；原理图中处于同一级电路的接地点应该

项目 3 设计印制电路板

尽量靠近，且此级电路中的电源滤波电容应在本级的接地点上；总地线应该按高频到中频再到低频的由弱电到强电的顺序排列，特别是变频头、调频头的接地线安排更要严格，高频电路经常使用大面积包地来保证屏蔽效果；强电流引线应尽量宽些，以减小寄生耦合产生的自激；阻抗高的走线应尽量短，阻抗低的走线应尽量长，避免电路性能不稳定；电位器的位置应根据整机结构及电路板布局的要求进行放置；IC 座要注意其定位槽的方位和各个 IC 脚位置的正确性；整机的进出接线端尽可能集中在某个侧面，不要过于分散；在不影响电路性能的前提下，布线时尽量合理走线，少用跳线，并力求直观，便于安装和检修。

◆ 导线宽度设计原则。电路板上连接焊盘的导线的宽度，与其承载的电流强度有很大的关系。一般导线的宽度可在 0.3～2.5mm 之间，对于集成电路的小信号线、数据线和地址线，导线的宽度可以选在 0.25～1mm 之间，但是为了保证导线在电路板上的抗剥离强度和工作可靠性，导线也不宜太细；如果电路板上的面积及导线密度允许，应当尽可能采用较宽的导线，特别是电源线、地线及大电流的信号线，更要适当加大宽度；若电路板上必须有跳线，要为跳线安排电路板上的位置、标注和焊盘，跳线长度一般不要超过 25mm。

◆ 导线的间距设计原则。导线间距的确定，应当考虑导线之间的电阻和击穿电压在最坏的工作条件下的要求；导线越短，间距越大，则绝缘电阻会按比例增加。根据设计者经验，导线的间距通常在 1～1.5mm 之间。

◆ 导线的走向与形状的设计原则。导线的走向不应有急剧的拐弯和尖角，拐角不得小于 90°；当在两个焊盘间走线时，应该使它们保持最大且相等的间距；导线间的距离也应该均匀地相等且保持间距最大；导线与焊盘的连接处的过渡要圆滑，避免出现小尖角。

◆ 导线的抗干扰和屏蔽原则。布线时将"交流地"和"直流地"分开，可以减少噪声通过地线产生的串扰；尽量使同级电路的几个接地点尽量集中，可以防止各级之间的互相干扰；电流线不要走平行大环形线，电源线与信号线不要靠得太近，并避免平行；不同回路的信号线，要尽量避免相互平行布线，双层板两面的铜膜导线走向要相互垂直，这样可减少导线之间的寄生耦合；将弱信号屏蔽起来，从而抑制其受到的干扰。

电路板布线需要遵循的原则体现在 Protel 软件中的印制电路板设计规则参数设置中，它体现了用户的设计思想，使印制电路板的设计可以按照用户的要求进行。进行印制电路板设计规则操作，需要执行菜单命令"设计"→"规则"，弹出如图 3-114 所示的"PCB 规则和约束编辑器"对话框，在此对话框中设置印制电路板设计参数。此对话框中左侧的 Design Rules 栏目包括 Electrical（电气规则）、Routing（布线规则）、SMT（表贴器件规则）、Mask（阻焊层规则）、Plane（内电层规则）、Testpoint（测试点规则）、Manufacturing（电路板制版规则）、High Speed（高速电路板规则）、Placement（元件布局规则）、Signal Integrity（信号完整性规则）。印制电路板设计规则中的系统默认值是对双层板布线的设置，如果用户设计的是双层板，大多数则都可以使用系统默认值。常用的印制电路板设计规则及设置方法如下：

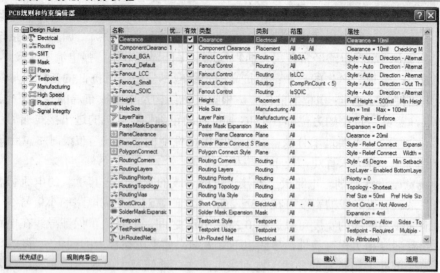

图 3-114 "PCB 规则和约束编辑器"对话框

1. Electrical（电气规则）设置

电气规则设置包括 Clearance（安全距离）设置、Short-Circuit（短路）设置、Un-Routed Net（未布线网络）设置、Un-Connected Pin（未连接引脚）设置，其中安全距离设置比较常用。

（1）Clearance（安全距离）设置。安全距离是指在布线之前定义的印制电路板中两个元件对象之间所允许的最小间距，双击"PCB 规则和约束编辑器"对话框右侧窗口中的 Clearance 选项，或单击左栏中 Clearance 选项下的 Clearance 规则名称，则当前窗口如图 3-115 所示。在 Clearance 选项上单击鼠标右键，在弹出的如图 3-116 所示的快捷菜单中选择"新建规则…"，则会在当前默认规则名称下方出现一个新建的 Clearance_1 规则，如图 3-117 所示。图 3-115 所示窗口中各选项及功能如下：

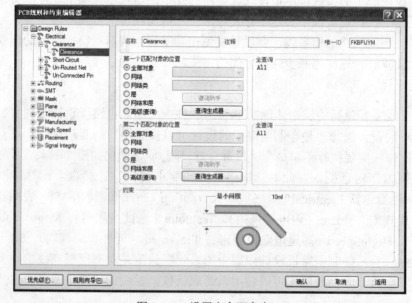

图 3-115 设置安全距离窗口

项目 3　设计印制电路板

图 3-116　PCB 设计规则的快捷菜单　　　图 3-117　新建的安全距离规则 Clearance_1

◆ "名称"选项：用于设置安全距离规则的名称，在此输入的新规则名称会出现在左侧的 Clearance 选项中。
◆ "第一个匹配对象的位置"选项：用于设置当前规则的适用范围，"全部对象"是指将当前规则应用于所有网络；"网络"是指将当前规则应用于所选定的网络；"网络类"是指将当前规则应用于网络分组；"层"是指将当前规则应用于指定工作层中的网络；"网络和层"是指将当前规则应用于指定的网络和指定的工作层；"高级（查询）"是指高级设置选项。
◆ "第二个匹配对象的位置"选项：用于设置当前规则的另外的适用范围，其中选项功能与"第一个匹配对象的位置"选项相同。
◆ "约束"选项：用于设置最小安全距离的值，系统默认值是 10mil。
◆ "优先级…"按钮。用户可以在 Protel 中的某一个设计规则中定义多个不同的规则，如果用户设置了两个以上的安全距离规则，则需要设置每个规则的优先权。单击图 3-115 中的"优先级…"按钮，弹出如图 3-118 所示的"编辑规则优先级"对话框。可以单击"增加优先级"按钮和"减小优先级"按钮来增加或减小当前规则的优先级值。规则的优先级值越大，则系统会越优先应用此规则。

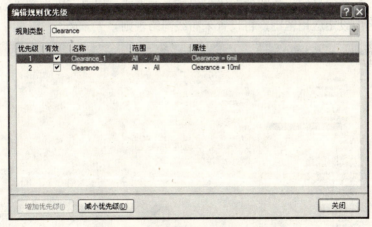

图 3-118　"编辑规则优先级"对话框

（2）Short-Circuit（短路规则）设置。单击"PCB 规则和约束编辑器"对话框左栏中 Short-Circuit 选项下的 Short-Circuit 规则名称，也可以使用印制电路板设计规则的快捷菜单来新建规则，都会出现如图 3-119 所示的设置短路规则窗口。此规则用于表示两个对象之间的连接关系，先在"第一个匹配对象的位置"选项区中设定应用范围，再设置短路规则。在系统默认的情况下，不允许存在短路。但如果选中"约束"选项中的"允许短回路"复选框，

159

则表示允许存在短路。用户需要先在"第一个匹配对象的位置"或"第二个匹配对象的位置"选项区中设定规则的应用范围,再根据实际情况来设置布线优先权。

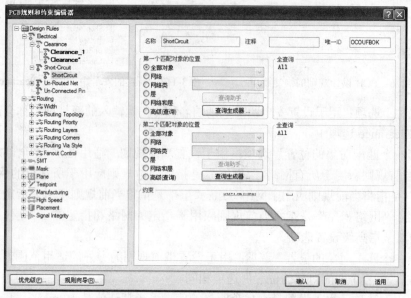

图 3-119　设置短路规则窗口

（3）Un-Routed Net（未布线网络规则）设置。单击"PCB 规则和约束编辑器"对话框左栏中 Un-Routed Net 选项下的 Un-Routed Net 规则名称,也可以使用印制电路板设计规则的快捷菜单新建规则,都会出现如图 3-120 所示的设置未布线网络规则窗口。此规则用于表示同一个网络之间的连接关系,用于检查指定范围内的网络是否布线成功。如果网络中的布线失败,则保留已布好线的导线,失败的布线将保持飞线形式。用户可以先在"第一个匹配对象的位置"选项区中设定应用范围,再设置未布线网络规则。

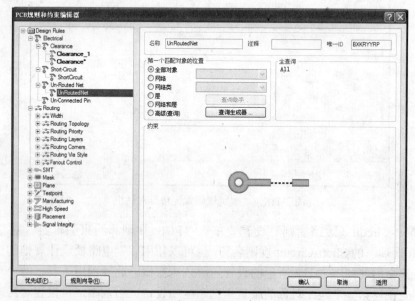

图 3-120　设置未布线网络规则窗口

项目3 设计印制电路板

2. Routing（布线规则）设置

单击"PCB 规则和约束编辑器"对话框左栏 Design Rules 中的 Routing 选项的展开按钮，在右边的窗口中就会显示相应的布线规则，如图 3-121 所示。其中包括的选项有：Width（布线宽度）、Routing Topolopy（布线拓扑结构）、Routing Priority（布线优先权）、Routing Layers（布线工作层）、Routing Corners（布线拐角模式）、Routing Via Style（布线过孔样式）和 Fanout Control（扇出控制）。在进行每个选项设置时，用户需要先在"第一个匹配对象的位置"选项区中设定规则的应用范围，再根据实际情况来设置布线规则。具体命令功能如下：

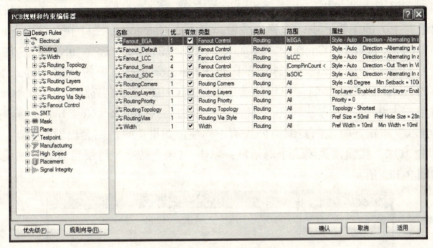

图 3-121 设置布线规则窗口

（1）Width（布线宽度）设置。用于设置布线时允许的导线宽度的最大值、最小值和优选值。单击"PCB 规则和约束编辑器"对话框左栏中 Width 选项下的规则名称，也可以使用印制电路板设计规则的快捷菜单新建规则，都会出现如图 3-122 所示的设置布线宽度窗口，此对话框中主要选项及功能如下：

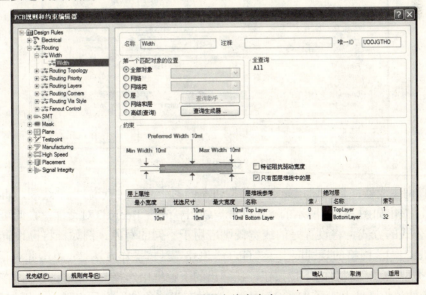

图 3-122 设置布线宽度窗口

- **Min Width** 选项：用于设置允许导线的最小线宽。
- **Max Width** 选项：用于设置允许导线的最大线宽。
- **Preferred Width** 选项：用于设置布线时的优选导线宽度，要求优选值必须在最大值和最小值的范围之内。
- "查询助手"按钮：当用户选中"高级（查询）"单选项时，此按钮变为黑色。单击此按钮，弹出如图 3-123 所示的"Query Helper"对话框，用户可以通过编辑公式将已设置好的布线规则应用于其他网络。例如，将已设置好的"NetC1_1"网络的线宽规则应用于"GND"网络，具体操作方法是：在此对话框中单击"Or"按钮，使其出现在上方的编辑区中；选择当前窗口左下方 Categories 栏目中的 PCB Functions 选项中的 Membership Checks，在其右侧栏目出现的选项中选择 InNet（），使其出现在上方的编辑区中，如图 3-123 所示；单击 Categories 栏目中的 PCB Object Lists 选项中的 Nets，从右侧栏目中出现的选项中选择 GND；单击当前窗口中的"Or"按钮，再用与上步相同的方法向公式编辑区中添加公式 InNet（NetC1_1）；单击"Check Syntax"按钮，验证当前编辑公式的正确性，如果正确，则会出现一个确认对话框，单击"OK"按钮，关闭这个对话框；单击"OK"按钮，结束当前公式的编辑，结果如图 3-124 所示。

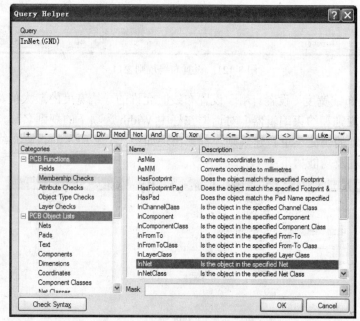

图 3-123 "Query Helper"对话框

- "查询生成器…"按钮：先选中此按钮左侧的"高级（查询）"单选项，再单击此按钮，弹出如图 3-125 所示的"Building Query from Board"对话框，在此可以通过设计公式的方式，将设置好的线宽规则应用于不同的对象。例如，将已设置好线宽的"NetC1_1"网络的规则应用于"GND"网络，具体操作方法是：单击此对话框中"条件类型/算子"栏目的下拉按钮，在弹出的下拉框中选择 Belongs to Net，在其右侧的"条件值"栏目中选择"VCC"网络；此时在当前条件下方又出现一个添加条件选项，

项目3 设计印制电路板

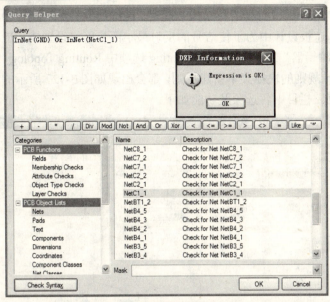

图 3-124 编辑好公式的"Query Helper"对话框

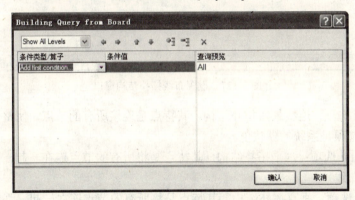

图 3-125 "Building Query from Board"对话框

同样选择 Belongs to Net,在其右侧的"条件值"栏目中选择"GND"网络;在这两个条件行之间的中间行中的连接符号上单击,在其下拉框中选择 OR;单击"确认"按钮,完成当前公式编辑,此时对话框如图 3-126 所示。

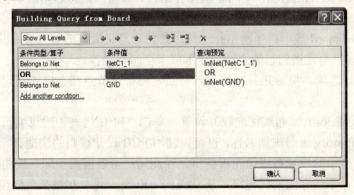

图 3-126 编辑好公式的"Building Query from Board"对话框

163

（2）Routing Topology（布线拓扑结构）设置。网络的拓扑结构是一种排列或引脚到引脚的连接模式，在高速板设计中为了使信号的反射最小而将网络设置成相应的拓扑结构。单击"PCB 规则和约束编辑器"对话框左栏中 Routing 选项中 Routing Topology 下的规则名称，也可以使用 PCB 设计规则的快捷菜单新建规则，都会出现如图 3-127 所示的设置布线拓扑结构窗口。其中"约束"栏目中各选项及功能如下：

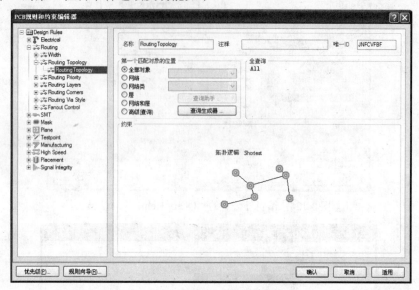

图 3-127　设置布线拓扑结构窗口

◆ Shortest 选项：连线最短拓扑结构，其特点是连接所有的节点，使整体连接的长度最短，此选项是系统的默认值。

◆ Horizontal 选项：水平拓扑结构，其特点是将所有的节点连在一起，强制所有连线进行水平布线。

◆ Vertical 选项：垂直拓扑结构，其特点是将所有的节点连在一起，强制所有连线进行垂直布线。

◆ Daisy-Simple 选项：简易链拓扑结构，其特点是将所有的节点一个接一个地链接在一起，并使连线总长度最短。

◆ Daisy-Mid Driven 选项：中间驱动拓扑结构，其特点是将起始点放在链的中间，是一种简单的拓扑结构。

◆ Daisy-Balanced 选项：平衡拓扑结构，其特点是将所有的节点分成几个相等的线段，将这些线段都连接到起始点，从而形成一个平衡结构。

◆ Starburst 选项：星形拓扑结构，其特点是将每个节点都直接连到起始节点，似星形一样。

（3）Routing Priority（布线优先权）设置。单击"PCB 规则和约束编辑器"对话框左栏中选项 Routing Priority 下的规则名称，也可以使用 PCB 设计规则的快捷菜单新建规则，都会出现如图 3-128 所示的设置布线优先权窗口。在此用户可以根据实际布线的先后顺序，设置布线的优先级别。系统布线的优先级别从 0 级到 100 级，其中 0 级是最低级别，100 级是最高级别。

项目 3　设计印制电路板

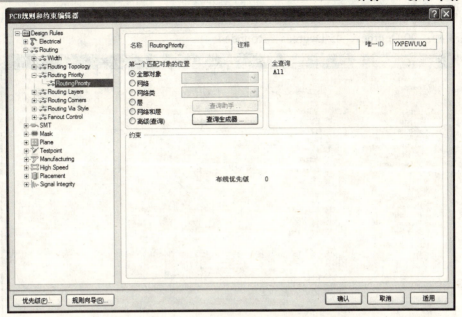

图 3-128　设置布线优先权窗口

（4）Routing Layers（布线工作层）设置。用于设置自动布线过程中所使用的信号层，以及各信号层的走线方式。单击"PCB 规则和约束编辑器"对话框左栏中选项 Routing Layers 下的规则名称，也可以使用印制电路板设计规则的快捷菜单新建规则，都会出现如图 3-129 所示的设置布线工作层窗口。系统默认值是选中顶层和底层。

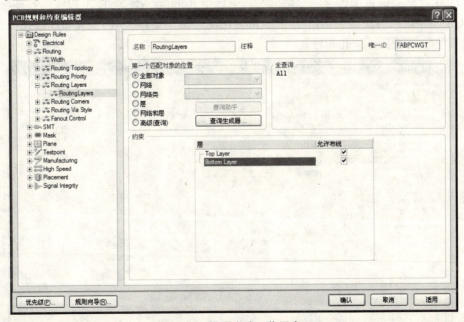

图 3-129　设置布线工作层窗口

（5）Routing Corners（布线拐角模式）设置。用于设置布线的拐弯模式，单击"PCB 规则和约束编辑器"对话框左栏中选项 Routing Corners 下的规则名称，也可以使用 PCB 设计

165

规则的快捷菜单新建规则，都会出现如图 3-130 所示的设置布线拐角模式窗口。布线拐角模式包括 3 种：90 Degrees、45 Degrees、Rounded。

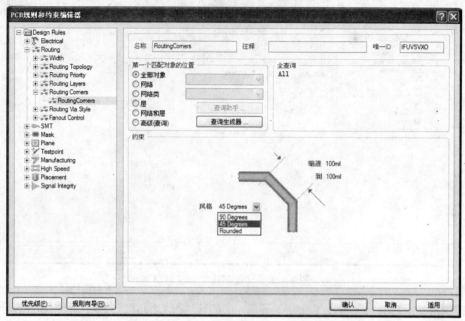

图 3-130　设置布线拐角模式窗口

（6）Routing Via Style（布线过孔样式）设置。用于设置自动布线过程中使用的过孔样式，单击"PCB 规则和约束编辑器"对话框左栏中选项 Routing Via Style 下的规则名称，也可以使用 PCB 设计规则的快捷菜单新建规则，都会出现如图 3-131 所示的设置布线过孔样式窗口。过孔的类型包括通孔、盲孔和埋孔。

图 3-131　设置布线过孔样式窗口

项目3 设计印制电路板

（7）Fanout Control（扇出控制）设置。用于设置在定义表面贴装式元件布线过程中，从焊盘引出连线通过过孔连接到其他层的限制。单击"PCB 规则和约束编辑器"对话框左栏中选项 Fanout Control 下的规则名称，也可以使用 PCB 设计规则的快捷菜单新建规则，都会出现如图 3-132 所示的设置扇出控制窗口。其中主要选项及功能如下：

◆ "扇出风格"选项：Auto 是常规选项，Under Pads 选项是指可以在 SMD 焊盘下做过孔，BGA 选项即为 BGA 模式。

◆ "扇出方向"选项：In Only 是指所有扇出在元件内，Out Only 是指所有扇出在元件外，Alternating In and Out 是指不规定扇出方向。

图 3-132 设置扇出控制窗口

3．SMT（表贴器件规则）设置

单击"PCB 规则和约束编辑器"对话框左栏 Design Rules 中的 SMT 选项的展开按钮，其右侧窗口中就会显示相应的规则。

（1）SMD To Corner（SMD 拐角模式）设置。用于设置 SMD 到拐角规则，设置 SMD 焊盘边缘到最近的一个布线拐角的最小距离，使用 PCB 设计规则的快捷菜单建立一个新规则，单击这个新建的 SMD To Corner 规则，当前窗口右侧的选项窗口如图 3-133 所示，用户可以在此输入 SMD 到拐角的距离值。

（2）SMD To Plane（SMD 电源层规则）设置。用于设置 SMD 到电源层规则，设置 SMD 焊盘边缘到内电层的焊盘/过孔布线之间的最大距离，使用 PCB 设计规则的快捷菜单建立一个新规则，单击这个新建的 SMD To Plane 规则，当前窗口右侧的选项如图 3-134 所示，用户可以在此输入 SMD 到电源层的距离值。

（3）SMD Neck-Down（SMD 瓶颈规则）设置。用于设置线宽和 SMD 焊盘宽度的最大比例，使用 PCB 设计规则的快捷菜单建立一个新规则，单击这个新建的 SMD Neck-Down 规则，当前窗口右侧的选项如图 3-135 所示，用户可以在此输入线宽和 SMD 焊盘宽度的最大比例值。

电子 CAD 绘图与制版项目教程

图 3-133 设置 SMD 到拐角的距离值窗口

图 3-134 设置 SMD 到电源层的距离值窗口

4．Mask（阻焊层规则）设置

单击"PCB 规则和约束编辑器"对话框左栏 Design Rules 中的 Mask 选项的展开按钮，则在右边的窗口中就会显示相应的规则选项，用于设置焊盘到阻焊层的距离。

（1）Solder Mask Expansion（阻焊层扩展值规则）设置。用于设置从焊盘到阻焊层之间的扩展值，防止阻焊层和焊盘互相重叠。单击 Mask 选项下的 Solder Mask Expansion 下方的规则名称，当前窗口右侧的选项如图 3-136 所示。

项目3 设计印制电路板

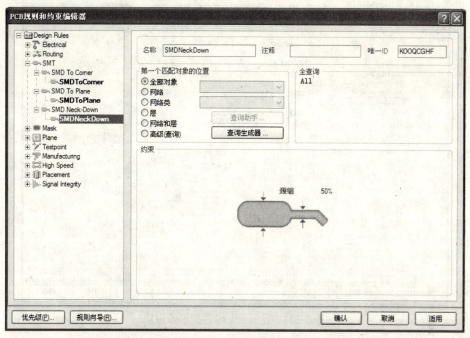

图 3-135 设置线宽和 SMD 焊盘宽度的最大比例值窗口

图 3-136 设置阻焊层扩展值窗口

（2）Paste Mask Expansion（表贴组件扩展值规则）设置。用于设置表贴组件的焊盘和焊锡层之间的距离，单击 Mask 选项下的 Paste Mask Expansion 下方的规则名称，当前窗口右侧的选项如图 3-137 所示。

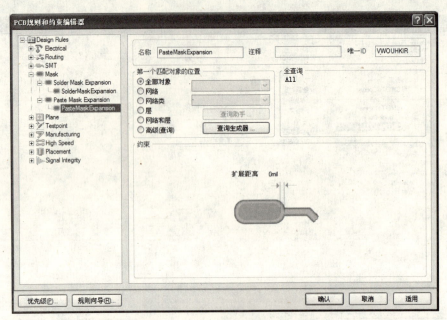

图 3-137 设置表贴组件扩展值窗口

5．Plane（内电层规则）设置

此规则设置了大面积覆铜和信号线连接的参数。单击"PCB 规则和约束编辑器"对话框左栏 Design Rules 中的 Plane 选项的展开按钮，在右边的窗口中就会显示相应规则的内容。

1）Power Plane Connect Style（电源连接方式）设置

用于设置焊盘与电源层的连接方式，单击 Plane 选项下的 Power Plane Connect Style 的规则名称，当前窗口右侧的选项如图 3-138 所示，其中主要选项的功能如下：

- "连接方式"选项：用于设置电源层和过孔的连接风格，共包括 3 个选项，分别是 Relief Connect（发散状连接）、Direct Connect（直接连接）、No Connect（不连接），系统多采用发散状连接。
- "导线宽度"选项：用于设置导通的导线宽度。
- "连接数"选项：用于设置连接的导线数目。
- "空隙间距"选项：用于设置空隙的间隔宽度。
- "扩展距离"选项：用于设置从过孔到空隙的间隔距离。

2）Power Plane Clearance（电源层安全距离）设置

用于设置电源层与不属于电源和接地层网络的过孔之间的安全距离，是避免导线短路的最小距离，系统的默认值是 20mil。单击 Plane 选项下的 Power Plane Clearance 的规则名称，当前窗口右侧的选项如图 3-139 所示。

3）Polygon Connect Style（覆铜连接方式）设置

用于设置多边形覆铜与属于电源和接地层网络的过孔之间的连接方式。单击 Plane 选项下的 Polygon Connect Style 的规则名称，当前窗口右侧的选项如图 3-140 所示。

项目3 设计印制电路板

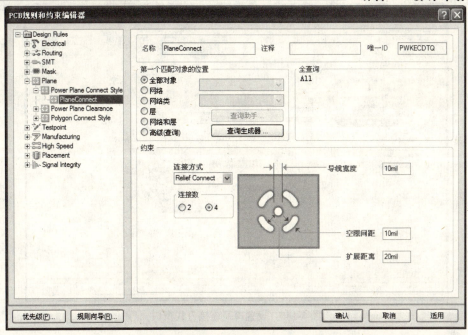

图3-138 设置电源层连接方式窗口

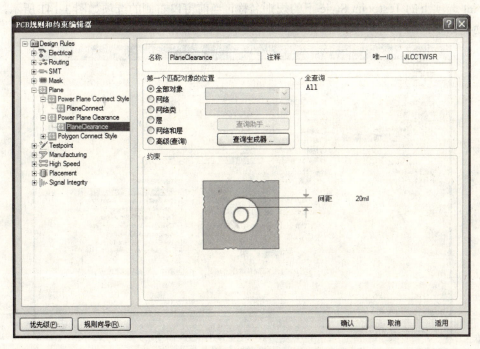

图3-139 设置电源层安全距离窗口

6．Testpoint（测试点规则）设置

单击"PCB规则和约束编辑器"对话框左栏Design Rules中的Testpoint选项的展开按钮，在右边的窗口中就会显示相应的规则，用于设置测试点的形状和用法。

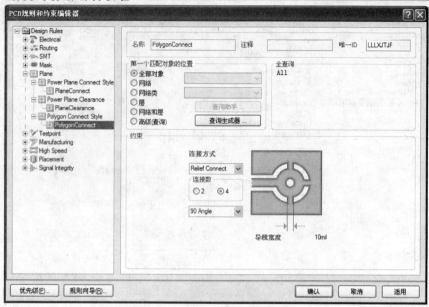

图 3-140　设置覆铜连接方式窗口

（1）Testpoint Style（测试点风格）设置。用于设置测试点的大小和网络大小等。单击 Testpoint 选项下的 Testpoint Style 下的规则名称，当前窗口右侧的选项如图 3-141 所示，其中选项功能如下：

图 3-141　设置测试点风格窗口

◆ "风格"选项区："尺寸"栏用于设置测试点的大小，"孔径"栏用于设置测试点的过孔大小，用户可以设置其最小值、最大值和优选值。

◆ "网格尺寸"选项区："测试点网格尺寸"选项用于设置测试点的网格大小，系统默认值为 1mil；"允许元件下面的测试点"选项框用于选择是否允许将测试点放置在组件下面。
- ◆ "允许的侧面和顺序"列表框：用于设置所允许的测试点的放置层和放置次序。

（2）Testpoint Usage（测试点用法）设置。单击 Testpoint 选项下的 Testpoint Usage 下的规则名称，当前窗口右侧的选项如图 3-142 所示，其中主要选项的功能如下：
- ◆ "允许同一网络上多测试点"复选框：用于设置是否允许在同一网络上存在多个测试点。
- ◆ "测试点"选项：用于设置对测试点处理的方式，包括"必要的"、"无效的"和"不必介意"。

图 3-142 设置测试点用法窗口

7．Manufacturing（电路板制版规则）设置

单击"PCB 规则和约束编辑器"对话框左栏 Design Rules 中的 Manufacturing 选项的展开按钮，在右边的窗口中就会显示相应的规则，用于设置电路板制版时的一些规则。

（1）Minimum Annular Ring（最小焊盘宽度）设置。用于设置制作电路板时的最小焊盘宽度，即焊盘直径与孔径之间的宽度值，系统的默认值是 10mil。

（2）Acute Angle（导线拐角模式）设置。用于设置导线拐角所允许的最小角度。制作电路板时，存在锐角的拐角就会造成工艺问题和导致拐角的铜过度腐蚀。因此，默认值不应小于 90°。

（3）Hole Size（过孔规则）设置。用于设置所允许的过孔的孔径最大值和最小值范围。可以是一个实际的数值，也可以是一个焊盘与过孔的比值。单击 Manufacturing 选项下的 Hole Size 下的规则名称，当前窗口右侧的选项如图 3-143 所示。"测量方法"选项中有两个内容，即 Absolute 表示以绝对尺寸设计，"最小"选项用于设置孔径的最小值，"最大"选项用于设置孔径的最大值。

（4）Layer Pairs 选项。用于设置板层对规则，即检查当前使用的层对与当前的钻孔层对是否相匹配。在设计多层板时，若使用了盲孔，就应该在此设置板层对规则。

图 3-143 设置过孔尺寸窗口

8．High Speed（高速电路板规则）设置

在有高频信号的电路板中，由于高频信号对电气特性有特殊的要求，因此在设计电路板时要设置一些特殊的选项，以保证电路板能稳定地工作。单击"PCB 规则和约束编辑器"对话框左栏 Design Rules 中的 High Speed 选项的展开按钮，在右边的窗口中就会显示相应的规则，在高速电路板设计中常用到这些规则。

（1）Parallel Segment（平行布线规则）设置。当高频电路板中平行布线的距离过长时，就会产生较大的信号串扰，因此需要对电路板中的平行布线最大长度设置一个限制值，还需要限制平行布线时两根平行线之间的最小距离。新建一个 Parallel Segment_1 规则，单击这个新建规则的名称，则当前窗口右侧的选项如图 3-144 所示。

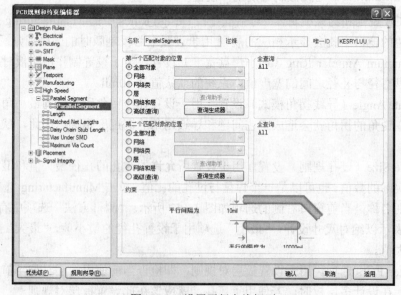

图 3-144 设置平行布线规则

项目3 设计印制电路板

（2）Length（布线长度规则）设置。如果布线过长，信号的反射就不能忽略，而且说明此电路板的布局有问题。新建一个 Length_1 规则，单击这个新建规则的名称，则当前窗口右侧的选项如图3-145所示。

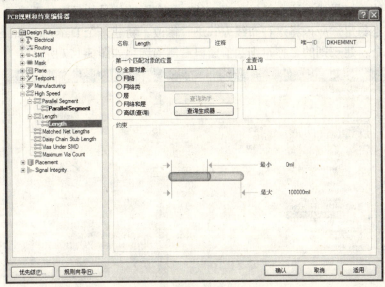

图3-145 设置布线长度规则

（3）Matched Net Lengths（匹配网络长度规则）设置。用于设置带总线的元件之间进行总线布线时需要的一些参数，为了保证总线类型网络导线的长度基本相同，通常需要将布线短的网络增加一段折线。新建一个 Matched Net Lengths_1 规则，单击这个新建规则的名称，则当前窗口右侧的选项如图3-146所示，其中"约束"选项区中主要选项的功能如下：

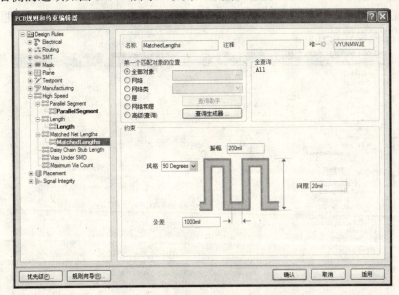

图3-146 设置匹配网络长度规则

◆ "振幅"选项：用于设置所有要求匹配的网络布线的长度之间的公差。
◆ "风格"选项：用于设置折线的拐角方式，包括 90 Degrees、45 Degrees、Round。

175

电子 CAD 绘图与制版项目教程

◆ "公差"选项：用于设置折线的最大峰值。
◆ "间隙"选项：用于设置折线的宽度。

（4）Daisy Chain Stub Length（菊花链分支长度规则）设置。菊花链是指从焊盘到左边的竖直导线之间的连接导线，这个导线长度太长，就会影响信号的反射从而造成信号波形误差而使电路工作不稳定，应该将这种布线方式进行修改。新建一个 Daisy Chain Stub Length_1 规则，单击这个新建规则的名称，则当前窗口右侧的选项如图 3-147 所示。

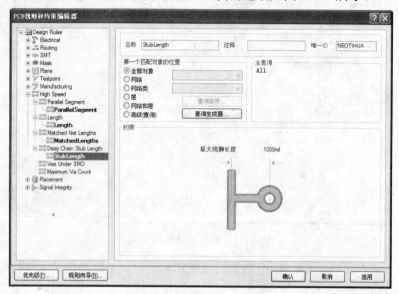

图 3-147 设置菊花链分支长度规则

（5）Vias Under SMD（SMD 下过孔规则）设置。新建一个 Vias Under SMD_1 规则，单击这个新建规则的名称，则当前窗口右侧的选项如图 3-148 所示，其中的复选框的含义是允许在 SMD 焊盘下设置过孔。

图 3-148 设置 SMD 下过孔规则

项目3 设计印制电路板

（6）Maximum Via Count（最大过孔数规则）设置。电路板中的过孔数目如果太多，就会增加高速信号的反射从而造成信号质量变差，因此要限制过孔的数目。新建一个 Maximum Via Count_1 规则，单击这个新建规则的名称，则当前窗口右侧的选项如图 3-149 所示。

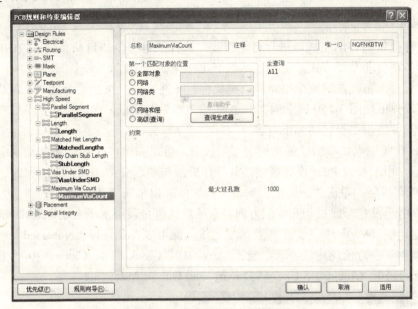

图 3-149 设置最大过孔数规则

9. Placement（元件布局规则）设置

单击"PCB 规则和约束编辑器"对话框左栏 Design Rules 中的 Placement 选项的展开按钮，在右边的窗口中就会显示相应的规则。其中，设置 Cluster Placer（自动布局器）在执行过程中所使用的一些规则，包括 Room（房间规则）、Component Clearance（元件间距规则）、Component Orientations（元件放置方向规则）、Permitted Layer（放置层规则）。

10. Signal Integrity（信号完整性规则）设置

单击"PCB 规则和约束编辑器"对话框左栏 Design Rules 中的 Signal Integrity 选项的展开按钮，在右边的窗口中就会显示相应的规则。在此设置信号完整性分析和电路仿真时的一些规则，包括 Signal Stimulus（信号激励规则）、Overshoot-Falling Edge（下降沿过冲规则）、Overshoot-Rising Edge（上升沿过冲规则）、Undershoot-Falling Edge（下降沿下冲规则）、Undershoot-Rising Edge（上升沿下冲规则）、Impedance Edge（网络阻抗规则）、Signal Top Value Edge（信号高电平规则）、Signal Base Value Edge（信号低电平规则）、Flight Time-Rising Edge（上升沿延迟时间规则）、Flight Time-Falling Edge（下降沿延迟时间规则）、Slope-Rising Edge（上升沿的斜率规则）、Slope-Falling Edge（下降沿的斜率规则）、Supply Nets（电源网络规则）。这些规则的具体使用方法会在项目 4 中详细介绍。

3.2.11 手动布线与交互式布线

印制电路板的布线操作需要遵循布线设计的基本原则和软件中的布线规则，这样设计出来的印制电路板才具有较好的功能和稳定性能。Protel 软件的布线操作包括自动布线和手动布线两种方式，交互式布线的结果通常都不能满足实际需求，而需要用手动布线操作来调整布线结构。对于成熟的 PCB 设计工程师来说，基本都遵循布线原则且采用手动布线来进行布线操作。

1．自动布线

使用软件提供的自动布线器进行自动布线，执行菜单命令"自动布线"，在其下拉子菜单中提供了多种自动布线方式，主要包括以下几种：

（1）全部对象布线。对整个电路板中对象进行布线操作，执行菜单命令"自动布线"→"全部对象"，弹出如图 3-150 所示的"Situs 布线策略"对话框，在此对话框中设置自动布线的相关选项及参数，主要包括如下内容：

◆ 设置布线规则。单击"编辑规则…"按钮，可以弹出"PCB 规则和约束编辑器"对话框，用于设置 PCB 设计规则，其操作方法与前面介绍的设置方法一致。

◆ 设置布线层。单击"编辑层方向…"按钮，弹出如图 3-151 所示的"层方向"对话框，用于设置布线层和布线层方向。系统默认值是顶层水平走线（Horizontal）、底层垂直走线（Vertical）。如果需要单层走线，就可以在此选择"No Used"选项。系统还提供了多方位的走线方式，包括 Any、10″Clock、20″Clock、30″Clock、40″Clock、50″Clock、45 Up、45 Down、Fan Out 和 Automatic。

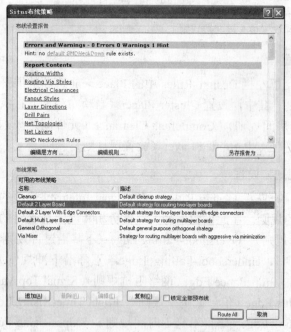

图 3-150　"Situs 布线策略"对话框

图 3-151　"层方向"对话框

◆ 交互式布线操作。单击"Route All"按钮，系统开始对当前电路板进行自动交互式布线操作。在自动布线的同时，会弹出如图 3-152 所示的"Messages"对话框，用于用户监测当前电路板的自动布线情况。自动布线完成后，原来电路板中的飞线被布置好的导线代替，如图 3-153 所示，在"Messages"对话框中提示电路板布线的布通率和未布通的导线条数。

项目3 设计印制电路板

图 3-152 "Messages" 对话框

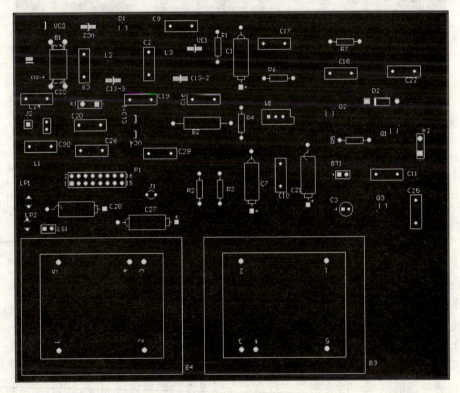

图 3-153 自动布线结果

> **提示**：如果在"Messages"对话框中提示有未布通的导线，用户可以执行菜单命令"工具"→"全部对象"，将已布通的导线全部取消后，再重新调整印制电路板的布局情况，然后再继续执行交互式布线操作，直至整个印制电路板的导线全部布通为止。也可以不重新布局和布线，而进行手动布线操作，手动布线的具体操作方法在后面详细介绍。

（2）指定网络布线。执行菜单命令"自动布线"→"网络"，箭头光标下方出现十字形状，光标放置在需要布线的网络所在的一个元件的焊盘上方，如图 3-154 所示；此时单击一次，会弹出如图 3-155 所示的下拉选项，用户需要从中选择自动布线的对象，包括指定的焊盘、网络连接和元件等；当前网络布线完毕后，还可以继续使用相同的方法对其余网络进行布线操作，单击鼠标右键可退出此时的布线状态。

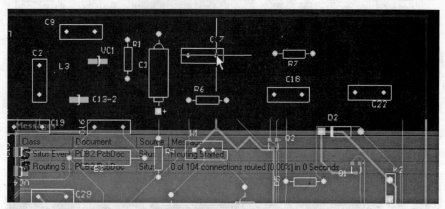

图 3-154　按网络进行自动布线操作

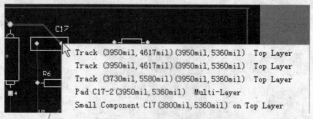

图 3-155　选择自动布线的操作对象

> 提示：对指定网络的自动布线操作可以与全局布线和手动布线相结合使用，这样使布线操作更灵活和实用。

（3）连接布线。用于在两连接点进行自动布线操作。执行菜单命令"自动布线"→"连接"，箭头光标下方出现十字形状，在需要连接的元件焊盘上单击，则系统自动将与此焊盘相连接的所有导线全部进行自动布线。当前连接布线后仍处于连接布线状态，用户可以继续进行连接布线操作，也可单击鼠标右键退出当前的连接布线状态。

（4）整个区域布线。用于在指定的整个区域中进行自动布线操作。执行菜单命令"自动布线"→"整个区域"，箭头光标下方出现十字形状，在印制电路板上方拖动出一个区域，则系统自动对当前区域内所有网络进行自动布线操作。当前区域布线后仍处于区域布线状态，用户可以继续进行区域布线操作，也可单击鼠标右键退出当前的区域布线状态。

（5）Room 空间布线。用于在指定的 Room 空间中进行自动布线操作。执行菜单命令"自动布线"→"Room 空间"，箭头光标下方出现十字形状，在当前印制电路板上的一个 Room 空间上单击，则系统自动对当前 Room 空间内所有网络进行自动布线操作。当前区域布线后仍处于 Room 空间布线状态，用户可以继续进行 Room 空间布线操作，也可单击鼠标右键退出当前的 Room 空间布线状态。

项目3 设计印制电路板

（6）元件布线。用于对指定元件所连接的网络进行自动布线操作。执行菜单命令"自动布线"→"元件"，箭头光标下方出现十字形状，在指定元件上单击，则系统自动将与此元件相连接的所有网络进行自动布线操作。当前元件布线后仍处于元件布线状态，用户可以继续进行元件布线操作，也可单击鼠标右键退出当前的元件布线状态。

（7）在选择的元件上布线。先选择一个元件封装，再执行菜单命令"自动布线"→"在选择的元件上连接"，则系统会自动将选中元件的焊盘全部连通。

（8）在选择的元件之间布线。先选择两个或多个元件封装，再执行菜单命令"自动布线"→"在选择的元件之间连接"，则系统会自动将选中的所有元件的焊盘全部连通。

（9）其他布线操作。在"自动布线"菜单中还有其他与自动布线相关的命令，这些命令功能如下：

- ◆ 停止：停止正在进行的自动布线操作。
- ◆ 重置：重新对电路板进行自动布线操作。
- ◆ Pause：暂停自动布线操作。
- ◆ 设定：弹出"Situs 布线策略"对话框，进行布线规则和布线层的参数设置。

2．手动布线

手动布线操作可以对整个印制电路板进行操作，也可以进行局部的布线操作。总之，手动布线操作更灵活和方便，更能根据布线规则进行布线操作。执行菜单命令"放置"→"交互式布线"，箭头光标下方出现十字形状，此时就可以进行手动布线操作了。

在执行手动布线操作时，用户可以根据系统的飞线来进行布线，同时也需要遵循布线原则，使手动布线后的电路板更符合设计者要求。以如图 3-156 所示的局部电路板布线为例，具体说明手动布线的原则和操作过程。

（1）为 GND 网络布线。单击 Top Layer 工作层标签，使当前的工作层位于顶层；执行菜单命令"放置"→"交互式布线"，箭头光标下方出现十字形状，在 C17-2 焊盘上单击，此时有预拉线随光标一起移动；根据飞线指示位置，在 C1-2 上单击；再在 W-1 上单击，连接当前图中的所有 GND 网络焊盘。

（2）为其余网络布线。此时仍处于手动布线状态，使用与上步相同的操作方法连接剩余网络的焊盘，在手动连线过程中，可以随时按"Shift+Space"组合键来切换导线拐角模式。手动布线后的电路板状态如图 3-157 所示。

3．手动调整布线

如果对电路板的布线结果不满意，可以不必全部都重新布线，可以通过手动来局部调整电路板的布线。执行菜单命令"放置"→"交互式布线"，光标下方出现十字形符号，用户可以直接用导线重新按新的路线连接，而原来的导线会随着新走线的出现而自动删除。

在手动调整布线操作之前，可以先删除相应的导线。执行菜单命令"工具"→"取消布线"，其下拉菜单中包括几种删除布线的命令，它们分别是：

- ◆ 全部对象：删除当前电路板中所有的导线。
- ◆ 网络：光标下方出现十字形符号，在指定的网络上单击即可删除当前网络中的所有导线。

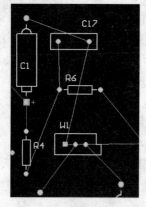
图 3-156 手动布线前电路板状态

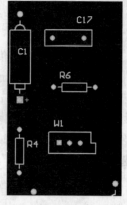
图 3-157 手动布线后的电路板状态

- 连接：光标下方出现十字形符号，在指定的连线或元件上单击即可删除与选定的连线或元件相连的所有导线。
- 元件：光标下方出现十字形符号，在指定元件上单击即可删除与所选元件相连的所有导线。

3.2.12 调整文字标注并更新原理图

1．调整文字标注

印制电路板的布局和布线操作完成后，观察整个电路板会发现有些元件的文字标注位置不统一或排列不规律等，这些会影响印制电路板最后的设计效果。因此，也需要将这些元件的文字标注进行统一规范，从而使电路板更加美观。

（1）调整文字标注内容和格式。双击需要调整的元件文字标注，在弹出的"文字标注属性"对话框中重新设置其标识符和文字标注的具体格式。

（2）自动更新标识符。执行菜单命令"工具"→"重新注释"，弹出如图 3-158 所示的"位置的重注释"对话框，用户可以根据右侧预览图形来设置自动更新标识符的方式。

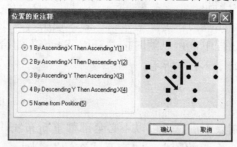

图 3-158 "位置的重注释"对话框

"位置的重注释"对话框提供了 5 种自动更新方式，其选项及功能分别如下：

- By Ascending X Then Ascending Y（1）：先按横坐标从左到右，再按纵坐标从下到上更新标识符。
- By Ascending X Then Descending Y（2）：先按横坐标从左到右，再按纵坐标从上到下更新标识符。

◆ By Ascending Y Then Ascending X（3）：先按纵坐标从下到上，再按横坐标从左到右更新标识符。

◆ By Descending Y Then Ascending X（4）：先按纵坐标从上到下，再按横坐标从左到右更新标识符。

◆ Name from Position（5）：根据坐标位置更新标识符。

用户选择一种更新标识符方式后，单击"确认"按钮，系统将自动以用户设定的更新方式对当前印制电路板中的元件标识符进行重新编号。

> 提示：完成更新标识符操作后，系统会生成一个扩展名为.WAS 的文件，用于记录元件标识符的变化情况。

2．更新原理图

在印制电路板中的元件标识符被更新后，就会与原来的原理图中元件的标识符不一致，从而使原理图中元件与电路板中的元件封装无法匹配。因此，需要对原理图中的元件按照印制电路板中元件封装标识符的变化情况进行更新。

执行菜单命令"设计"→"Update Schematics in PCB_Project1.PrjPCB"，弹出一个确认对话框，单击"Yes"按钮，弹出如图 3-159 所示的"工程变化订单（ECO）"对话框；单击"使变化生效"按钮，使变化生效；再单击"执行变化"按钮，执行这些变化，此时原理图中元件标识符会根据电路板中的元件标识符而进行更新；单击"关闭"按钮，结束更新操作。

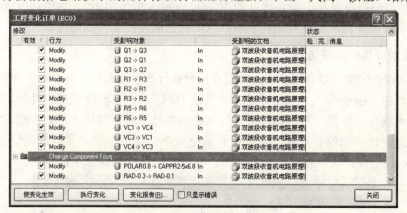

图 3-159 "工程变化订单（ECO）"对话框

3．PCB 的 3D 效果图

Protel 具有将印制电路板进行三维显示的功能，它能够清晰地显示当前电路板的三维立体效果。执行菜单命令"查看"→"显示三维 PCB 板"，在弹出的信息提示对话框中单击"OK"按钮，即会出现如图 3-160 所示的当前印制电路板的三维视图文件和 PCB3D 操作面板。在"浏览网络"选项区中单击某一网络，再单击"加亮"按钮，在右侧窗口会高亮显示相应的网络连接；如果单击"清除"按钮，则会清除高亮显示模式。"显示"选项区中包括只显示元件、丝印层、覆铜层、文本、电路板等选项，可以根据用户选择的内容来显示指定内容；"显示"选项区下方还有缩略图显示，可以通过在此区域中拖动光标来改变右侧窗口中三维视图的显示角度。生成的三维显示 PCB 板文件的扩展名是".PCB3D"。

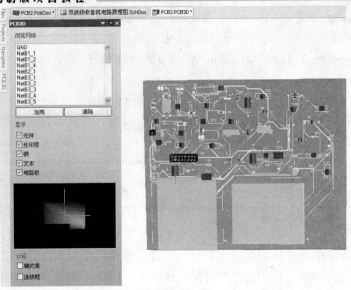

图 3-160　三维视图文件和 PCB3D 操作面板

3.2.13　设计规则检查

设计规则检查（DRC）是对当前 PCB 文件的逻辑完整性和物理完整性进行的自动检查操作，以确保当前电路板设计中没有违反 PCB 设计规则的地方。因此，当电路板进行了布局或布线等操作后，需要经过设计规则检查后以保证其正确性，才可以继续设计操作。

1．设置设计规则检查选项

设计规则检查功能可以在线执行也可以在后台执行或手动运行。执行菜单命令"工具"→"优先设计"，在"General"选项卡中选择"在线 DRC"，会打开在线的设计规则检查功能。这样在手工布线时，如果有与规则冲突之处就会高亮显示来随时提示用户注意。

手动执行设计规则检查操作，需要执行菜单命令"工具"→"设计规则检查"，弹出如图 3-161 所示的"设计规则检查器"对话框，其中各选项及功能如下：

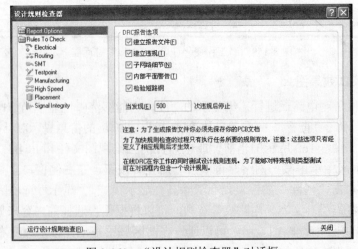

图 3-161　"设计规则检查器"对话框

(1) "DRC 报告选项"区：用于设置检查规则时的相关选项功能。
- "建立报告文件"选项：用于设置在设计规则检查时创建报告文件。
- "建立违规"选项：用于设置在设计规则检查时，若有违反规则的情况，则产生详细的错误报告。
- "子网络细节"选项：用于设置在设计规则检查报告中所包括子网络的详细情况。
- "内部平面警告"选项：用于设置设计规则检查报告中所包括内部电源层的警告。
- "检验短路铜"选项：用于设置在检查 Net Tie 元件的同时检查是否在元件中存在无连接的覆铜。
- "当发现次违规后停止"文本框：用于设置限制报告中与检查规则冲突次数的最大值。

(2) "Rules To Check"选项区：用于显示已设置好的布线规则选项。

2. 执行设计规则检查

单击"设计规则检查器"对话框中的"运行设计规则检查…"按钮，则系统即刻进行设计规则检查。执行设计规则检查时会弹出如图 3-162 所示的 Messages 窗口，如果有误则会在此窗口中显示。完成设计规则检查操作时会新建一个 DRC 报告文件，其中会列出各项检查规则名称、规则内容和检查结果。如果有错误，还会给出规则冲突的详细参考信息（包括层、网络名、元件流水号、焊盘序号、对象位置等）。用户可以根据检查结果和信息提示对话框内容来修改电路板中的错误，回到电路板文件中相应的位置处进行修改，再重新保存并进行设计规则检查直至无误为止。

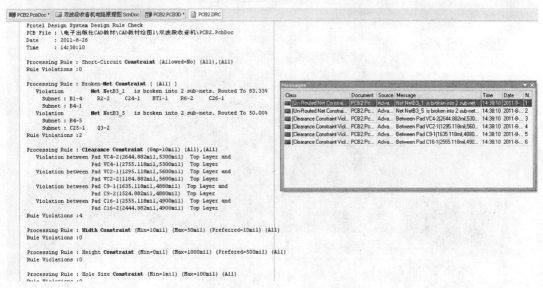

图 3-162　设计规则检查窗口

任务 3.3　绘制元件自制封装

任务目标

- 创建元件封装库文件；
- 整理和编辑元件自制封装的外形、尺寸和焊盘大小。

由软件提供的元件封装的尺寸和形状有时与实际元件外形并不完全相符,这时需要用户自己来绘制实际元件尺寸的自制元件封装。

3.3.1 新建自制封装库文件

执行菜单命令"文件"→"创建"→"库"→"PCB 库",即可在当前 PCB 项目中新建一个自制封装库文件"Pcblib1.Pcblib"。也可以用快捷菜单来操作,先将光标指向"Projects"面板中当前项目名称并单击鼠标右键,然后在弹出的快捷菜单中选择"追加新文件到项目中"→"PCB Library"即可。

1. 自制封装库文件窗口组成

在自制封装库文件的窗口左侧会自动添加一个"PCB Library"操作面板,即元件封装库编辑管理器,其窗口如图 3-163 所示,主要由自制元件封装库管理器、主工具栏、菜单栏、PCB 库放置工具栏和工作区等组成。整个窗口中的绘制元件封装的工作区的默认颜色是灰色,工作区下方有工作层标签,工作区中有用于对齐对象的网格,在自制元件封装库管理器中自动新建了一个自制元件封装 PCBCOMPONENT_1。

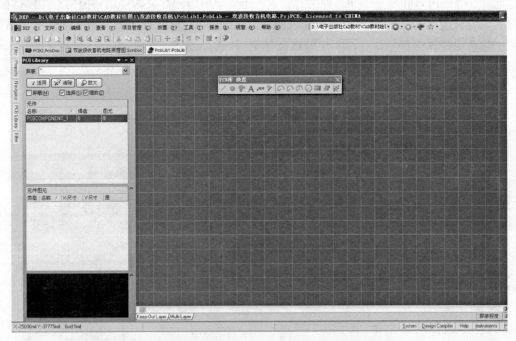

图 3-163 自制元件封装库文件窗口组成

2. 自制元件封装库编辑管理器

当用户在自制元件封装库文件中创建了一个元件封装库文件之后,其自制元件封装编辑器会自动出现在当前窗口左侧的操作面板中,如图 3-164 所示。如果没有出现,可以单击当前窗口右下角的工作区面板"PCB",且在弹出的菜单选项中选择"PCB Library",即可调出自制元件封装库编辑器面板。其操作面板中功能选项区中主要选项功能分别是:

◆ "屏蔽"文本框:自制元件封装筛选框,在此输入具体元件封装名称,在下方的元件

项目3　设计印制电路板

列表框中会显示此封装名称。"适用"按钮用于应用筛选内容;"清除"按钮用于清除筛选内容;"放大"按钮用于放大显示当前自制元件封装。

◆ "元件封装"列表框:用于显示当前元件封装库中所有的自制元件封装。
◆ "元件图元"列表框:用于显示在元件封装列表框中选中的当前元件封装的具体图元信息。
◆ 预览区:用于显示在自制元件封装列表框中选中的当前自制元件封装外形。

3. 自制元件封装库文件中的"工具"菜单和"PCB库放置"工具栏

(1)"工具"菜单。单击自制元件封装库文件中新增的"工具"菜单,其下拉菜单命令如图3-165所示。主要菜单功能包括:新建自制元件封装、删除自制元件封装、设置自制元件封装属性、用封装更新PCB文件、放置自制元件封装、设置层次颜色、设置自制元件封装库选项等。

图3-164　自制元件封装库编辑器

图3-165　元件封装库文件"工具"菜单

◆ "层次颜色…"子菜单:用于进行工作层的设置和管理,其操作方法与印制电路板文件中相应菜单的操作方法一致。自制元件封装库文件的编辑环境是一个多层次的工作环境,可在此进行添加、删除、重命名工作层或设置层颜色等相关操作。
◆ "库选择项…"子菜单:用于设置自制元件封装库文件的板面参数,其功能及操作方法与印制电路板文件中的相应菜单的操作方法一致。

(2)"PCB库放置"工具栏。执行菜单命令"查看"→"工具栏"→"PCB库放置",可调出如图3-166所示的"PCB库放置"工具栏。此工具栏提供了绘制自制元件封装外形所需的实用工具和焊盘、坐标的相关功能图标,其中图标的操作方法与在电路板文件中相应图标的操作方法一致。此工具

图3-166　"PCB库放置"工具栏

187

栏中图标功能也可以用"放置"菜单中的子菜单项来实现，图标功能与菜单项功能对照表如表 3-1 所示。

表 3-1 "PCB 库放置"工具栏中图标功能与相应的"放置"菜单命令

图标	图标功能	相应的"放置"菜单命令
	绘制直线	"放置"→"直线"
	放置元件封装的焊盘	"放置"→"焊盘"
	放置过孔	"放置"→"过孔"
	放置字符	"放置"→"字符串"
	放置坐标	
	放置尺寸	
	用中心法绘制圆弧	"放置"→"圆弧（中心）"
	用边缘法绘制圆弧	"放置"→"圆弧（90度）"
	用任意角度法绘制圆弧	"放置"→"圆弧（任意角度）"
	绘制圆弧	"放置"→"圆"
	放置矩形填充	"放置"→"矩形填充"
	放置多边形覆铜区域	"放置"→"铜区域"
	阵列式粘贴	

3.3.2 绘制自制元件封装

在自制元件封装库文件中可以使用两种方法来绘制自制元件封装，分别是手动绘制和使用向导来绘制。

1. 手动绘制自制元件封装

（1）新建元件封装。执行菜单命令"工具"→"新元件"，在弹出的对话框中单击"取消"按钮，即可新建一个空白的自制元件封装。双击这个元件封装名称，弹出如图 3-167 所示的"PCB 库元件"对话框，用于设置当前自制元件封装的属性。"名称"文本框用于设置新建的自制元件封装名称，"高"文本框用于设置自制元件封装的高度，"描述"文本框用于设置元件封装的描述信息，单击"确认"按钮后即可新建一个空白的自制元件封装。用户也可以将光标指向自制元件封装管理器中的封装名称，单击鼠标右键，从弹出的如图 3-168 所示的快捷菜单中选择"新建空元件"命令，也可以新建一个空白的自制元件封装。在这个快捷菜单中，还可以进行自制元件封装的剪切、复制、粘贴、清除、选择、放置、设置属性和更新等操作。

（2）设置自制元件封装的参考点。执行菜单命令"编辑"→"设置参考点"，可以指定引脚、中心和位置作为当前自制元件封装的参考点。如果用户执行菜单命令"位置"子菜单，则箭头光标下方出现十字形符号，用户可以在任意位置单击，此点位置即成为当前自制元件封装的新坐标原点。用户也可以根据需要跳转到精确指定的位置，执行菜单命令"编辑"→"跳转到"，可以使当前光标跳转到参考点、新位置或选择对象的上方。

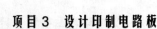

项目 3　设计印制电路板

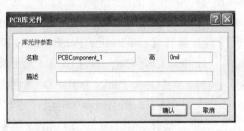

图 3-167　"PCB 库元件"对话框　　　　图 3-168　自制元件封装的快捷菜单

（3）绘制元件封装。具体操作过程如下：

◆ 放置自制元件封装的焊盘。切换到印制电路板文件的 MultiLayer 层，执行菜单命令"放置"→"焊盘"，箭头光标下方出现十字形符号且有一个焊盘随光标一同移动；直接在指定位置单击，即可放置一个焊盘，用户可以多次执行放置焊盘操作，单击鼠标右键结束放置。

◆ 设置焊盘属性。在放置焊盘后，还要根据自制元件封装引脚的实际尺寸来调整各个焊盘间距和焊盘形状与大小。双击放置好的焊盘，在弹出的"焊盘属性"对话框中设置焊盘属性。其中，自制元件封装的焊盘序号一定要设置准确，不能有重复的焊盘序号的现象；且自制元件封装中的焊盘序号与其对应的原理图中元件引脚序号是一一对应的，否则无法添加到原理图元件的封装模型中。

◆ 绘制元件封装外形。切换到 Top Overlayer（顶层丝印层），单击"PCB 库放置"工具栏中的绘图图标，在丝印层上绘制当前元件封装外形。

> 提示：放置焊盘时要注意各个焊盘的水平与垂直的间距，一定要与实际元件引脚尺寸一致。绘制元件封装外形时，也要注意应与实际元件外形尺寸一致，不要大也不要小，否则浪费电路板空间或使元件无法安装。

（4）设置自制元件封装的参考点。元件封装的参考点是放置元件时将其作为中心的点，执行菜单命令"编辑"→"设置参考点"，其下拉子菜单中的 3 条命令的功能分别是：设置引脚 1 为当前元件封装的参考点；设置当前元件封装的几何中心为参考点；选择一个具体位置作为当前元件封装的参考点。

（5）保存当前自制元件封装库文件，当前自制元件封装创建完成。

> 提示：一个自制元件封装库文件中可以放置多个自制元件封装，初学者不要新建一个自制元件封装就新建一个自制元件封装库文件，这样比较浪费。用户可以使用与上面相同的方法，再创建其余的自制元件封装。

2. 使用向导新建自制元件封装

使用向导新建自制元件封装时，用户可以预先定义设计规则，系统能够根据用户设定的规则来生成符合要求的自制元件封装。具体操作过程如下：

（1）在自制元件封装库文件中，执行菜单命令"工具"→"新元件"，弹出如图 3-169 所

示的"元件封装向导"对话框一,进入 PCB 元件封装向导的操作。

(2)单击"下一步"按钮,系统会弹出如图 3-170 所示的"元件封装向导"对话框二。在此提供了 12 种元件封装供用户选择,具体包括 Ball Grid Arrays(BGA)(球栅阵列封装)、Capacitors(电容样式封装)、Diodes(二极管样式封装)、Dual in-line Package(DIP)(双列直插式封装)、Edge Connectors(边连接样式)、Leadless Chip Carrier(LCC)(无引线芯片载体封装)、Pin Grid Arrays(PGA)(引脚网格阵列封装)、Quad Packs(QUAD)(四边引出扁平封装 PQFP)、Small Outline Package(SOP)(小尺寸封装)、Resistors(电阻样式封装)等;用户还可以在"选择单位"选择框中选择应用的单位,具体包括 Imperial(mil)(英制单位)、Metric(mm)(公制单位)。下一步出现的对话框内容会根据用户在此对话框中选择的封装形式的不同而有所变化。在此我们选择 DIP 封装。

图 3-169 "元件封装向导"对话框一

图 3-170 "元件封装向导"对话框二

(3)单击"下一步"按钮,弹出如图 3-171 所示的"元件封装向导"对话框三,此对话框用于自制元件封装的焊盘引脚的水平尺寸、垂直尺寸、过孔直径尺寸。

(4)单击"下一步"按钮,弹出如图 3-172 所示的"元件封装向导"对话框四,用于设置自制元件封装的各个焊盘间的水平间距和垂直间距。

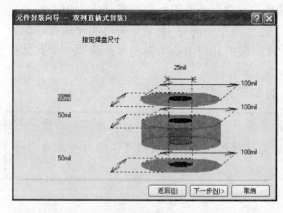

图 3-171 "元件封装向导"对话框三

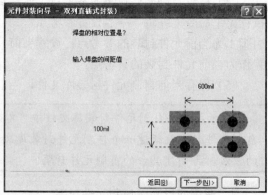

图 3-172 "元件封装向导"对话框四

(5)单击"下一步"按钮,弹出如图 3-173 所示的"元件封装向导"对话框五,用于设置自制元件封装的外形轮廓线的线宽。

项目3 设计印制电路板

（6）单击"下一步"按钮，弹出如图 3-174 所示的"元件封装向导"对话框六，用于设置实际自制元件封装的焊盘数目即引脚数量。

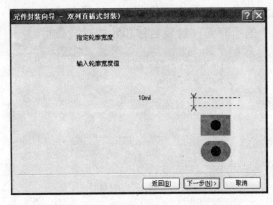

图 3-173 "元件封装向导"对话框五

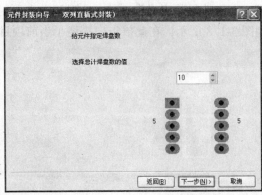

图 3-174 "元件封装向导"对话框六

（7）单击"下一步"按钮，弹出如图 3-175 所示的"元件封装向导"对话框七，用于设置自制元件封装的名称。

（8）单击"下一步"按钮，弹出如图 3-176 所示的"元件封装向导"对话框八，单击"Finish"按钮，完成当前元件封装的设计。

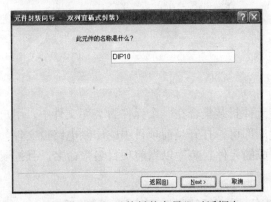

图 3-175 "元件封装向导"对话框七

图 3-176 "元件封装向导"对话框八

> 提示：使用向导创建元件封装后，系统将会自动打开生成的新元件封装，以供用户进一步修改，其操作与手工制作元件封装的操作方法一致。

3.3.3 生成自制元件封装报表文件

1. 生成元件报告文件

在自制元件封装管理器中选择一个元件封装，执行菜单命令"报告"→"元件"，则生成一个元件封装报告文件，它以当前自制封装的文件名为文件主名，扩展名为".CMP"，如图 3-177 所示。此报告文件中描述了当前元件封装名称、所在封装库、创建时间和日期、元件封装尺寸、元件封装焊盘和图形信息等。

191

2. 生成元件封装库文件

在自制元件封装库或生成的项目 PCB 库中，执行菜单命令"报告"→"元件库"，则生成一个元件封装库报告文件，它以当前自制封装库的文件名为文件主名，扩展名为".REP"，如图 3-178 所示。在此报告中描述了当前项目中的所有元件封装名称和元件封装数目。

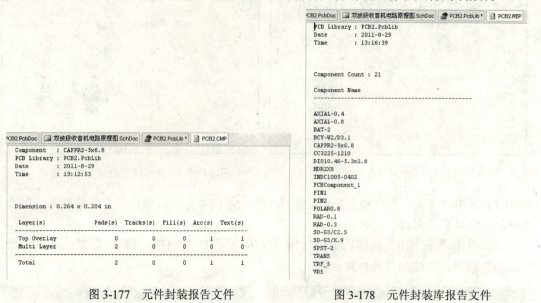

图 3-177　元件封装报告文件　　　　　　图 3-178　元件封装库报告文件

3.3.4　生成项目元件封装库

1. 生成 PCB 库

项目元件封装库将当前项目中用到的所有元件封装集合在一个元件封装库文件中，用户在进行当前项目设计时，只要导入此项目元件库即可。打开当前项目中的印制电路板文件，执行菜单命令"设计"→"生成 PCB 库"，生成的元件封装库以当前项目名来命名，且扩展名为".PCBDOC"，如图 3-179 所示。

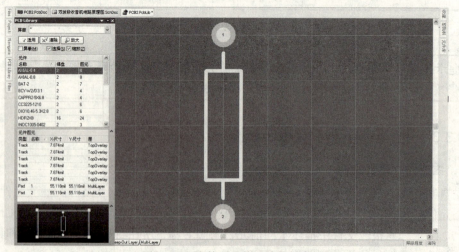

图 3-179　当前项目的元件封装库

项目 3 设计印制电路板

2. 生成集成库

集成元件库将当前项目中所用的元件的原理图符号和相应的元件封装都集成在一个自制集成元件库中,便于用户进行项目设计。打开当前项目中的印制电路板文件,执行菜单命令"设计"→"生成集成库",生成的集成元件库以当前项目名来命名,并且扩展名为".Intlib",它会自动出现在"元件库"操作面板中,如图 3-180 所示。

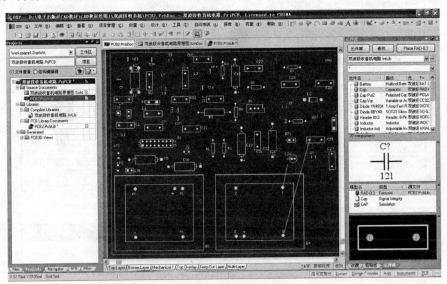

图 3-180 生成的当前项目的自制集成元件库

任务 3.4 设计双层印制电路板

任务目标

◆ 设计双层印制电路板工作层;
◆ 生成并打印 PCB 报表文件。

双层印制电路板(简称双层板)是双面都可以走线的电路板,通常较复杂的电路用双层板来实现。双层电路板的工作层设置、布线规则设置等操作与单层板有较大区别。

3.4.1 设计双层电路板及布局

1. 设计双层板的工作层

执行菜单命令"设计"→"PCB 板层次及颜色",弹出如图 3-181 所示的"板层和颜色"对话框,选中两个信号层即 Top Layer(顶端信号层)和 Bottom Layer(底端信号层)。如果底端信号层需要布置元件,则还需要选择底层的丝印层;每个信号层的助焊层和阻焊层可以根据实际要求来进行选择。

2. 双面布置元件

在双层板中如果需要双面布置元件,用户应该在执行布线操作之前来执行这样的操作。双击需要放置在另一个信号层中的元件(B2),弹出如图 3-182 所示的 B2 元件封装属性对话

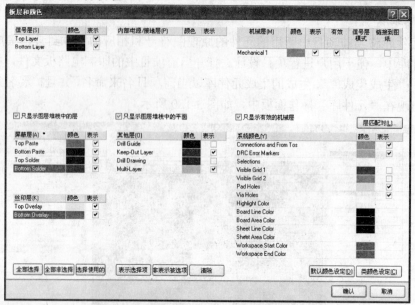

图 3-181 设置双层板的"板层和颜色"对话框

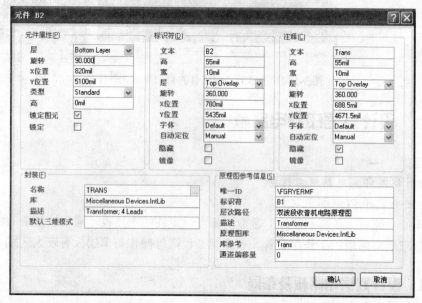

图 3-182 B2 元件封装属性对话框

框。在此对话框中的"层"文本框中选择 Bottom Layer 选项,其余元件封装的默认值是 Top Layer 选项,单击"确认"按钮。再进行布线和后续操作,完成的双层印制电路板的三维视图如图 3-183 所示,B2 元件封装被布置在双层印制电路板的底层上。

图 3-183 双层电路板三维视图

3. 双层板的布局与布线

单层印制电路板中的布局与布线原则仍然适用于双层板。但在双层印制电路板布局时要注意,如果需要双面布置元件封装,应使用上面的方法设置此元件所在的工作层;双层板布线时要注意,顶层走线方向与底层走线方向尽量要互相垂直而避免平行,以减小电路板布线后的干扰。

3.4.2 生成并打印 PCB 报表文件

Protel 提供了生成多种 PCB 报表文件的功能,为用户提供了有关设计内容的详细资料,主要包括 PCB 设计过程中的电路板状态信息、元件封装的引脚信息、元件封装信息、网络信息、布线信息等。

1. PCB 信息

"PCB 信息"对话框为用户提供当前电路板的相关信息,具体内容包括电路板尺寸、焊盘和过孔的数量、元件封装的图元信息、元件封装信息和网络信息等。执行菜单命令"报告"→"PCB 板信息",弹出如图 3-184 所示的"PCB 信息"对话框,其中各选项功能如下:

- ◆ "一般"选项卡:用于显示当前电路板的基本信息,具体内容包括电路板尺寸、焊盘和过孔数目、违反设计规则的数目和所用图元数目等。

图 3-184 "PCB 信息"对话框

- ◆ "元件"选项卡:用于显示当前电路板中使用的元件标识符和元件所在的板层等信息。
- ◆ "网络"选项卡:用于显示当前电路板中的网络信息。
- ◆ "报告…"按钮:用于输出电路板报告文件。单击此按钮,弹出如图 3-185 所示的"电路板报告"对话框,在此选择需要生成的报表项目。如果选中复选框"只有选定的对象",则表示只产生包括所选中项目的电路板信息报表;单击"全选择"按钮,表示选中所有复选框;单击"全取消"按钮,表示不选择任何复选框。选择好所包括的报表项目后,单击"报告"按钮,生成如图 3-186 所示的当前电路板的信息报表文件,其扩展名为.REP。

2. 生成材料清单报告文件

元件清单报告内容显示了当前印制电路板文件中的元件信息列表,便于用户采购实际元器件。执行菜单命令"报告"→"Bill of Materials"后,弹出如图 3-187 所示的"Bill of Materials For PCB Document"对话框,在"其他列"栏目中选择需要生成的内容项目;单击"报告…"按钮,则弹出如图 3-188 所示的"报告预览"对话框,在此可以用不同显示比例预览当前报告文件内容或打印输出报告文件;单击"输出…"按钮,则将当前元件报表以电子表格的形式导出,此时还会弹出"保存文件"对话框用于保存当前导出的报表文件;选中复选框"打开输出",则导出报告文件的同时打开所生成的材料清单报告文件。

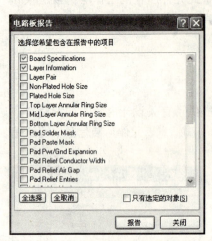

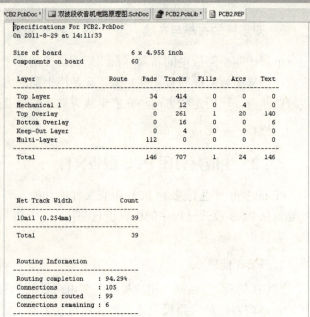

图 3-185 "电路板报告"对话框　　　　　图 3-186 电路板的信息报表文件

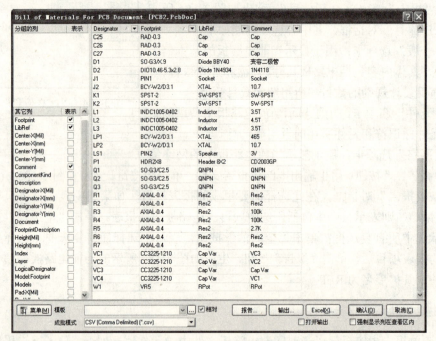

图 3-187 "Bill of Materials For PCB Document"对话框

3. 生成 BOM 报告文件

执行菜单命令"报告"→"Simple BOM",生成两种类型的报告文件,即.BOM 和.CSV 文件。.BOM 文件以列表的形式显示当前电路板中的所有元件封装的注释、元件数目、元件标识符等信息,如图 3-189 所示;.CSV 文件以文本的形式显示当前电路板中的所有元件封装的注释、元件数目、元件标识符等信息,如图 3-190 所示。

项目3 设计印制电路板

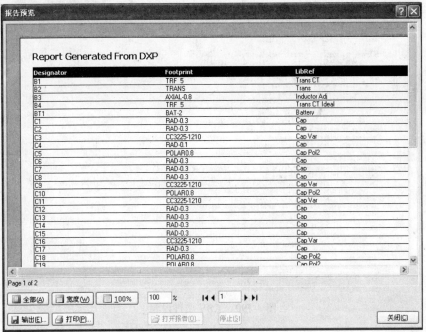

图 3-188 "报告预览"对话框

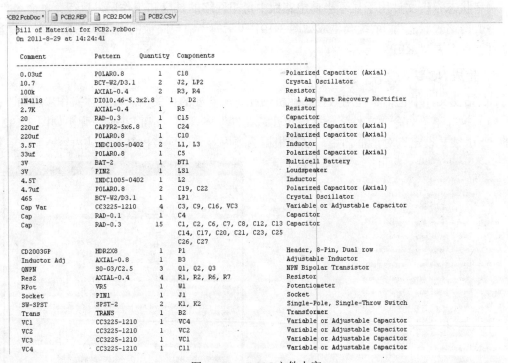

图 3-189 .BOM 文件内容

> **提示**：上面3种生成元件报告文件的方法，是针对当前印制电路板文件而生成的。如果当前项目中包含多个印制电路板文件，则需要使用菜单"报告"→"项目报告"中的子菜单，来生成当前项目的元件报告文件。

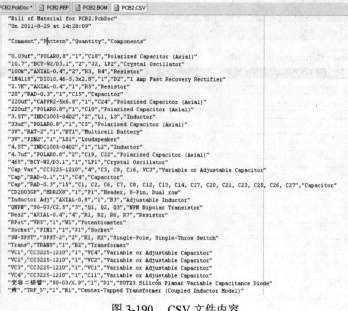

图 3-190 .CSV 文件内容

4. 生成网络状态报告文件

网络状态报告文件用于显示当前电路板中每个网络的长度和工作层。执行菜单命令"报告"→"网络表状态",系统会生成如图 3-191 所示的当前电路板的网络状态报告文件内容,其文件扩展名是".REP"。

5. 生成 NC 钻孔文件

NC 钻孔文件中包括了使用数控钻孔机钻孔时所需要的相关信息,具体操作步骤如下:

(1)执行菜单命令"文件"→"输出建造文件"→"NC Drill Files",弹出如图 3-192 所示的"NC 钻孔设定"对话框,用户在此根据选项内容来设置数控钻孔格式内容。

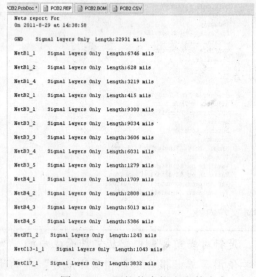 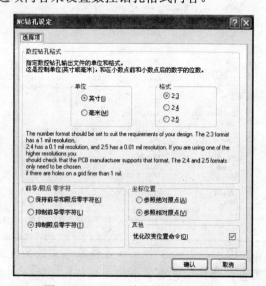

图 3-191 网络状态报告文件内容   图 3-192 "NC 钻孔设定"对话框

（2）单击"确认"按钮，弹出如图 3-193 所示的"输入钻孔数据"对话框，用户在此设置数控钻孔的单位和数据。单击"单位…"按钮，则弹出如图 3-194 所示的"NC Drill Import Settings"对话框，用户可以在此精确设置数控钻孔数据的单位和格式等信息。

图 3-193　"输入钻孔数据"对话框　　　图 3-194　"NC Drill Import Settings"对话框

（3）单击图 3-194 中的"确认"按钮，则会自动生成如图 3-195 所示的制造文件 CAMtastic1.Cam。

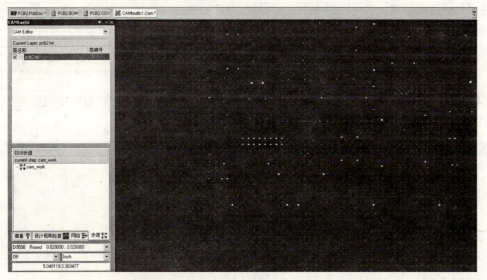

图 3-195　制造文件 CAMtastic1.Cam

6．生成光绘文件

大规模制作印制电路板所需的文件是 Gerber 文件和钻孔数据文件，其中 Gerber 文件是用于印制电路板加工工艺的光绘文件，它是一种国际标准的光绘格式文件，包括 RS-274-D 和 RS-274-X 两种格式，常用的 CAD 软件都能生成这两种格式文件。

执行菜单命令"文件"→"输出建造文件"→"Gerber Files"，弹出如图 3-196 所示的"光绘文件设定"对话框一。具体操作过程如下：

（1）设置"一般"选项卡。此选项卡用于设置电路板单位和格式，单位包括公制和英制。当选择英制单位时，其文件显示格式比例分别为 2:3、2:4、2:5；当选择公制单位时，其文件显示格式比例分别为 4:2、4:3、4:4。

（2）设置"层"选项卡。此选项卡用于设置所需要输出的工作层，如图 3-197 所示。

图 3-196 "光绘文件设定"对话框一

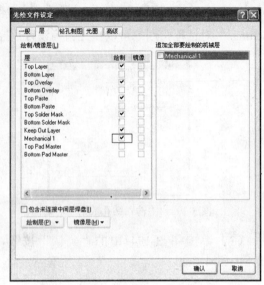

图 3-197 "光绘文件设定"对话框二

(3) 设置"钻孔制图"选项卡。此选项卡用于设置是否输出钻孔图形或图层对,如图 3-198 所示。

(4) 设置"光圈"选项卡。此选项卡用于设置光绘薄膜的尺寸、数据的零位处理方式、孔的误差等参数,如图 3-199 所示。

图 3-198 "光绘文件设定"对话框三

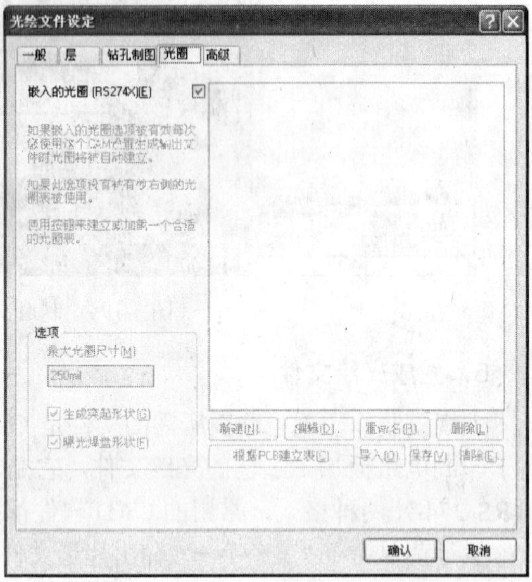

图 3-199 "光绘文件设定"对话框四

(5) 设置"高级"选项卡。此选项卡用于设置胶片尺寸、光圈匹配误差、胶片上位置、绘图器类型等参数,如图 3-200 所示。

(6) 单击"确认"按钮,弹出如图 3-201 所示的 Gerber 文件 CAMtastic1.Cam 窗口。

项目3 设计印制电路板

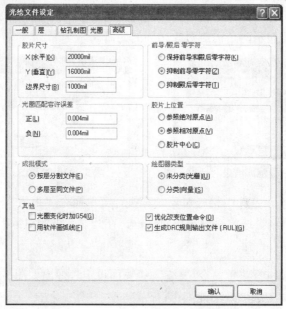

图 3-200 "光绘文件设定"对话框五

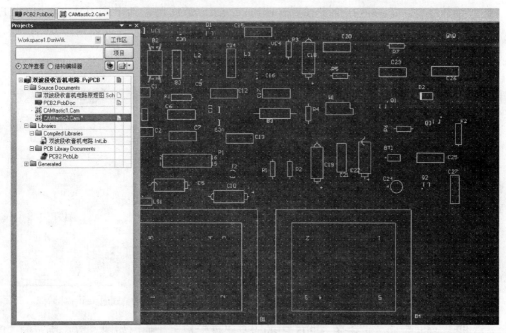

图 3-201 Gerber 文件 CAMtastic1.Cam 窗口

7. 测量电路板中的对象间距

（1）测量距离。执行菜单命令"报告"→"测量距离"，箭头光标下方出现十字形符号，单击被测间距的起点，移动光标后再单击被测间距的终点，此时弹出如图 3-202 所示的测量距离结果对话框，在此显示被测的两点之间的距离。

（2）测量图元。执行菜单命令"报告"→"测量图元"，箭头光标下方出现十字形符号，单击被测间距的起点，移动光标后再单击被测间距的终点，此时弹出如图 3-203 所示的测量图元结果对话框，在此显示两个被测对象之间的距离。

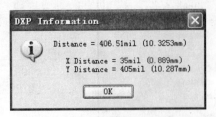

图 3-202　测量距离结果对话框

图 3-203　测量图元结果对话框

（3）测量选定对象。先选中相应对象，再执行菜单命令"报告"→"测量选定对象"，弹出如图 3-204 所示的测量选定对象结果对话框，在此显示被测对象的总长度。

8．打印报告文件

（1）设置页面选项。执行菜单命令"文件"→"页面设定"，弹出如图 3-205 所示的"Composite Properties"对话框，其中选项及功能如下：

- ◆ "打印纸"选项区：用于设置纸张尺寸和方向。
- ◆ "余白"选项区：用于设置纸张的边缘到图纸边框的距离。
- ◆ "缩放比例"选项区：用于设置打印时的图纸缩放比例，其中 Fit Document On Page 选项表示将当前图形以充满整页的缩放比例来打印，Scale 选项表示根据用户输入的打印比例来打印，在"刻度"文本框中输入具体的打印比例值。
- ◆ "彩色组"选项区：用于设置打印模式。

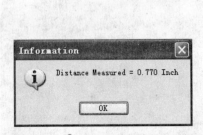

图 3-204　测量选定对象结果对话框

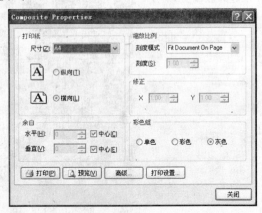

图 3-205　"Composite Properties"对话框

（2）设置打印层面。单击图 3-205 中的"高级…"按钮，弹出如图 3-206 所示的"PCB 打印输出属性"对话框。双击其中一个工作层，会弹出如图 3-207 所示的"层属性"对话框，在此选择需要打印的工作层。光标指向指定工作层，单击鼠标右键，弹出如图 3-208 所示的快捷菜单，从中选择"插入层"命令，也可以插入一个需要打印的工作层。用户还可以从此快捷菜单中选择其他命令来创建报表文件和设置层属性。在如图 3-206 所示对话框"包含元件"栏目中可以设置单面打印或双面打印，在"打印输出选项"栏目中可以设置是否打印孔、镜像打印和打印 TT 字体。

项目3 设计印制电路板

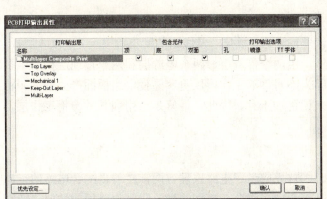

图 3-206 "PCB 打印输出属性"对话框 　　图 3-207 "层属性"对话框

（3）设置打印机。单击图 3-205 中的"打印设置…"按钮，弹出如图 3-209 所示的"Printer Configuration for"对话框，用于设置打印机型号、打印页范围、打印方向、纸张来源、分辨率和打印质量等参数，还可以进行打印预览，观察打印结果。

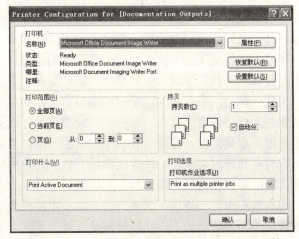

图 3-208 设置打印输出层的快捷菜单　　图 3-209 "Printer Configuration for"对话框

任务 3.5 设计多层印制电路板

任务目标

◆ 多层板的特点；
◆ 设置多层板的工作层。

多层印制电路板就是指有两层以上信号层的印制电路板，常用于高速数字系统的电路板设计。其内部的多个信号层常用于设计电源层和接地层，在内部使用过孔既能够导通各层线

路,又能够起到各个信号层之间的绝缘作用。随着 SMT 的不断发展,多层印制电路板应用更加广泛。

3.5.1 多层板的特征

1. 电路板外形、尺寸与工作层

多层板的工作层数应该根据电路性能的要求、板尺寸及线路的密集程度而定,以 4 层板、6 层板的应用最为广泛。以 6 层板为例,由两个信号层、两个电源层和两个接地层构成。多层板的各个工作层之间应保持对称,因为不对称的工作层压更容易使电路板面产生翘曲,特别是对于表面贴装较多的多层电路板来说更加不利。因此,最好是选用偶数的覆铜工作层,即 4、6、8 层等。

2. 多层板中元件封装的布局

在对多层板中元件封装进行布局时,首先应考虑电路原理方面,接着再配合电路的走向来进行操作。多层板上元件封装布局是否合理,将会直接影响到该印制电路板的性能,特别是高频模拟电路,对元件封装的位置及摆放要求更加严格。因此,在进行多层板的整体布局时,应该对电路原理进行详细的分析,先确定特殊元器件(如大规模 IC、大功率管、信号源等)的位置,然后再安排其他元器件,尽量避免可能产生干扰的因素。

3. 多层板中元件封装的布线

在多层板设置布线规则和布线操作时,应该遵守更严格的设计要求:将电源层、地层和信号层分开,且相邻两层电源层或接地层的走线应尽量相互垂直或走斜线、曲线,不能走平行线,以减小基板的层间干扰;同一工作层上的信号线,在拐角处应该避免锐角拐弯走线,以减小电路板的干扰;尽量走短的导线,特别是对于小信号电路来说,线越短电阻越小,电路板的干扰就越小;布线时的线宽应根据当前电路的实际要求来确定,电源和接地线宽度应该尽量宽些,信号线宽度可相对窄些;相同类型的导线宽度要尽量一致,避免导线突然变粗及突然变细的布线情况,这样会有利于阻抗的匹配;实际布线时通常是按电路功能分模块进行的,在外层布线时要求在元件焊接面或有较少元件面进行操作,这样有利于印制电路板的维修和排除故障;在内层布线通常布置较细、密且易受干扰的信号线;大面积的覆铜应该比较均匀地布置在内层和外层,这将有助于减小电路板的翘曲度,也会使电镀时在表面获得较均匀的镀层;为了防止加工电路板外形或机械加工时对导线和工作层间造成短路,内外层的禁止布线区中的导线及元件封装应该与板边缘保持大于 50mil 的距离;多层电路板上所有的电压几乎都接在同一个电源层上,因此需要对电源层进行分区隔离,分区线一般采用 20~80mil 的线宽为宜,电压越高则分区线的宽度应该越粗。

4. 钻孔与焊盘的要求

多层板上的元件钻孔尺寸与所选用的元件引脚尺寸紧密相关,如果钻孔过小则会影响器件的插装及上锡,如果钻孔过大则在焊接时焊点会不够饱满。因此,元件引脚的孔径及焊盘大小需要遵循一定的计算方法,即元件引脚的孔径=元件引脚直径(或对角线)+(10~30mil)。为提高电路板的可靠性且减少焊接过程中大面积金属吸热而产生的虚焊,在焊盘、过孔与电源层、接地层的连接处的焊盘都应该设计成花孔形状。

3.5.2 设计多层板

多层印制电路板的布局和布线的操作过程基本与双层板的布局、布线过程一致,在此只介绍多层板设计中至关重要的中间层的设置和内电层分割的相关内容。

1. 添加内部电源层

在印制电路板文件中,执行菜单命令"设计"→"层堆栈管理器",弹出如图 3-210 所示的"图层堆栈管理器"对话框,由于系统默认新建电路板是双层板,因此在此对话框中的布线层只有两层。

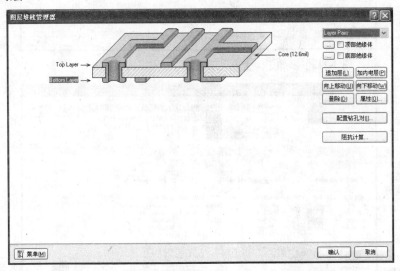

图 3-210 "图层堆栈管理器"对话框

添加内电层的具体操作过程如下:

(1)选中一个已存在的工作层。添加内部工作层之前需要先选中一个已存在的工作层,单击左侧栏目中的 Top Layer 或 Bottom Layer。

(2)单击"图层堆栈管理器"对话框中的"加内电层"按钮,在已选择工作层的下面或上面会自动增加一个 InternalPlane1(No Net)层,即添加了一个内电层。

图 3-211 "编辑层"对话框

(3)设置内电层属性。选中这个新增的内电层再单击"属性..."按钮或双击新增的内电层,都会弹出如图 3-211 所示的"编辑层"对话框,"名称"文本框用于输入内电层名称(在此输入 VCC);"网络名"文本框用于选择需要连接到的网络名称。用同样的方法再添加一个 VCC 层和两个 GND 层,再使其分别与"VCC"和"GND"网络相连。添加 4 个内电层后的"图层堆栈管理器"对话框如图 3-212 所示。

2. 显示新增的内电层

执行菜单命令"设计"→"PCB 板层次颜色",在弹出的"板层和颜色"对话框中,选中 InternalPlane1、InternalPlane2、InternalPlane3、InternalPlane4 这 4 个新添加的内电层，如图 3-213 所示。此时这 4 个新增的内电层就会出现在印制电路板下方的工作层标签中，如图 3-214 所示。

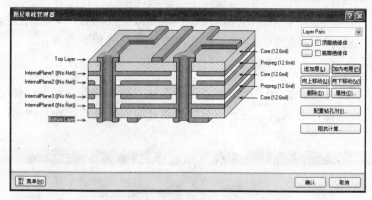

图 3-212　添加了 4 个内电层后的"图层堆栈管理器"对话框

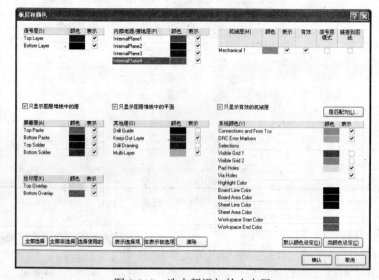

图 3-213　选中新添加的内电层

图 3-214　增加了 4 个内电层后的电路板文件工作层标签

3. 分割内电层

在顶层和底层上没有足够的空间来布置导线，而又不想增加更多的信号层，此时可以将这些信号线布置在内电层上。打开印制电路板文件，单击内电层的工作层标签，执行菜单命令"放置"→"直线"，在当前的内电层上绘制出如图 3-215 所示的两个封闭的区域。双击任意一个封闭区域，弹出如图 3-216 所示的"分割内部电源/接地层"对话框，从其下拉框中选择需要放置的网络名称。

图 3-215　将当前内电层划分为两个封闭区域

项目3 设计印制电路板

还可以在如图 3-217 所示的"PCB"操作面板最上面的下拉列表框中选择"Split Plane Editor"选项,单击需要划分区域的内电层名称,在其上方放置直线将其分为几个封闭区域,再双击对应的封闭区域即可对其进行编辑。

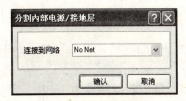

图 3-216 "分割内部电源/接地层"对话框

图 3-217 用于划分内电层的"PCB"操作面板

综合设计6 设计双波段收音机单层电路板

在本任务中,通过介绍应用 Protel 软件设计双波段收音机单层印制电路板的操作过程,使用户从整体上掌握单层和双层印制电路板设计的相关知识与操作技能,积累实践操作经验,从而使用户能够独立且熟练地进行印制电路板设计操作。

打开 Protel 软件且在 PCB 项目文件"双波段收音机电路.PrjPCB"中新建单层印制电路板文件"双波段收音机单层板.PcbDoc",将原理图文件"双波段收音机原理图.SchDoc"中网络表信息导入到当前电路板文件中,并在电路板上进行合理布局和布线,结果如图 3-218 所示。具体设计要求是:设置电源和地线宽度为 25mil 且其余线宽为 15mil,不显示可视网格,捕获网络设为 5mil,光标类型为小 45°光标,规划电路板外形为矩形且尺寸为 5 000mil×6 000mil,进行电路板的布局和布线,进行设计规则检查并修改,编译当前 PCB 文件并根据错误提示信息进行修改直至无误,生成集成元件库和元件材料清单文件。

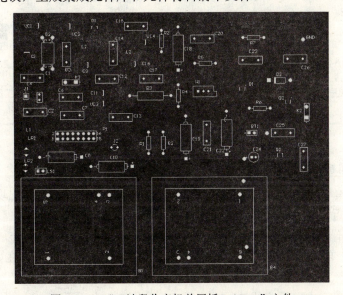

图 3-218 "双波段收音机单层板.PcbDoc"文件

207

设计双波段收音机单层电路板文件的具体操作过程如下：

1. 在 PCB 项目文件"双波段收音机电路.PrjPCB"中新建文件"双波段收音机单层板.PcbDoc"

（1）双击图标 ，打开 Protel 2004 软件。

（2）打开 PCB 项目文件"双波段收音机电路.PrjPCB"，执行菜单命令"文件"→"创建"→"PCB 文件"，新建"双波段收音机单层板.PcbDoc"文件。

2. 设置 PCB 文件的工作环境和图纸选项参数

（1）执行菜单命令"工具"→"优先设定"，在弹出的"优先设定"对话框中将"光标类型"选项设为 Small Cursor 45 即 45°小十字光标。

（2）执行菜单命令"设计"→"PCB 板选择项"，将捕获网格设为 5mil。

3. 设置工作层

执行菜单命令"设计"→"PCB 板层次颜色"，在弹出的"板层和颜色"对话框中选中如图 3-219 所示的工作层，即将当前电路板文件设置为单层板。

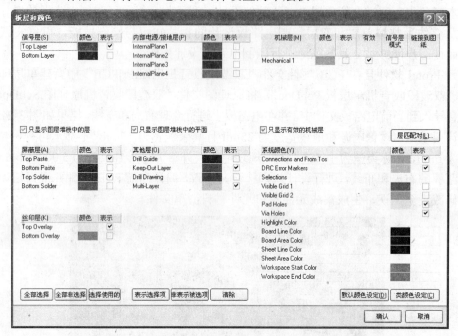

图 3-219 "双波段收音机单层板.PcbDoc"文件的工作层

4. 规划电路板外形及尺寸

（1）执行菜单命令"编辑"→"原点"→"设定"，箭头光标下方出现十字形符号，在电路板左下角附近单击，确定电路板工作区的原点。

（2）单击工作层标签 Keep-Out Layer，使禁止布线层成为当前工作层。执行菜单命令"放置"→"禁止布线区"→"导线"，箭头光标下方出现十字形符号，在如图 3-220 中所示的原点处单击以确定电路板底线的第一个顶点；向右侧拉动光标至光标的坐标值为（6000，0）时单击一次，以确定电路板底线的另一个顶点，如图 3-221 所示。

项目3 设计印制电路板

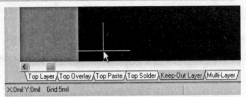

图 3-220 确定电路板外形底线的第一个顶点

（3）用相同的方法，绘制电路板的另 3 条边线，如图 3-222 所示。

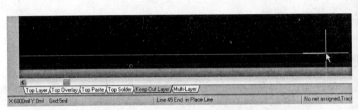
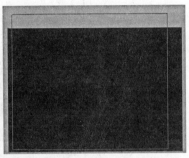

图 3-221 确定电路板外形底线的另一个顶点　　图 3-222 电路板外形结构

（4）重新定义 PCB 形状。由如图 3-222 所示的图形来看，原来默认的电路板形状与当前电路板外形和尺寸不符，因而需要重新定义 PCB 形状。执行菜单命令"设计"→"PCB 板形状"→"重新定义 PCB 板形状"，此时箭头光标下方出现十字形符号，如图 3-223 所示；在已绘制完成的电路板外形的外侧约 50mil 位置处单击，依据电路板外形来重新定义当前 PCB 形状，重新定义完成的 PCB 形状如图 3-224 所示。

图 3-223 根据 PCB 外形重新定义 PCB 形状　　图 3-224 重新定义完成的 PCB 形状

5．导入工程变化订单并修改

在"双波段收音机单层板.PcbDoc"文件中，执行菜单命令"设计"→"Import Changes From 双波段收音机单层板.PrjPCB"，弹出如图 3-225 所示的"工程变化订单（ECO）"对话框，在此将当前项目中原理图元件及网络信息导入到当前 PCB 文件中。具体操作过程如下：

（1）单击"使变化生效"按钮，在"状态"栏目下方的"检查"栏中会出现如图 3-226 所示的检查结果。如果在使变化生效的过程中无误，则会在其左侧对应元件或网络处出现 ✓ 图标；如果在使变化生效的过程中出现红色叉图标，则说明与其左侧对应的元件封装或网络有误，需要回到原理图中进行修改，接着再重新进行导入工程变化订单的操作。

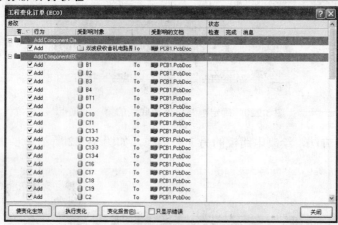

图 3-225 "工程变化订单（ECO）"对话框

图 3-226 使变化生效后的"工程变化订单（ECO）"对话框

（2）单击"执行变化"按钮，则当前对话框如图 3-227 所示，在"状态"栏目下的"完成"栏中会显示执行变化的结果，即将网络表中的元件封装和网络信息导入到 PCB 文件的执行变化过程中是否有误。如果有误，则需要回到原理图进行修改后再重新进行导入工程变化订单操作。

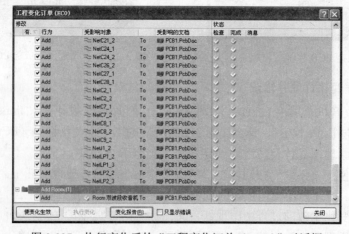

图 3-227 执行变化后的"工程变化订单（ECO）"对话框

项目3 设计印制电路板

（3）单击"关闭"按钮，此时当前电路板右侧边缘会出现如图3-228所示的元件封装及网络连接信息，在这些信息外有一个房间，拖动这个房间可以实现其中对象的整体移动，便于用户进行布局操作。

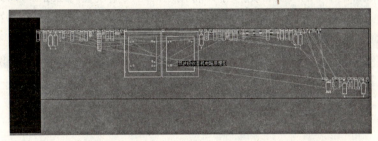

图3-228 导入到电路板文件中的元件封装和网络连接信息

6. 电路板的布局

使用手动布局的方法，按图3-229所示的元件布局进行手动布局操作，重新保存当前PCB文件。

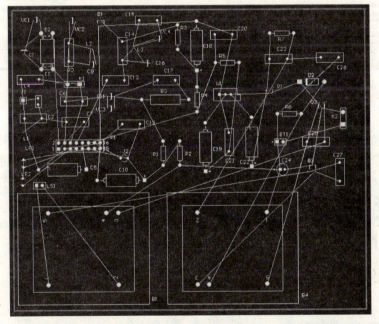

图3-229 "双波段收音机单层板.PcbDoc"文件的元件布局

7. 放置GND接地焊盘

单击Multi-Layer工作层标签，执行菜单命令"放置"→"焊盘"，此时箭头光标下方出现焊盘符号；按Tab键，在弹出的"焊盘"对话框中将其"网络"选项设置为"GND"，完成网络连接后的接地焊盘会出现与GND网络相连接的飞线；执行菜单命令"放置"→"字符串"，在接地焊盘附近单击放置，并在其属性对话框中将字符修改为"GND"，如图3-230所示。

图3-230 添加接地焊盘和字符串

211

8. 设置布线规则

执行菜单命令"设计"→"规则",弹出如图 3-231 所示的"PCB 规则和约束编辑器"对话框,在 Routing 选项的 Width 选项中,将接地网络线宽设置为 25mil 且其余网络线宽设置为 15mil;在 Routing Priority 选项中,将接地网络的布线优先级别设置为"2";在 Routing Layers 选项中,只选择 Top Layer 作为布线层。

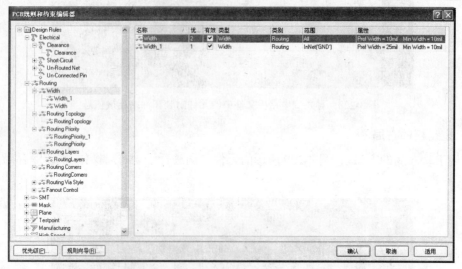

图 3-231 设置布线规则后的"PCB 规则和约束编辑器"对话框

9. 自动布线与手动调整布线

(1) 自动布线。执行菜单命令"自动布线"→"全部对象",在弹出的"Situs 布线策略"对话框中单击"编辑层方向",在弹出的如图 3-232 所示的"层方向"对话框中将 Bottom Layer 设置为 Not Used,即不使用底层布线而只在顶层布线,单击"确定"按钮,回到"Situs 布线策略"对话框,单击"Route All"按钮,系统自动进行布线操作。

(2) 在系统执行自动布线的操作过程中,会弹出如图 3-233 所示的"Messages"对话框,在此提示用户自动布线操作的进程。当完成自动布线操作后,此对话框会显示自动布线的布通率和未布通导线的数目。

图 3-232 "层方向"对话框

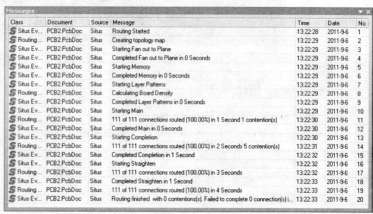

图 3-233 "Messages"对话框

项目3 设计印制电路板

（3）手动调整布线。如图 3-234 所示自动布线后的电路板走线并不十分合理，因此需要进行手动调整。执行菜单命令"放置"→"交互式布线"，箭头光标下方出现十字形符号，在 C13_1 焊盘上单击；向下垂直方向拉动光标，在与下方导线相交处单击，完成手动调整布线，结果如图 3-235 所示。

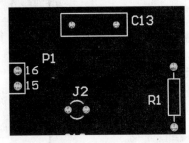
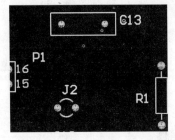

图 3-234　部分不合理的自动布线　　　　图 3-235　手动调整布线后的电路板走线

10. 设计规则检查并修改

执行菜单命令"工具"→"设计规则检查"，在弹出的"设计规则检查器"对话框中单击"运行设计规则检查"按钮，弹出如图 3-236 所示的"PCB2.DRC"文件。

图 3-236　"PCB2.DRC"文件

11. 添加电路板辅助内容

（1）为顶层添加覆铜。单击 Top Layer 工作层标签，执行菜单命令"放置"→"覆铜"，按图 3-237 所示的"覆铜"对话框设置覆铜参数，单击"确认"按钮；光标下方出现十字形符号，拖动出覆铜范围，覆铜结果如图 3-238 所示。

电子 CAD 绘图与制版项目教程

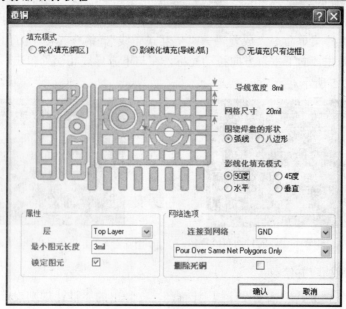

图 3-237 "覆铜"对话框

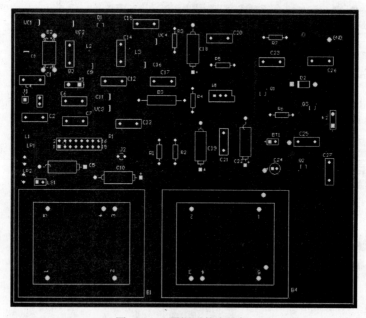

图 3-238 覆铜后的电路板

（2）为 GND 网络设置包地线。执行菜单命令"编辑"→"选择"→"网络中对象"，在 GND 网络上单击，即可选定 GND 网络；执行菜单命令"工具"→"生成选定对象的包络线"，结果如图 3-239 所示。

12．编译项目文件

执行菜单命令"项目管理"→"Compile PCB Project 双波段收音机电路.PrjPCB"，当前项目无误则不会弹出对话框；如果当前项目中有误，则需要进行修改，再重新进行编译操作。

214

项目3 设计印制电路板

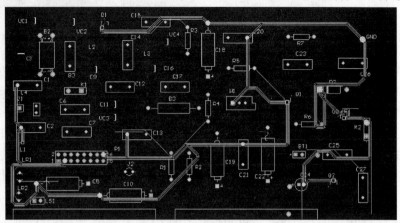

图 3-239 为 GND 网络设置包地线

13. 生成集成元件库文件

执行菜单命令"设计"→"生成集成库",则在当前 PCB 项目中生成"双波段收音机电路.IntLib"集成库文件。在"元件库"操作面板中选中此库,则会列出当前 PCB 项目中所有元件,如图 3-240 所示。

14. 生成元件材料清单文件

执行菜单命令"报告"→"Bill of Materials",在弹出的对话框中单击"输出"按钮,在弹出的"保存"对话框中输入元件材料清单名称"双波段收单机电路.xls",即可生成一个电子表格格式的元件材料清单文件。

15. 三维显示电路板文件

执行菜单命令"查看"→"显示三维 PCB 板",结果如图 3-241 所示。

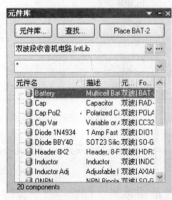

图 3-240 "双波段收音机电路.IntLib"集成库文件中内容

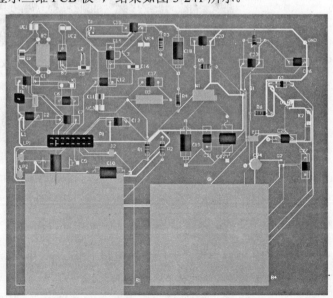

图 3-241 三维显示 PCB 板文件

综合设计 7　设计稳压电源双层电路板

在本任务中,通过介绍应用 Protel 软件设计稳压电源的双层印制电路板的操作过程,使用户从整体上掌握双层印制电路板设计的相关知识与操作技能,积累实践操作经验,从而使用户能够独立且熟练地进行印制电路板设计操作。

打开 Protel 软件且在 PCB 项目文件"稳压电源电路.PrjPCB"中新建双层印制电路板文件"稳压电源双层板.PcbDoc"和自制封装文件"自制封装.PCBLIB",将原理图文件"稳压电源电路原理图.SchDoc"中网络表信息导入到当前电路板文件中,并在电路板上进行合理布局和布线,结果如图 3-242 所示。具体设计要求是:绘制如图 3-243 所示的元件 R1 的自制封装 R 和如图 3-244 所示的元件 R2 的自制封装 HR;电源和地线宽度为 30mil 且其余线宽为 15mil,不显示可视网格,捕获网络设为 5mil,光标类型为小 45°光标,规划电路板外形为矩形且尺寸为 4 000mil×5 000mil,进行电路板的布局和布线,进行设计规则检查并修改,编译当前 PCB 文件并根据错误提示信息进行修改直至无误,生成集成元件库和元件材料清单文件。

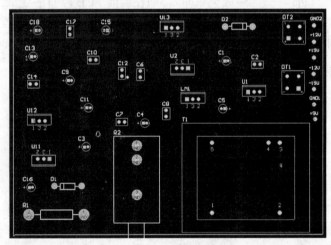

图 3-242　"稳压电源双层板.PcbDoc"文件电路板图

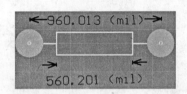　　　　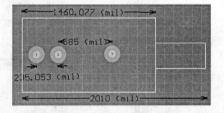

图 3-243　元件 R1 的自制封装 R　　　　图 3-244　元件 R2 的自制封装 HR

设计稳压电源双层电路板文件的具体操作过程如下:

1. 在 PCB 项目文件"稳压电源电路.PrjPCB"中新建文件"稳压电源双层板.PcbDoc"

(1) 双击图标,打开 Protel 软件。

(2) 打开 PCB 项目文件"稳压电源电路.PrjPCB",执行菜单命令"文件"→"创建"→"PCB 文件",新建"稳压电源双层板.PcbDoc"文件。

2. 设置 PCB 文件的工作环境和图纸选项参数

（1）执行菜单命令"工具"→"优先设定"，在弹出的"优先设定"对话框中将"光标类型"选项设为 Small Cursor 45 即 45°小十字光标。

（2）执行菜单命令"设计"→"PCB 板选择项"，将捕获网格设为 5mil。

3. 设置工作层

执行菜单命令"设计"→"PCB 板层次颜色"，在弹出的"板层和颜色"对话框中选中如图 3-245 所示的工作层，即将当前电路板文件设置为双层板。

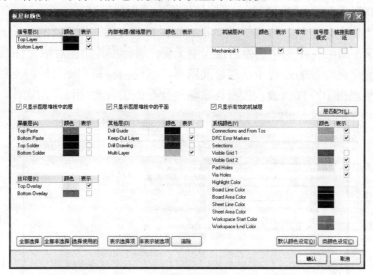

图 3-245　"稳压电源双层板.PcbDoc"文件的工作层

4. 规划电路板外形及尺寸

（1）执行菜单命令"编辑"→"原点"→"设定"，箭头光标下方出现十字形符号，在电路板左下角附近单击，确定电路板工作区的原点。

（2）单击工作层标签 Keep-OutLayer，使禁止布线层成为当前工作层。执行菜单命令"放置"→"禁止布线区"→"导线"，分别在坐标值为（0,0）、（5000,0）、（5000,4000）、（0,5000）的点上单击以确定电路板的 4 个顶点。

（3）重新定义 PCB 形状。执行菜单命令"设计"→"PCB 板形状"→"重新定义 PCB 板形状"，此时箭头光标下方出现十字形符号，在已绘制完成的电路板外形的外侧约 50mil 位置处单击，依据电路板外形来重新定义当前 PCB 形状。

5. 新建自制封装文件"自制封装.PCBLIB"

执行菜单命令"文件"→"创建"→"PCB 库"，保存当前 PCB 库文件并将其改名为"自制封装.PCBLIB"。绘制自制元件封装的具体操作过程如下：

（1）新建并重新命名自制封装 R。执行菜单命令"工具"→"元件属性"，将当前自动新建的封装元件名称改为 R。

（2）绘制自制封装 R 的外形。单击 Top Overlay 工作层标签，单击"PCB 库放置"工具栏中的 ╱ 图标，在当前工作区中按图 3-243 所示尺寸来绘制其外形。

(3) 放置自制封装 R 的焊盘。单击 MultiLayer 工作层标签，单击"PCB 库放置"工具栏中的 图标，在当前工作区合适位置放置两个焊盘，并将其焊盘序号改为 1 和 2。

(4) 绘制自制封装 HR。重复（1）～（3）步的操作过程，并根据图 3-244 所示的自制封装 HR 的外形和尺寸绘制 HR。

6. 导入工程变化订单并修改

在"稳压电源双层板.PcbDoc"文件中，执行菜单命令"设计"→"Import Changes From 稳压电源双层板.PrjPCB"，弹出"工程变化订单（ECO）"对话框，在此将当前项目中原理图元件及网络信息导入到当前 PCB 文件中。具体操作过程如下：

（1）单击"使变化生效"按钮，在"状态"栏目下方的"检查"栏中会出现如图 3-246 所示的检查结果。如果在使变化生效的过程中无误，则会在其左侧对应元件或网络处出现 图标；如果在使变化生效的过程中出现红叉图标，则说明与其左侧对应的元件封装或网络有误，需要回到原理图中进行修改，接着再重新进行导入工程变化订单的操作。

图 3-246 使变化生效后的"工程变化订单（ECO）"对话框

（2）单击"执行变化"按钮，则当前对话框如图 3-247 所示，在"状态"栏目下的"完成"栏中会显示执行变化的结果，即将网络表中的元件封装和网络信息导入到 PCB 文件的执行变化过程中是否有误。如果有误，则需要回到原理图进行修改后再重新进行导入工程变化订单操作。

图 3-247 执行变化后的"工程变化订单（ECO）"对话框

项目3　设计印制电路板

（3）单击"关闭"按钮，此时当前电路板右侧边缘会出现如图 3-248 所示的元件封装及网络连接信息，在这些信息外有一个房间，拖动这个房间可以实现其中对象的整体移动，便于用户进行布局操作。

图 3-248　导入到电路板文件中的元件封装和网络连接信息

7. 电路板的布局

使用手动布局的方法，按图 3-249 所示的元件布局进行手动布局操作，重新保存当前 PCB 文件。

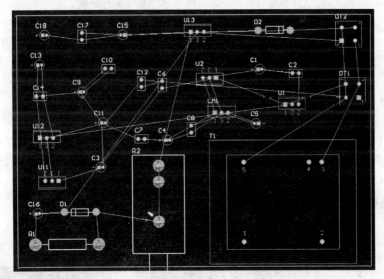

图 3-249　"稳压电源双层板.PcbDoc"文件的元件布局

8. 放置 GND 接地焊盘

单击 Multi-Layer 工作层标签，执行菜单命令"放置"→"焊盘"，在合适位置处放置 6 个电源焊盘，并在对应焊盘附近放置焊盘说明字符：+5V、+12V、+15V、-12V、-15V、VCC，分别将对应焊盘与相应的网络连接上；再在适当位置处放置两个接地焊盘，在对应焊盘附近放置焊盘说明字符：GND1、GND2，并分别将对应的接地焊盘与网络 GND1 和 GND2 连接。

9. 设置布线规则

执行菜单命令"设计"→"规则"，弹出如图 3-250 所示的"PCB 规则和约束编辑器"对话框，在 Routing 选项的 Width 选项中，将接地网络和电源网络的线宽设置为 30mil 且其余网络线宽设置为 15mil；在 Routing Layers 选项中，选择 Top Layer 和 Bottom Layer 作为布线层。

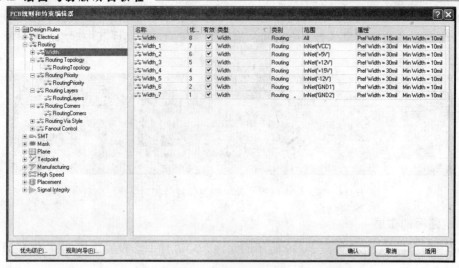

图 3-250 设置布线规则后的"PCB 规则和约束编辑器"对话框

10. 自动布线与手动调整布线

（1）自动布线。执行菜单命令"自动布线"→"全部对象"，在弹出的"Situs 布线策略"对话框中单击"编辑层方向"；在弹出的如图 3-251 所示的"层方向"对话框中，将 Bottom Layer 设置为 Vertical 且 Top Layer 设置为 Horizontal，即使用顶层和底层布线；单击"确定"按钮，回到"Situs 布线策略"对话框，单击"Route All"按钮，系统自动进行布线操作。

（2）手动调整布线。如图 3-252 所示，自动布线后的电路板走线并不十分合理，因此需要进行手动调整。执行菜单命令"放置"→"交互式布线"，在 C7 与 C4 之间重新绘制一条导线，结果如图 3-253 所示。

 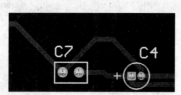 

图 3-251 "层方向"对话框　　图 3-252 部分不合理的自动布线　　图 3-253 手动调整布线后的电路板走线

11. 设计规则检查并修改

执行菜单命令"工具"→"设计规则检查"，在弹出的"设计规则检查器"对话框中单击"运行设计规则检查"按钮，弹出如图 3-254 所示的"稳压电源双层板.DRC"文件。

12. 添加电路板辅助内容

（1）为 GND1 和 GND2 网络设置包地线。执行菜单命令"编辑"→"选择"→"网络中对象"，在 GND1 网络上单击，即可选定 GND1 网络；执行菜单命令"工具"→"生成选定对象的包络线"，结果如图 3-255 所示。用相同的方法为 GND2 网络设置包地线。

项目3 设计印制电路板

```
Protel Design System Design Rule Check
PCB File : \电子出版社CAD教材\CAD教材绘图1\稳压电源电路\稳压电源双层板.PcbDoc
Date   : 2011-9-8
Time   : 15:49:36

Processing Rule : Width Constraint (Min=10mil) (Max=50mil) (Preferred=30mil) (InNet('GND2'))
Rule Violations :0

Processing Rule : Width Constraint (Min=10mil) (Max=50mil) (Preferred=30mil) (InNet('GND1'))
Rule Violations :0

Processing Rule : Width Constraint (Min=10mil) (Max=50mil) (Preferred=30mil) (InNet('-12V'))
Rule Violations :0

Processing Rule : Width Constraint (Min=10mil) (Max=50mil) (Preferred=30mil) (InNet('+15V'))
Rule Violations :0

Processing Rule : Width Constraint (Min=10mil) (Max=50mil) (Preferred=30mil) (InNet('+12V'))
Rule Violations :0

Processing Rule : Width Constraint (Min=10mil) (Max=50mil) (Preferred=30mil) (InNet('+5V'))
Rule Violations :0

Processing Rule : Width Constraint (Min=10mil) (Max=50mil) (Preferred=30mil) (InNet('VCC'))
Rule Violations :0

Processing Rule : Hole Size Constraint (Min=1mil) (Max=100mil) (All)
Rule Violations :0

Processing Rule : Height Constraint (Min=0mil) (Max=1000mil) (Prefered=500mil) (All)
Rule Violations :0

Processing Rule : Width Constraint (Min=10mil) (Max=50mil) (Preferred=15mil) (All)
Rule Violations :0

Processing Rule : Clearance Constraint (Gap=5mil) (All),(All)
Rule Violations :0
```

图3-254 "稳压电源双层板.DRC"文件

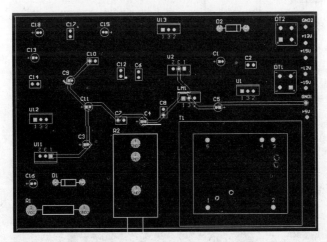

图3-255 为GND1网络设置包地线

（2）为顶层和底层添加覆铜。分别单击Top Layer和Bottom Layer工作层标签，执行菜单命令"放置"→"覆铜"，分别在顶层和底层拉动出相应的覆铜形状，结果如图3-256所示。

13．编译项目文件

执行菜单命令"项目管理"→"Compile PCB Project 稳压电源电路.PrjPCB"，当前项目无误则不会弹出对话框；如果当前项目中有误，则需要进行修改，再重新进行编译操作。

14．生成集成元件库文件

执行菜单命令"设计"→"生成集成库"，则在当前PCB项目中生成"稳压电源电路.IntLib"

集成库文件。在"元件库"操作面板中选中此库,则会列出当前 PCB 项目中所有元件,如图 3-257 所示。

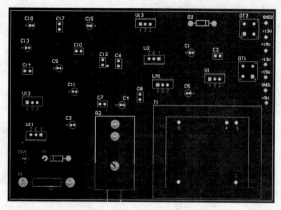

图 3-256　覆铜后的电路板

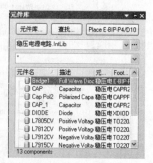

图 3-257　"稳压电源电路.IntLib"集成库文件中的内容

15．生成元件材料清单文件

执行菜单命令"报告"→"Bill of Materials",在弹出的对话框中单击"输出"按钮,在弹出的"保存"对话框中输入元件材料清单名称"稳压电源电路.xls",即可生成一个电子表格格式的元件材料清单文件。

16．三维显示电路板文件

执行菜单命令"查看"→"显示三维 PCB 板",结果如图 3-258 所示。

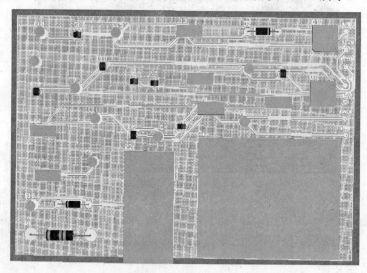

图 3-258　稳压电源双层板文件的三维视图

综合设计 8　设计功率放大器双层电路板

在本任务中,通过介绍应用 AD6.0 软件设计功率放大器双层电路板的操作过程,使用户掌握应用不同版本软件设计双层印制电路板的操作技能,积累实践操作经验,从而使用户能

项目 3 设计印制电路板

够熟练完成印制电路板的设计操作。

使用 AD6.0 软件且在 PCB 项目文件"功率放大器电路.PrjPCB"中新建双层印制电路板文件"功率放大器电路双层板.PcbDoc",将原理图文件"功率放大器电路原理图.SchDoc"中网络表信息导入到当前电路板文件中,并在电路板上进行合理布局和布线,结果如图 3-259 所示。具体设计要求是:电源和地线宽度为 25mil 且其余线宽为 15mil,不显示可视网格,捕获网格设为 5mil,光标类型为小 45°光标,规划电路板外形为矩形且尺寸为 5 000mil×6 000mil,进行电路板的布局和布线,进行设计规则检查并修改,编译当前 PCB 文件并根据错误提示信息进行修改直至无误,生成集成元件库和元件材料清单文件。

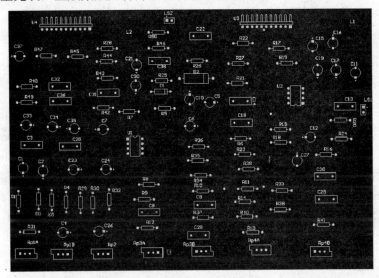

图 3-259 "功率放大器电路双层板.PcbDoc"电路板图

> 提示:AD6.0 软件是 Altium 公司开发的一体化电子产品开发系统,版本 Altium Designer 6.0 除了全面继承包括 99SE、Protel 2004 在内的先前一系列版本的功能和优点以外,还增加了许多改进和很多高端功能。它拓宽了板级设计的传统界限,全面集成了 FPGA 设计功能和 SOPC 设计实现功能,从而允许工程师能将系统设计中的 FPGA 与 PCB 设计及嵌入式设计集成在一起;以强大的设计输入功能为特点,在 FPGA 和板级设计中,同时支持原理图输入和硬件描述输入模式;同时支持基于 VHDL 的设计仿真,混合信号电路仿真、布局前/后信号完整性分析;布局布线采用完全规则驱动模式,并且在 PCB 布线中采用了无网格的 SitusTM 拓扑逻辑自动布线功能;同时,将完整的 CAM 输出功能的编辑结合在一起。

设计功率放大器双层电路板的具体操作过程如下:

1. 在 AD6.0 软件中打开 PCB 工程文件"功率放大器电路.PrjPCB"并修改原理图文件"功率放大器电路原理图.SchDoc"

(1) 双击 图标,打开 AD6.0 软件。

(2) 打开 PCB 工程文件"功率放大器电路.PrjPCB",再打开"功率放大器电路原理图.SchDoc"文件。

> 提示：因为本实例使用 AD6.0 软件来设计功率放大器双层电路板文件，所以需要将当前工程文件中的原理图元件的封装修改为 AD6.0 软件中适合的元件封装。

（3）执行菜单命令"文件"→"新建"→"PCB"，新建"功率放大器电路双层板.PcbDoc"文件。执行菜单命令"设计"→"Update PCB Document 功率放大器电路双层板.PcbDoc"，根据弹出的"工程上改变清单"中出现的错误信息来修改原理图中元件封装，主要包括有极性电容、电感、U1 和 U2。双击对应元件，在弹出的元件属性对话框中将其元件封装改为 AD6.0 软件中适当的元件封装。

2．设置 PCB 文件的工作环境和图纸选项参数

（1）执行菜单命令"工具"→"优先选项"，在弹出的"参数选择"对话框中将"光标类型"选项设为 Small Cursor 45 即 45°小十字光标。

（2）执行菜单命令"设计"→"板参数选项"，将捕获网格设为 5mil。

3．设置工作层

执行菜单命令"设计"→"板层颜色"，在弹出的"视图配置"对话框中选中如图 3-260 所示的工作层，即将当前电路板文件设置为双层板，当前双层板的工作层标签如图 3-261 所示。

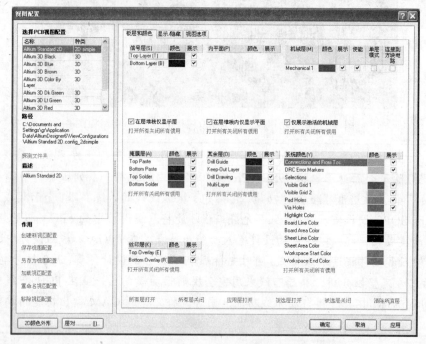

图 3-260 "视图配置"对话框

图 3-261 "功率放大器电路双层板.PcbDoc"文件的工作层标签

4．规划电路板外形及尺寸

（1）执行菜单命令"编辑"→"原点"→"设置"，箭头光标下方出现十字形符号，在电路板左下角附近单击，确定电路板工作区的原点。

项目 3　设计印制电路板

（2）单击工作层标签 Keep-Out Layer，使禁止布线层成为当前工作层。执行菜单命令"放置"→"禁止布线区"→"导线"，分别在坐标值为（0,0）、（6000,0）、（6000,5000）、（0,5000）的点上单击以确定电路板的 4 个顶点。

（3）重新定义 PCB 形状。执行菜单命令"设计"→"板子形状"→"重新定义板子形状"，此时箭头光标下方出现十字形符号，在已绘制完成的电路板外形的外侧约 50mil 位置处单击，依据电路板外形来重新定义当前 PCB 形状。

5．导入工程变化订单并修改

在"功率放大器双层板.PcbDoc"文件中，执行菜单命令"设计"→"Import Changes From 功率放大器双层板.PrjPCB"，弹出"工程上改变清单"对话框，在此将当前项目中原理图元件及网络信息导入到当前 PCB 文件中。具体操作过程如下：

（1）单击"使更改生效"按钮，再单击"执行更改"按钮，则当前对话框如图 3-262 所示，即将网络表中的元件封装和网络信息导入到 PCB 文件中。如果有误，则需要回到原理图进行修改后再重新进行导入工程变化订单操作。

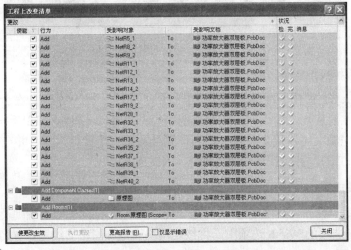

图 3-262　执行更改后的"工程上改变清单"对话框

（2）单击"关闭"按钮，此时当前电路板右侧边缘会出现如图 3-263 所示的元件封装及网络连接信息，在这些信息外有一个房间，拖动这个房间可以实现其中对象的整体移动，便于用户进行布局操作。

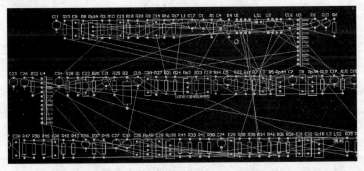

图 3-263　导入到电路板文件中的元件封装和网络连接信息

6. 电路板的布局

使用手动布局的方法，按图 3-264 所示的元件布局进行手动布局操作，重新保存当前 PCB 文件。

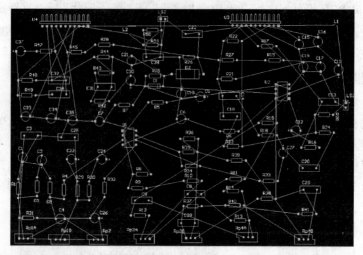

图 3-264 "功率放大器双层板.PcbDoc"文件的元件布局

7. 放置电源和接地焊盘

单击 Multi-Layer 工作层标签，执行菜单命令"放置"→"焊盘"，在合适位置处放置 6 个电源焊盘，并在对应焊盘附近放置焊盘说明字符：+12V、+39V、-12V、-39V，分别将对应焊盘与相应的电源网络连接上；再在适当位置处放置一个接地焊盘，并在对应焊盘附近放置焊盘说明字符 GND，并将接地焊盘与网络 GND 连接。

8. 设置布线规则

执行菜单命令"设计"→"规则"，弹出如图 3-265 所示的"PCB 规则及约束编辑器"对话框，在 Routing 选项的 Width 选项中，将接地网络和电源网络的线宽设置为 25mil 且其余网络线宽设置为 15mil；在 Routing Layers 选项中，选择 Top Layer 和 Bottom Layer 作为布线层。

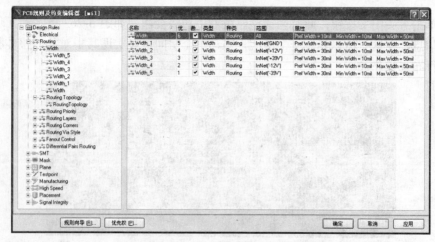

图 3-265 设置布线规则后的"PCB 规则及约束编辑器"对话框

项目3 设计印制电路板

9. 自动布线与手动调整布线

（1）自动布线。执行菜单命令"自动布线"→"全部"，在弹出的"Situs 布线策略"对话框中单击"编辑层方向"；在弹出的"层方向"对话框中，将 Bottom Layer 设置为 Vertical 且 Top Layer 设置为 Horizontal，即使用顶层和底层布线；单击"确定"按钮，回到"Situs 布线策略"对话框，单击"Route All"按钮，系统自动进行布线操作。

（2）手动调整布线。如图 3-266 所示自动布线后的电路板走线并不十分合理，因此需要进行手动调整。执行菜单命令"放置"→"交互式布线"，在 C4 与 Rp2 之间重新绘制一条导线，结果如图 3-267 所示。

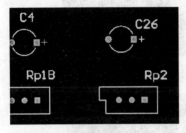
图 3-266　部分不合理的自动布线

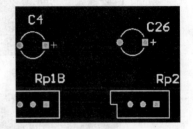
图 3-267　手动调整布线后的电路板走线

10. 设计规则检查并修改

执行菜单命令"工具"→"设计规则检查"，在弹出的"设计规则检查器"对话框中单击"运行 DRC"按钮，弹出如图 3-268 所示的"功率放大器双层板.html"文件。

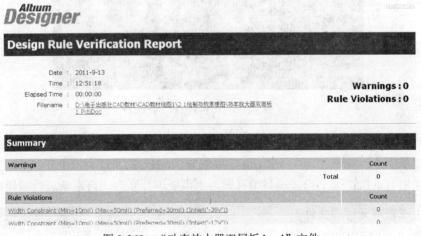
图 3-268　"功率放大器双层板.html"文件

11. 添加电路板辅助内容

（1）为 GND 网络设置包地线。执行菜单命令"编辑"→"选中"→"网络"，在 GND 网络上单击，即可选定 GND 网络；执行菜单命令"工具"→"描画选择对象的外形"，结果如图 3-269 示。

（2）为顶层和底层添加覆铜。分别单击 Top Layer 和 Bottom Layer 工作层标签，执行菜单命令"放置"→"多边形覆铜"，分别在顶层和底层拉动出相应的覆铜区域，覆铜结果如图 3-270 所示。

电子 CAD 绘图与制版项目教程

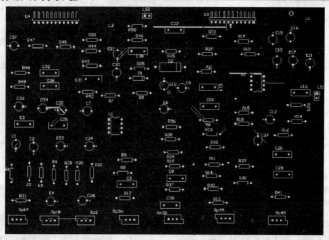

图 3-269 为 GND 网络设置包地线

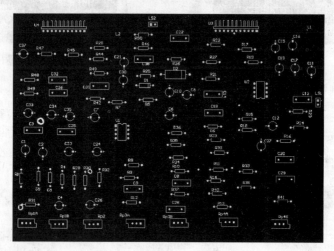

图 3-270 覆铜后的电路板

12．编译项目文件

执行菜单命令"项目管理"→"Compile PCB Project 功率放大器.PrjPCB",当前项目无误则不会弹出对话框；如果当前项目中有误,则需要进行修改,再重新进行编译操作。

13．生成集成元件库文件

执行菜单命令"设计"→"生成集成库",则在当前 PCB 项目中生成"功率放大器.IntLib"集成库文件。在"元件库"操作面板中选中此库,则会列出当前 PCB 项目中的所有元件,如图 3-271 所示。

14．生成元件材料清单文件

执行菜单命令"报告"→"Bill of Materials",在弹出的对话框中单击"输出"按钮,在弹出的"保存"对话框中输入元件材料清单名称"功率放大器.csv",即可生成一个电子

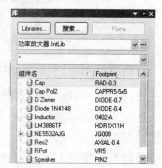

图 3-271 "功率放大器.IntLib"集成库文件中内容

表格格式的元件材料清单文件。

15. 三维显示电路板文件

执行菜单命令"查看"→"3D 显示",结果如图 3-272 所示。

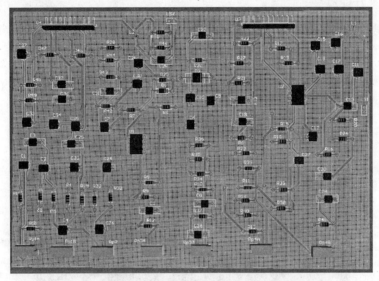

图 3-272 功率放大器双层板文件的三维视图

综合设计 9 设计数控步进稳压电源双层电路板

在本任务中,通过介绍应用 AD6.0 软件设计数控步进稳压电源双层电路板的操作过程,使用户熟练掌握应用不同版本软件设计双层印制电路板的操作方法与技巧,积累实践操作经验,从而使用户能够熟练完成常见印制电路板的设计操作。

使用 AD6.0 软件并在 PCB 项目文件"数控步进稳压电源电路.PrjPCB"中新建双层印制电路板文件"数控步进稳压电源双层板.PcbDoc",将原理图文件"数控步进稳压电源电路原理图.SchDoc"中网络表信息导入到当前电路板文件中,并在电路板上进行合理布局和布线,结果如图 3-273 所示。具体设计要求是:电源和地线宽度为 25mil 且其余线宽为 10mil,不显示可视网格,捕获网格设为 5mil,光标类型为小 45°光标,规划电路板外形为矩形且尺寸为 5 000mil×6 000mil,进行电路板的布局和布线,进行设计规则检查并修改,编译当前 PCB 文件并根据错误提示信息进行修改直至无误,生成集成元件库和元件材料清单文件。

设计数控步进稳压电源双层板的具体操作过程如下:

1. 在 AD6.0 软件中打开 PCB 工程文件"数控步进稳压电源电路.PrjPCB"并修改原理图文件"数控步进稳压电源电路原理图.SchDoc"

(1)双击 图标,打开 AD6.0 软件。

(2)打开 PCB 工程文件"数控步进稳压电源电路.PrjPCB",再打开"数控步进稳压电源电路原理图.SchDoc"文件。

(3)执行菜单命令"文件"→"新建"→"PCB",新建"数控步进稳压电源双层板.PcbDoc"文件。执行菜单命令"设计"→"Update PCB Document 数控步进稳压电源双层板.PcbDoc",

根据弹出的"工程上改变清单"中出现的错误信息来修改原理图中元件封装,主要包括C4、C8、C9、D2、J1、J4、J5、J6B、J7A、J8、J9、Q1、Q2、Q3、U3、U4、U5、U6、U7。双击对应元件,在弹出的元件属性对话框中将其元件封装改为AD6.0软件中适当的元件封装或加载相应的库文件即可。

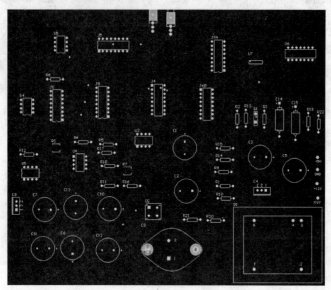

图 3-273 "数控步进稳压电源双层板.PcbDoc"电路板图

> **提示**:因为本实例使用AD6.0软件来设计数控步进稳压电源双层电路板文件,所以需要将当前工程文件中的原理图元件的封装修改为AD6.0软件中适合的元件封装和相应的库文件。

2. 设置PCB文件的工作环境和图纸选项参数

(1)执行菜单命令"工具"→"优先选项",在弹出的"参数选择"对话框中将"光标类型"选项设为Small Cursor 45即45°小十字光标。

(2)执行菜单命令"设计"→"板参数选项",将捕获网格设为5mil。

3. 设置工作层

执行菜单命令"设计"→"板层颜色",将当前电路板文件设置为双层板文件。

4. 规划电路板外形及尺寸

(1)执行菜单命令"编辑"→"原点"→"设置",箭头光标下方出现十字形符号,在电路板左下角附近单击,确定电路板工作区的原点。

(2)单击工作层标签 Keep-Out Layer,使禁止布线层成为当前工作层。执行菜单命令"放置"→"禁止布线区"→"导线",分别在坐标值为(0,0)、(6000,0)、(6000,5000)、(0,5000)的点上单击以确定电路板的4个顶点。

(3)重新定义PCB形状。执行菜单命令"设计"→"板子形状"→"重新定义板子形状",此时箭头光标下方出现十字形符号,在已绘制完成的电路板外形的外侧约50mil位置处单击,依据电路板外形来重新定义当前PCB形状。

项目 3 设计印制电路板

5. 导入工程变化订单并修改

在"数控步进稳压电源双层板.PcbDoc"文件中,执行菜单命令"设计"→"Import Changes From 数控步进稳压电源电路.PrjPCB",弹出"工程上改变清单"对话框,在此将当前项目中原理图元件及网络信息导入到当前 PCB 文件中。具体操作过程如下:

(1)单击"使更改生效"按钮,再单击"执行更改"按钮,则当前对话框如图 3-274 所示,即将网络表中的元件封装和网络信息导入到 PCB 文件中。如果有误,则需要回到原理图进行修改后再重新进行导入工程变化订单操作。

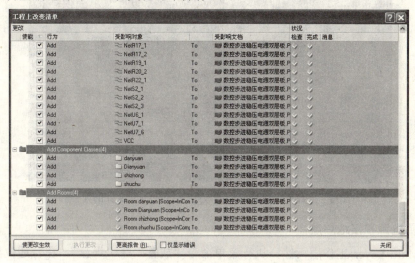

图 3-274 执行更改后的"工程上改变清单"对话框

(2)单击"关闭"按钮,此时当前电路板右侧边缘会出现如图 3-275 所示的元件封装及网络连接信息,在电路板外侧有 4 个房间,分别拖动这 4 个房间可以实现其中对象的整体移动,便于用户进行布局操作。

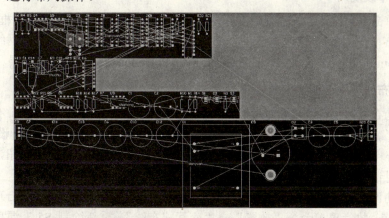

图 3-275 导入到电路板文件中的元件封装和网络连接信息

6. 电路板布局

使用手动布局的方法,按图 3-276 所示的元件布局进行手动布局操作,重新保存当前 PCB 文件。

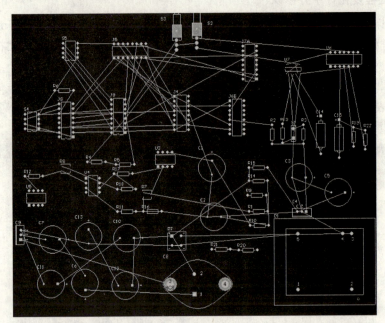

图 3-276 "数控步进稳压电源双层板.PcbDoc" 文件的元件布局

7. 放置电源和接地焊盘

单击 Multi-Layer 工作层标签，执行菜单命令"放置"→"焊盘"，在合适位置处放置 6 个电源焊盘，并在对应焊盘附近放置焊盘说明字符：+12V、−12V、+5V、VCC，分别将对应焊盘与相应的电源网络连接上；再在适当位置处放置一个接地焊盘，在对应焊盘附近放置焊盘说明字符 GND，并将接地焊盘与网络 GND 连接。

8. 设置布线规则

执行菜单命令"设计"→"规则"，弹出"PCB 规则及约束编辑器"对话框，在 Routing 选项的 Width 选项中，将接地网络和电源网络的线宽设置为 25mil 且其余网络线宽设置为 10mil；在 Routing Layers 选项中，选择 Top Layer 和 Bottom Layer 作为布线层。

9. 自动布线与手动调整布线

（1）自动布线。执行菜单命令"自动布线"→"全部"，在弹出的"Situs 布线策略"对话框中单击"编辑层方向"；在弹出的"层方向"对话框中，将 Bottom Layer 设置为 Vertical 且 Top Layer 设置为 Horizontal，即使用顶层和底层布线；单击"确定"按钮，回到"Situs 布线策略"对话框，单击"Route All"按钮，系统自动进行布线操作。

（2）手动调整布线。如图 3-277 所示自动布线后的电路板走线并不十分合理，因此需要进行手动调整。执行菜单命令"放置"→"交互式布线"，重新绘制 S5-7 焊盘的导线，结果如图 3-278 所示。

10. 设计规则检查并修改

执行菜单命令"工具"→"设计规则检查"，在弹出的"设计规则检查器"对话框中单击"运行 DRC"按钮，检查结果出现在"数控步进稳压电源双层板.html"文件中。

项目3 设计印制电路板

图 3-277 部分不合理的自动布线　　　图 3-278 手动调整布线后的电路板走线

11．添加电路板辅助内容

（1）为 GND 网络设置包地线。执行菜单命令"编辑"→"选中"→"网络"，在 GND 网络上单击，即可选定 GND 网络；执行菜单命令"工具"→"描画选择对象的外形"，结果如图 3-279 所示。

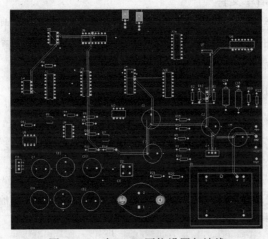

图 3-279　为 GND 网络设置包地线

（2）为顶层和底层添加覆铜。分别单击 Top Layer 和 Bottom Layer 工作层标签，执行菜单命令"放置"→"多边形覆铜"，分别在顶层和底层拉动出相应的覆铜区域，覆铜结果如图 3-280 所示。

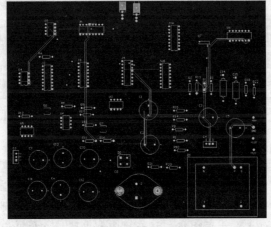

图 3-280　覆铜后的电路板

12. 编译项目文件

执行菜单命令"项目管理"→"Compile PCB Project 数控步进稳压电源电路.PrjPCB",当前项目无误则不会弹出对话框;如果当前项目中有误,则需要进行修改,再重新进行编译操作。

13. 生成集成元件库文件

执行菜单命令"设计"→"生成集成库",则在当前 PCB 项目中生成"数控步进稳压电源.IntLib"集成库文件。在"元件库"操作面板中选中此库,则会列出当前 PCB 项目中的所有元件,如图 3-281 所示。

图 3-281 "数控步进稳压电源.IntLib"集成库文件中的内容

14. 生成元件材料清单文件

执行菜单命令"报告"→"Bill of Materials",在弹出的对话框中单击"输出"按钮,在弹出的"保存"对话框中输入元件材料清单名称"数控步进稳压电源.csv",即可生成一个电子表格格式的元件材料清单文件。

15. 三维显示电路板文件

执行菜单命令"查看"→"3D 显示",结果如图 3-282 所示。

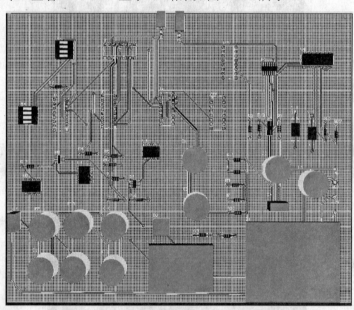

图 3-282 数控步进稳压电源双层板文件的三维视图

项目总结

本项目将设计印制电路板文件的操作过程及电路板综合设计过程进行了任务化,共分为印制电路板基础知识、设计单层印制电路板、绘制元件自制封装、设计双层印制电路板、设计多层印制电路板 5 个任务。主要内容包括新建印制电路板文件、设置电路板工作层、规划

项目3 设计印制电路板

电路板外形和尺寸、导入工程变化订单、自动布局与手动布局、绘制自制元件封装、设计布线规则、自动布线与手动布线、添加电路板辅助内容、编译 PCB 项目文件、生成元件库和集成元件库文件、生成并打印与 PCB 相关的报告文件。在每个任务阶段都按照实际设计过程的顺序介绍用户必须掌握的操作方法及操作技能,具体内容包括:

1. 新建印制电路板文件

光标指向"Projects"操作面板中的 PCB 项目文件名处且单击鼠标右键,从弹出的快捷菜单中选择"追加新文件到项目中"→"PCB"。或使用向导新建印制电路板文件,执行菜单命令"查看"→"主页面",选择"根据模板新建"选项区中的 PCB Board Wizard 选项。

2. 设置印制电路板文件工作环境

设计系统工作环境,可以执行菜单命令"工具"→"优先设定",在此进行 PCB 项目的工作参数设定;设置印制电路板文件的文档选项,可以执行菜单命令"设计"→"PCB 板选项",在此进行元件网格设置、电气网格设置、可视网格设置、计量单位设置和图纸大小设置等。

3. 设置电路板工作层

执行菜单命令"设计"→"PCB 板层次颜色",在此设置当前印制电路板文件所需的板层及层中对象颜色;还可以执行菜单命令"设计"→"层堆栈管理器",来添加内电层。

4. 印制电路板文件的基本对象及编辑操作

先执行菜单命令"设计"→"追加/删除库文件",将所需元件库加载到当前 PCB 项目中。在印制电路板文件中的基本对象包括放置元件封装、交互式布线、焊盘、过孔、各种圆弧、矩形填充、覆铜平面、字符串、直线、坐标、尺寸标注、原点等,都可以通过执行"放置"菜单中的命令来实现。基本的编辑操作主要包括设置对象的对齐方式、泪滴焊盘、包地、定位显示、查询方式等,可以通过执行"编辑"菜单、"配线"工具栏、"实用"工具栏和快捷菜单来实现。

5. 规划电路板外形和尺寸

通常使用两种方法来规划电路板,一种是手动操作,通过执行菜单命令"放置"→"禁止布线区"→"导线"来实现;另一种是使用向导规划电路板外形。

6. 导入工程变化订单

在保证原理图文件无误的情况下,执行菜单命令"项目管理"→"Compile PCB Project PCB_ Project1.PrjPCB",可以将元件封装和网络信息导入到当前电路板文件中。在此步操作过程中,如果出现错误提示,则需要回到原理图中进行修改直至无误后,再重新导入工程变化订单。

7. 自动布局与手动布局

执行菜单命令"工具"→"放置元件"→"自动布局",进行电路板的自动布局操作,布局结束后通常需要使用手动布局进行调整;手动布局时,只要使用光标将元件封装拖动到电路板文件中即可。这两种布局方式都应该遵守电路板相关的布局原则。

8. 绘制自制元件封装

执行菜单命令"文件"→"创建"→"库"→"PCB 库",可以新建一个元件封装库文件。使用"PCB 库放置"工具栏中的各个图标、"库选择项"子菜单或向导都可以绘制自制封装。需要注意的是,在不同的工作层来绘制元件封装中的封装图形和焊盘。

9. 设计布线规则

执行菜单命令"设计"→"规则",在"设置 PCB 设计规则"对话框中设置印制电路板的电气规则、布线规则、表贴器件规则、阻焊层规则、内层规则、测试点规则、电路板制版规则、高速线路规则、元件布局规则、信号完整性规则。经常设置的布线规则是:电气规则、线宽规则、元件布局规则等。

10. 自动布线与手动布线

执行菜单命令"自动布线",可以对全部对象、指定网络、连接、区域、空间、元件等分别进行布线。自动布线后通常都需要手动调整布线,执行菜单命令"放置"→"交互式布线",在相应的位置处重新布线即可。

11. 添加电路板辅助内容

执行菜单命令"设计"→"网络表"→"编辑网络",可以添加额外的网络连接。还需要在完成布局后的电路板上放置电源或接地焊盘、覆铜、包地等内容。

12. 编译 PCB 项目文件

执行菜单命令"项目管理"→"Compile PCB Project PCB_Project1.PrjPCB",对当前 PCB 项目中的所有文件进行统一编辑。

13. 生成元件库和集成元件库文件

执行菜单命令"设计"→"生成 PCB 库",生成的元件封装库以当前项目名来命名,且扩展名为".PcbDoc";执行菜单命令"设计"→"生成集成库",生成的集成元件库以当前项目名来命名,且扩展名为".Intlib",它会自动出现在"元件库"操作面板中。

14. 生成并打印与 PCB 相关的报告文件

执行菜单命令"报告",在此提供了生成多种 PCB 报表文件的功能,主要包括 PCB 设计过程中的电路板状态信息、元件封装的引脚信息、元件封装信息、网络信息、布线信息等。

项目练习

1. 以"班级+姓名+学号"命名一个新建文件夹,打开项目 1 中的项目练习 1,在其中新建单层印制电路板文件"LX1.PCB",并将此项目中的原理图文件"LX1.SchDoc"导入到新建的印制电路板文件中。具体的设计要求是:电路板尺寸为 1 500mil×2 000mil,外形是矩形;设置为单层电路板;不使用网格;进行自动布线与手动布线,电源和接地网络线宽设置为 30mil,其余网络线宽设置为 15mil;进行设计规则检查;生成当前项目的集成元件库文件。

2. 以"班级+姓名+学号"命名一个新建文件夹,打开项目 1 中的项目练习 2,在其中新建双层印制电路板文件"LX2.PCB"和自制封装库文件"LX2.PcbLib",并将此项目中的原理

项目3 设计印制电路板

图文件"LX2.SchDoc"导入到新建的印制电路板文件中。具体的设计要求是：电路板尺寸为 2 000mil×2 000mil，外形是矩形；设置为单层电路板；不使用网格；为元件 LS1 绘制如图 3-283 所示的自制封装 LS；进行自动布线与手动布线，电源和接地网络线宽设置为 30mil，其余网络线宽设置为 15mil；进行设计规则检查；生成当前项目的集成元件库文件。

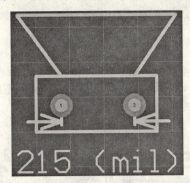

图 3-283 自制封装 LS

项目 4 电路仿真与 PCB 信号完整性分析

教学导入

本项目结合前置放大及滤波电路原理图仿真和信号完整性分析,主要介绍应用 Protel 软件进行电路仿真功能、设置原理图仿真初始条件、PCB 信号完整性分析方法及电路仿真与 PCB 信号完整性的综合分析。通过本项目,使用户掌握如下的具体操作技能:

- ◆ 电路的仿真操作;
- ◆ 仿真器、仿真激励源、仿真方式的选择;
- ◆ 仿真元器件、仿真激励源、仿真方式的参数设置;
- ◆ 常用仿真波形管理命令;
- ◆ PCB 印制电路板信号完整性分析的基本概念;
- ◆ 电路信号完整性分析规则的设置;
- ◆ 准确添加、检查模型参数,完成对 PCB 设计的信号完整性分析;
- ◆ PCB 信号完整性的综合分析。

项目 4 电路仿真与 PCB 信号完整性分析

印制电路板（PCB）是电路板设计的最终环节，随着集成电路输出开关速度提高及 PCB 密度增加，信号完整性已经成为高速数字 PCB 电路板设计必须关心的问题之一。元器件和 PCB 的参数、元器件在 PCB 板上的布局、高速信号的布线等因素，都会引起信号完整性问题，导致系统工作不稳定，甚至完全不工作。如何在 PCB 的设计过程中充分考虑信号完整性的因素，并采取有效的控制措施，已经成为当今 PCB 设计的热门课题。基于信号完整性计算机分析的高速数字 PCB 设计方法能有效地实现 PCB 设计的信号完整性。信号完整性问题总是要涉及信号的整个过程，为此，有必要建立信号完整性系统模型来保证整个信号工作物理环境的实现。

任务 4.1 电路仿真

任务目标

- ◆ 常用仿真器件的参数设置；
- ◆ 网络标号的参数设置；
- ◆ 仿真信号激励源的选择及设置；
- ◆ 电路仿真仿真器的选择及设置；
- ◆ 实现电路仿真的操作步骤。

4.1.1 设置原理图仿真初始条件

在 Protel 软件中执行仿真，只需简单地在仿真用元件库中放置所需的元件，连接好电路原理图，加上激励源，然后单击"仿真"按钮即可自动开始。作为一个真正的混合信号仿真器，电路仿真集成了连续的模拟信号和离散的数字信号，可以同时观察复杂的模拟信号和数字信号波形，以及得到电路性能的全部波形。仿真可以很容易地从综合菜单、对话框和工具条中方便地设置和运行。也可在设计管理器中直接调用和编辑各种仿真文件。在进行电路仿真之前首先要对电路设置初始状态，主要包括常用仿真元件的参数设置、仿真激励源的设置、仿真方式的设置。

1. 常用仿真元件的参数设置

常用仿真元件库集成了各种常用的元件，如电阻、电容、电感、晶振、三极管等，大多数元件都具有仿真属性，可以直接用于仿真操作。在原理图设计环境中，选择"元件库"→"元件库..."，单击对话框中的 安装(I)... 按钮，弹出元件加载窗口，如图 4-1 所示为元件加载对话框，选择 Miscellaneous Devices.IntLib 元件库，加载元件库中的元件，此时便可在原理图中直接使用这些元件，每个元件都包含 Spice 仿真用的信息，Spice 所具有的扩展特性可以更精确地设定元件的特性。

对电路原理图进行仿真，电路图中所有元件都必须包含详细而精确的仿真信息，才能保证完成仿真。仿真元件通常收录在仿真元件库中，对元件的仿真参数的设置，是在把所有的元件都看做理想元件的前提下进行的。仿真元件必须具有 Simulation 属性，所以在放置元件时都需在属性对话框中添加并设定 Simulation 属性。

（1）电阻。仿真元件库为用户提供了两种类型的电阻，Res（固定电阻）和 Res Semi（半

导体电阻），如图 4-2 所示为仿真库中的电阻类型。对于固定电阻仿真参数设定就比较简单，即电阻值，如图 4-3 所示。

图 4-1　元件加载对话框

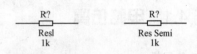

(a) Res 固定电阻　　(b) Res Semi 半导体电阻

图 4-2　电阻

(a) 属性对话框

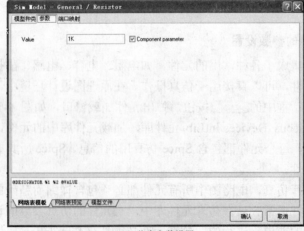

(b) 仿真参数设置

图 4-3　固定电阻仿真设置

项目 4　电路仿真与 PCB 信号完整性分析

半导体电阻主要应用于传感器应用场合，因此其电阻值与长度、宽度及环境因素都有关，仿真时这些参数都需要设置，如图 4-4 所示。

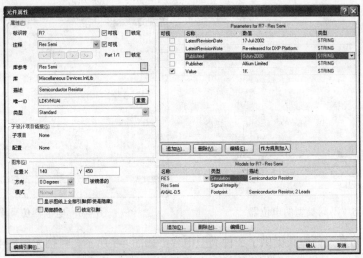

(a) 属性对话框

(b) 仿真参数设置

图 4-4　半导体电阻仿真设置

在半导体电阻参数设置中，主要设置的参数内容包括：
- ◆ Value：电阻的阻值，单位为欧姆（Ω），如 100Ω、1kΩ 等。
- ◆ Comment：默认为 Res Semi（半导体电阻）。
- ◆ Sim Note：仿真注意事项，输入半导体电阻在仿真过程中的类型，包括长度和宽度，或直接输入的电阻值。
- ◆ Length：电阻长度。
- ◆ Width：电阻宽度。
- ◆ Temperature：温度系数。

（2）电位器。仿真库中提供了如电位计 RPot、可变式电位器 Res Adj、抽头式电位器 Res Tap 等多种类型的电位器，如图 4-5 所示，但需要设定的仿真参数却是相同的，如图 4-6 所示。其中，Value 与电阻元件参数设定相同；Set Position 表示第一引脚和中间引脚之间的阻值与总阻值的比值，表示分压电阻的大小。

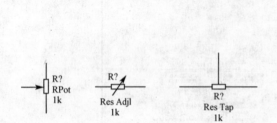

图 4-5 不同类型的电位器

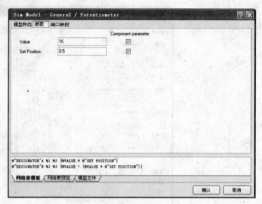

图 4-6 电位器仿真设置

（3）电容。仿真元件库共提供了 3 种类型电容，如图 4-7 所示。包括无极性电容 Cap（fixed, non-polarized capacitor），如磁片电容，有极性的固定容值电容 Cap Pol（fixed, polarized capacitor），如电解电容，以及半导体电容 Cap Semi（semiconductor capacitor）。其中，Cap 和 Cap Pol 仿真参数设定相同，如图 4-8 所示，Value 参数为电容的电容值，单位为法拉（F），如 11μF、200pF 等。

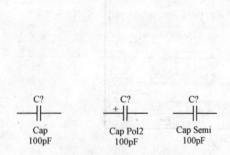

图 4-7 不同类型的电容

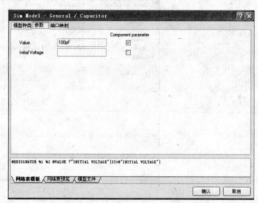

图 4-8 电容仿真参数设置

而半导体电容除了 Value 参数项外，还包括 Length、Width 和 Initial Voltage，如图 4-9 所示。Initial Voltage 表示电容两端的初始端电压。一般情况下，此参数值的设定是必要的，在瞬态特性仿真方式中，不同的初始电压值会出现不同的仿真结果，电压值默认设定为"0V"。

（4）电感。集成库中有很多不同类型的电感，如 Inductor（普通电感）、Inductor Iron（铁芯电感）等，如图 4-10 所示。但电感在很多特性上与电容的元件参数基本相同，也有两个基本参数设置，如图 4-11 所示。

◆ Value：电感的电感值，单位为亨利（H），如 6H、200μH 等。

◆ Initial Current：电感两端的初始端电流。此参数的设定可以默认，电流值默认设定为"0A"。

项目 4　电路仿真与 PCB 信号完整性分析

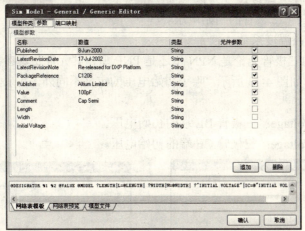

图 4-9　半导体电容仿真参数设置

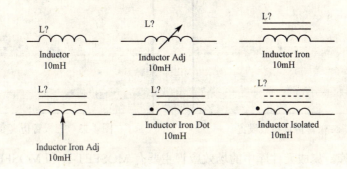

图 4-10　不同类型的电感

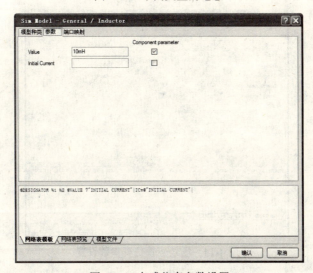

图 4-11　电感仿真参数设置

（5）二极管、三极管。集成库中提供了各种类型的二极管（Diode），其元件仿真参数设置基本相同，如图 4-12 所示。其参数设置包括：

◆ Area Factor：区域因素，主要指二极管的面积因子。
◆ Starting Condition：初始状态，一般选择为 OFF（关断）状态。

243

- ◆ Initial Voltage：二极管的初始电压。
- ◆ Temperature：温度系数。

集成元件库中的三极管无论是 NPN 型还是 PNP 型，其元件仿真参数都相同。三极管的仿真参数共有 5 项，如图 4-13 所示。除了初始电压的定义不同外，其余与二极管参数设置相同，参数设置包括：

- ◆ Initial B-E Voltage：三极管 BE 端的初始电压。
- ◆ Initial C-E Voltage：三极管 CE 端的初始电压。

图 4-12　二极管仿真参数设置　　　　图 4-13　三极管仿真参数设置

（6）场效应管。集成元件库中的场效应管主要有 MOSFET-N 和 MOSFET-P 两种类型，其元件仿真参数设置基本相同，如图 4-14 所示。参数设置包括：

图 4-14　场效应管仿真参数设置

- ◆ Length：场效应管的沟道长度。
- ◆ Width：场效应管的沟道宽度。
- ◆ Drain Area：场效应管的漏极面积。
- ◆ Source Area：场效应管的源极面积。
- ◆ Drain Perimeter：场效应管的漏极结面积。

◆ Source Perimeter：场效应管的源极结面积。
◆ NRD：场效应管的漏极扩散长度。
◆ NRS：场效应管的源极扩散长度。
◆ I D-S Voltage：场效应管的漏极-源极之间的初始电压。
◆ I B-S Voltage：场效应管的衬底-源极 PN 结电容的初始电压。
◆ I G-S Voltage：场效应管的栅极-源极之间的初始电压。

（7）晶振。集成元件库中晶振（XTAL）仿真参数设置如图 4-15 所示。参数设置包括：
◆ FREQ：晶振的振荡频率，单位为赫兹（Hz）。如果文本框内为空，则系统默认为 2.5MHz。
◆ RS：晶振的串联阻抗，单位为欧姆（Ω）。
◆ C：晶振的等效电容，单位为法拉（F）。
◆ Q：晶振的品质因数。

（8）变压器。集成元件库中有很多种不同类型的变压器，它们的元件参数也不尽相同，现以常用的 Trans（普通变压器）的仿真参数设置为例进行介绍，如图 4-16 所示。参数设置包括：

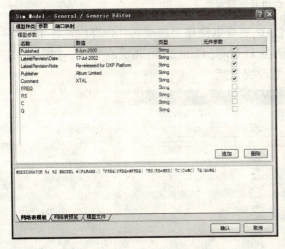

图 4-15　晶振仿真参数设置

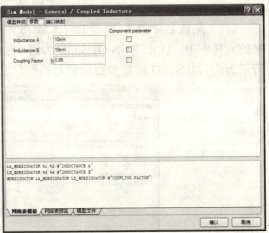

图 4-16　普通变压器仿真参数设置

◆ Inductance A：变压器 A 的电感值，单位为亨利（H）。
◆ Inductance B：变压器 B 的电感值，单位为亨利（H）。
◆ Coupling Factor：变压器的耦合系数。

（9）熔断器。集成元件库中有两种熔断器：FUSE1 和 FUSE2，但是仿真参数设置相同，如图 4-17 所示。参数设置包括：
◆ Resistance：熔断器的内阻，单位为欧姆（Ω）。
◆ Current：熔断器熔断电流。

熔断器的作用是可以防止芯片及其他器件在过流工作时受到损坏，电路中可能出现较大电流的地方在设计时可以串联一个熔断器，设置熔丝的电流值为电路安全工作的最大电流值。通过仿真查看熔断器的状态，就可知道当前的电流值是否超过预定的安全值。除此之外，也可以通过查看受保护器件的电流波形，得知当前电流是否安全。

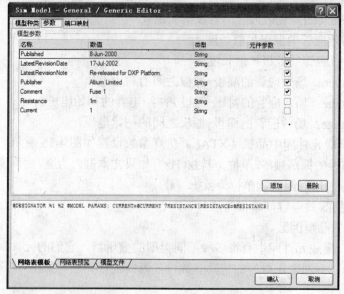

图 4-17　熔断器仿真参数设置

（10）集成芯片类元件。TTL、CMOS 及 DAC 集成电路作为集成芯片，存放在各生产厂家的元件库中，以元件 SN74LS00D 为例，存放在 TI Logic Gate 2.IntLib 元件库中，如图 4-18 所示为 SN74LS00D 仿真参数设置对话框。参数设置包括：

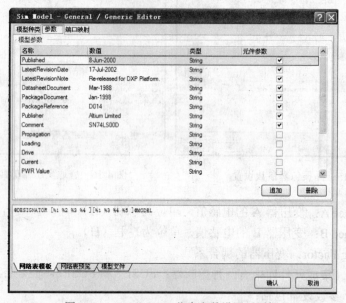

图 4-18　SN74LS00D 仿真参数设置对话框

◆ Propagation：器件传输延迟时间。可设置最大值或最小值，默认为典型值。
◆ Loading：输入特性参数。此参数会影响所有输入特性参数的取值范围，可设置最大值或最小值，默认为典型值。
◆ Drive：输出特性参数。此参数会影响所有输出特性参数的取值范围，可设置最大值或最小值，默认为典型值。

项目 4　电路仿真与 PCB 信号完整性分析

- Current：电源电流。此参数会影响电源电流的取值范围，可设置最大值或最小值，默认为典型值。
- PWR Value：电源电压。例如，TTL 器件默认为+5V。如果指定了电源电压，那么就必须同时指定 GND 标准。

2．网络标号的参数设置

进行电路仿真前，为了更好地观察信号的变化过程，可以对需要仿真的信号点或元件用网络标号标注，通过网络标号进行仿真识别，这样用户可以很容易识别元件或节点信号并观察该网络标号下信号的变化状态。常用的网络标号有节点电压初始值元件 IC 和节点电压设置元件 NS，存放在 Simulation Sources.IntLib 元件库中。

1）节点电压初始值元件 IC

如果用户将节点电压初始值元件 IC 放置在电路中，那么就相当于为电路设置了一个初始值，以便于进行电路的瞬态特性分析。参数设置包括：

- Initial Voltage：设定节点的初始电压值，这里设置电压初始值为 5V，如图 4-19 所示。

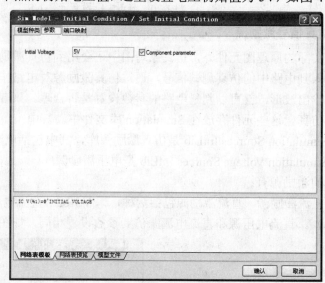

（a）节点电压初始值元件 IC　　　　　　（b）初始值元件 IC 仿真参数设置

图 4-19　节点电压初始值元件 IC

2）节点电压设置元件 NS

节点电压设置元件 NS 用来定义某个节点的电压预收敛值，主要应用于双稳态或单稳态电路进行瞬态特性分析，仿真器按此节点电压取直流或瞬态的初始电压值。节点电压设置元件 NS 元件仿真参数只有一个，即节点的电压预收敛值 Initial Voltage，一般情况下可不设此项，如图 4-20 所示。

用户在使用时需要注意元件的优先级，元件的初始状态有 3 种方式，即".IC"设置、".NS"设置和元件仿真参数初始状态设置。在电路仿真时，如果这 3 种或任意两种方式共存，则其优先顺序是：元件仿真参数初始状态设置、".IC"设置和".NS"设置。例如，元件仿真参数初始状态设置和".NS"设置共存，则元件仿真参数初始状态设置将取代".NS"设置。

247

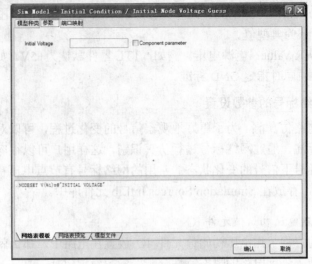

（a）节点电压设置元件 NS　　　　　　　　（b）设置元件 NS 仿真参数设置

图 4-20　节点电压设置元件 NS

3. 仿真信号激励源

除了实际的原理图元件外，仿真原理图中还会用到仿真激励源元件。仿真激励源是电路仿真时输入到电路中的仿真测试信号，通过仿真激励源对电路作用，观察测试元件及测试网络标号的输出波形，就可以判断电路的参数设置是否合理。只有激励源才能驱动电路，才能实现电路仿真。这些元件存放在 Simulation 库文件中。其中：

◆ Simulation Sources.IntLib 是仿真激励源库，其中包括电流源、电压源等。

◆ Simulation Voltage Sources.IntLib 是电压激励源库。

常用的激励源有：

（1）直流激励源。直流激励源包括两种，即 VSRC（直流电压激励源）和 ISRC（直流电流激励源）。直流电压源和直流电流源仿真参数设置相同，如图 4-21 所示，参数设置包括：

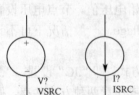

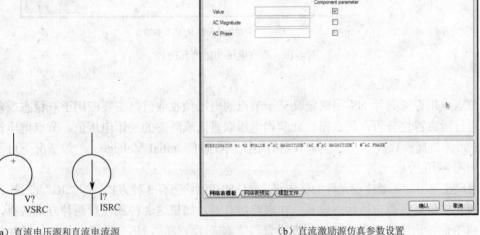

（a）直流电压源和直流电流源　　　　　　　　（b）直流激励源仿真参数设置

图 4-21　直流激励源

项目4　电路仿真与 PCB 信号完整性分析

- Value：直流源信号幅值，以伏特（V）为单位。
- AC Magnitude：基于此电压源进行交流小信号分析，需设置此项。典型值为 1，以伏安（VA）为单位。
- AC Phase：交流小信号分析初始相位，以度（°）为单位。

（2）正弦激励源。正弦激励源包括两种，即 VSIN（正弦电压激励源）和 ISIN（正弦电流激励源）。正弦电压激励源和正弦电流激励源仿真参数设置相同，如图 4-22 所示，参数设置包括：

- DC Magnitude：直流参数，通常默认为 0。
- AC Magnitude：交流小信号分析的电压参数，需设置此项。典型值为 1，以伏特（V）为单位。若不进行交流小信号分析，则此项可设为任意值。
- AC Phase：交流小信号初始相位，以度（°）为单位。
- Offset：正弦电压（电流）的直流偏移量。
- Amplitude：正弦交流电源的振幅。
- Frequency：正弦交流电源的频率，以赫兹（Hz）为单位。
- Delay：电源延迟时间，以秒（s）为单位。
- Damping Factor：阻尼系数，正弦波每秒减小的幅值。阻尼系数为正，则正弦波振幅以指数形式减小；阻尼系数为负，则以指数形式增加；阻尼系数为 0，则输出恒值振幅的正弦波。
- Phase：正弦波的初始相位，以度（°）为单位。

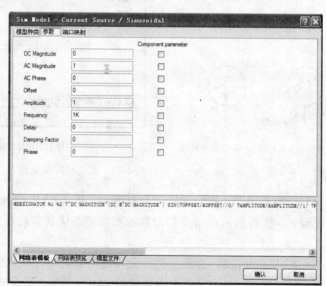

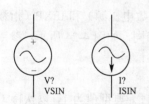

（a）正弦电压激励源和正弦电流激励源　　　　　（b）正弦激励源仿真参数设置

图 4-22　正弦激励源

（3）周期脉冲激励源。周期脉冲激励源包括两种，即 VPULSE（脉冲电压激励源）和 IPULSE（脉冲电流激励源）。脉冲电压激励源和脉冲电流激励源仿真参数设置相同，如图 4-23 所示，参数设置包括：

249

- ◆ DC Magnitude：直流参数，此项通常被忽略，默认为 0。
- ◆ AC Magnitude：交流小信号分析的电压参数，需设置此项。典型值为 1，以伏特（V）为单位。若不进行交流小信号分析，则此项可设为任意值。
- ◆ AC Phase：交流小信号初始相位，以度（°）为单位。
- ◆ Initial Value：初始幅值，以伏特（V）为单位。
- ◆ Pulsed Value：脉冲幅值，以伏特（V）为单位。
- ◆ Time Delay：脉冲源从初始状态到激发状态的延迟时间。
- ◆ Rise Time：脉冲源从初始幅值到脉冲幅值延迟时间，此值必须大于 0。
- ◆ Fall Time：脉冲源从脉冲幅值到初始幅值延迟时间，此值必须大于 0。
- ◆ Pulse Width：脉冲宽度，以秒（s）为单位。
- ◆ Period：信号的周期设置，以秒（s）为单位。
- ◆ Phase：信号的初始相位设置，以度（°）为单位。

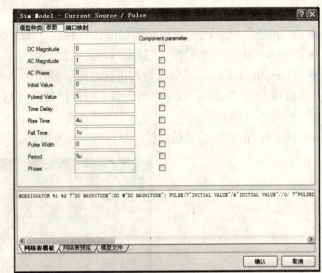

(a) 脉冲电压激励源和脉冲电流激励源　　　　(b) 周期脉冲激励源仿真参数设置

图 4-23　周期脉冲激励源

（4）指数激励源。指数激励源包括两种，即 VEXP（指数函数电压源）和 IEXP（指数函数电流源）。指数函数电压源和指数函数电流源仿真参数设置相同，如图 4-24 所示，参数设置包括：

- ◆ DC Magnitude：直流参数，此项通常被忽略，默认为 0。
- ◆ AC Magnitude：交流小信号分析的电压参数，需设置此项。典型值为 1，以伏特（V）为单位。若不进行交流小信号分析，则此项可设为任意值。
- ◆ AC Phase：交流小信号初始相位，以度（°）为单位。
- ◆ Initial Value：初始幅值，以伏特（V）为单位。
- ◆ Pulsed Value：脉冲幅值，以伏特（V）为单位。
- ◆ Rise Delay Time：输出振幅从初始幅值变换到最大幅值的延迟时间，以秒（s）为单位。
- ◆ Rise Time Constant：上升时间常数，以秒（s）为单位。

- ◆ Fall Delay Time：输出振幅从最大幅值变换到初始幅值的延迟时间，以秒（s）为单位。
- ◆ Fall Time Constant：下降时间常数，以秒（s）为单位。

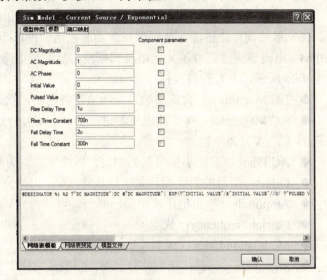

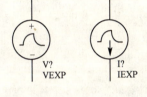

（a）指数函数电压源和指数函数电流源　　　　　　（b）指数激励源仿真参数设置

图 4-24　指数激励源

（5）分段线性激励源。分段线性激励源包括两种，即 VPWL（分段线性电压源）和 IPWL（分段线性电流源）。分段线性电压源和分段线性电流源仿真参数设置相同，如图 4-25 所示，参数设置包括：

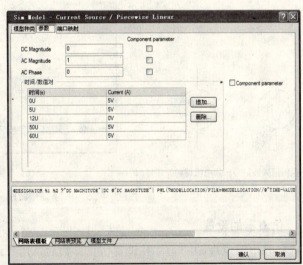

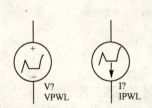

（a）分段线性电压源和分段线性电流源　　　　　　（b）分段线性激励源仿真参数设置

图 4-25　分段线性激励源

- ◆ DC Magnitude：直流参数，此项通常被忽略，默认为 0。
- ◆ AC Magnitude：基于此电压源进行交流小信号分析，需设置此项。典型值为 1，以伏特（V）为单位。

- AC Phase：交流小信号初始相位，以度（°）为单位。
- 时间/数值对：时间/数值对显示的是时间-电压坐标表格，横轴表示时间，纵轴表示电压。单击 [添加] 或 [删除] 按钮可实现对时间-电压的追加及删除。

（6）单频调频激励源。单频调频激励源包括两种，即 VSFFM（电压调频波信号源）和 ISFFM（电流调频波信号源）。电压调频波信号源和电流调频波信号源仿真参数设置相同，如图 4-26 所示，参数设置包括：

- DC Magnitude：直流参数，此项通常被忽略，默认为 0。
- AC Magnitude：基于此电压源进行交流小信号分析，需设置此项。典型值为 1，以伏特（V）为单位。
- AC Phase：交流小信号初始相位，以度（°）为单位。
- Offset：信号的直流偏移量，以伏特（V）为单位。
- Amplitude：输出电压或电流的峰值，以伏特（V）为单位。
- Carrier Frequency：载波频率，以赫兹（Hz）为单位。
- Modulation Index：调制系数。
- Signal Frequency：调制信号频率，以赫兹（Hz）为单位。

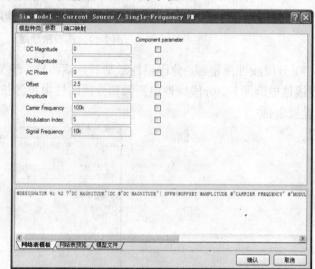

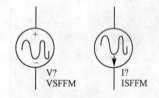

（a）电压调频波信号源和电流调频波信号源　　　　　（b）单频调频激励源仿真参数设置

图 4-26　单频调频激励源

4. 仿真器的设置

选择好电路原理图的元件并设置仿真参数后，用户还需要对电路原理图设置仿真方式。仿真方式的设置包含两部分内容，即仿真运行通用参数的设置和具体仿真方式特有参数的设置。选择"设计"→"仿真"→"Mixed Sim"命令，打开如图 4-27 所示的对话框，双击仿真方式类型即可实现仿真方式的设置。

（1）Operating Point Analysis（工作点分析）。这种仿真方式主要在分析放大电路时使用。除此之外，在进行瞬态特性分析和交流小信号分析时，为确定电路中非线性元件的线性化参数初始值，往往仿真方式也选择工作点分析配合使用。在工作点分析方式中，仿真电路中的所

项目 4　电路仿真与 PCB 信号完整性分析

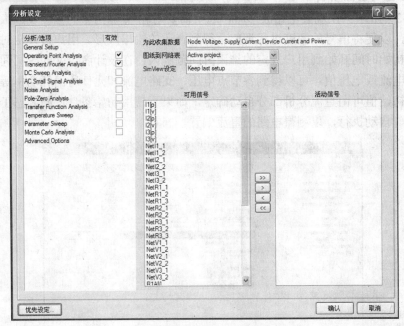

图 4-27　仿真方式的设置

有电容都被看成开路，所有的电感都被看成短路，从而计算各个节点对地的电压值，以及流过元件的电流值。因此，这种仿真方式不需要用户进行特定参数的设置。工作点分析参数设置如图 4-28 所示。

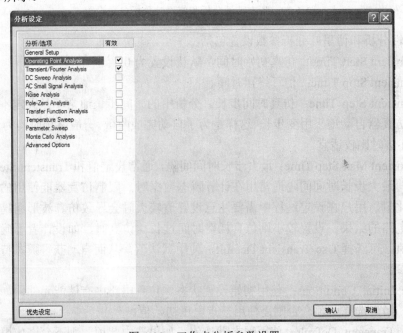

图 4-28　工作点分析参数设置

（2）Transient/Fourier Analysis（瞬态特性分析和傅里叶分析）。瞬态特性分析和傅里叶分析是仿真分析中最常见的一种类型，分析方式属于时域分析，其功能类似于示波器，参数

253

设置如图 4-29 所示。在观察电路波形时，通常需要对输入/输出量的幅度及放大倍数有一个初步的估计，以便将信号的幅度进行调整，得到合适的输出波形。用户可设定时间段和分析的步长，从初始时间开始到用户规定的结束时间范围内，在设计者定义的时间间隔内计算变量瞬态输出电流或电压值，可以得到各节点电压、支路电流和元件所消耗功率等参数的时间变化曲线。初始值可由直流分析部分自动确定，如果不使用初始条件，则静态工作点分析将在瞬态分析前自动执行，以测得电路的直流偏置。

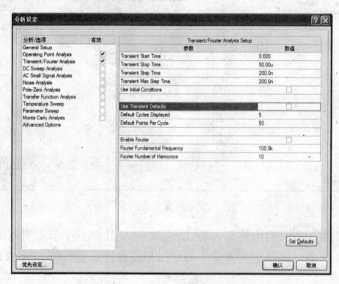

图 4-29 瞬态特性分析和傅里叶分析参数设置

瞬态特性分析和傅里叶分析参数设置包括：

◆ Transient Start Time：仿真初始时间，默认设置为 0。
◆ Transient Stop Time：仿真终止时间。
◆ Transient Step Time：仿真时间步长。分析中的时间步长通常不是固定不变的，而是由仿真器自动地采用变步长，这样是为了自动完成收敛。一般终止时间为步长的 50～100 倍时比较适宜。
◆ Transient Max Step Time：最大步长时间间隔，通常设定值和 Transient Step Time 值相同。最大步长时间间隔通常用在计算瞬态数据时，限制仿真器能使用的时间步长的变化量。用户在设定过程中需要注意设置值较大时会导致仿真波形粗糙并且片面显示电路的结果，设置较小则仿真耗费时间过长。仿真时，如设计者不确定所需输入的值，可选择 Use Transient Default，使用默认值，从而自动获得瞬态特性分析所用的参数。
◆ Use Initial Conditions：使用初始设置状态。仿真电路中有储能元件，如电容、电感等，最好选择此项，否则需使用节点电压初始值。
◆ Use Transient Default：使用瞬态默认值。如果选中此项，则不允许使用设定值，只能选用默认值。此时相关参数变成灰色表示用户不能更改设置。
◆ Default Cycles Displayed：波形图显示默认的周期数。
◆ Default Points Per Cycle：每周期计算点数，决定曲线光滑程度。

- **Enable Fourier**：傅里叶分析的选择。
- **Fourier Fundamental Frequency**：傅里叶分析基波频率设置。
- **Fourier Number of Harmonics**：傅里叶分析最大谐波次数，默认值为 10。
- **Set Defaults**：单击此按钮，参数值均采取默认值。

（3）DC Sweep Analysis（直流扫描分析）。直流扫描分析是指在用户规定的范围内，通过改变输入信号源的电压，从而得到输出直流传输特性曲线。每变化一次执行一次工作点分析，从而确定输入信号的最大范围和噪声容限，通常主要应用于直流转移特性的分析，参数设置如图 4-30 所示。

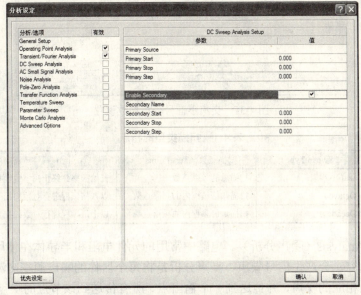

图 4-30　直流扫描分析参数设置

- **Primary Source**：选择要做直流扫描方式的独立主电源。
- **Primary Start**：扫描起始电压值。
- **Primary Stop**：扫描停止电压值。
- **Primary Step**：扫描步长，通常根据电压变化范围取补偿为 1%左右的变化量比较适合。
- **Enable Secondary**：选择辅助扫描电源。辅助电源每变化一次，主电源扫描整个范围。通过"Enable Secondary"选项可设置第二个扫描电源的各项参数，如图 4-30 所示。

（4）AC Small Signal Analysis（交流小信号分析）。交流小信号用于电路频率的分析，当输入信号频率发生变化时观察输出信号的变化情况。如果仿真电路中有储能元件，如电容、电感，且输入信号是周期性交流信号，则通过改变输入信号的频率分析系统的频带、幅频特性和相频特性。交流小信号分析参数设置如图 4-31 所示。

- **Start Frequency**：起始频率，以赫兹（Hz）为单位。
- **Stop Frequency**：终止频率，以赫兹（Hz）为单位。
- **Sweep Type**：扫描类型。共有 3 种可供选择的方式，即线性（Linear）扫描、八倍频（Octave）扫描和十倍频（Decade）扫描，如表 4-1 所示。
- **Test Points**：扫描点数，通常此值与扫描类型有关。

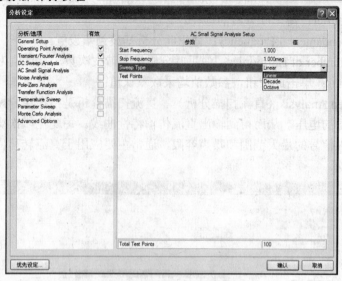

图 4-31　交流小信号分析参数设置

表 4-1　扫描类型的特点

扫描类型（Sweep Type）	扫描点数（Test Points）	扫　描　特　点
线性（Linear）	扫描总的频率点数	开始频率到终止频率线性扫描
八倍频（Octave）	扫描八倍频程内的频率点数	以八倍频程进行对数扫描
十倍频（Decade）	扫描十倍频程内的频率点数	以十倍频程进行对数扫描

（5）Noise Analysis（噪声分析）。电路中常用的元件电阻和半导体在使用中会伴随着杂散电容和寄生电容，会产生信号噪声。噪声分析是将每个器件的噪声源在交流小信号分析的每个频率计算出相应的噪声，并传送到一个输出点，所有传送到该节点的噪声进行 RMS（均方根）相加，就得到指定输出端的等效输出噪声。同时计算出输入源到输出端的电压（电流）增益，由输出噪声和增益就可得到等效输入噪声值。噪声分析参数设置如图 4-32 所示。

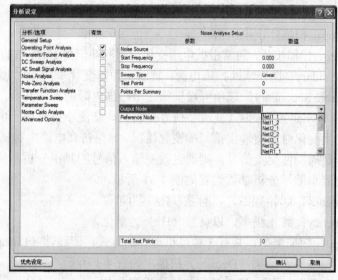

图 4-32　噪声分析参数设置

- Noise Source：用于分析的噪声源。
- Start Frequency：扫描起始频率。
- Stop Frequency：扫描终止频率。
- Sweep Type：扫描类型。选择方式和 AC Small Signal Analysis（交流小信号分析）类型相同。
- Test Points：测试点数。
- Points Per Summary：指定计算噪声范围。
- Output Node：噪声输出节点。如图 4-32 所示，通过下拉菜单可以选择噪声输出节点。
- Reference Node：参考节点。默认设为 0，表示"地"作为参考点。

(6) Pole-Zero Analysis（零-极点分析）。零-极点分析主要用于电路系统转移函数的零、极点位置仿真分析。用户可根据零、极点位置与系统性能对应的关系，进行参数设置，如图 4-33 所示。

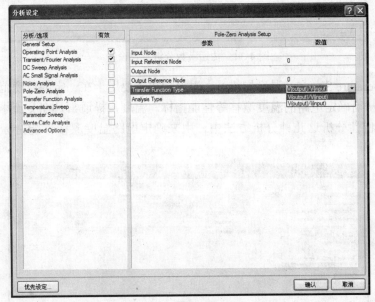

图 4-33　零-极点分析参数设置

- Input Node：输入节点设置。
- Input Reference Node：输入参考节点设置，通常默认为 0。
- Output Node：输出节点设置。
- Transfer Function Type：转移函数类型设置。有两种类型，如图 4-33 所示，即"V（output）/V（input）"（电压数值比）或"V（output）/I（input）"（阻抗函数）。
- Analysis Type：分析类型设置，有 3 种类型，即"Poles Only"（只分析极点）、"Zeros Only"（只分析零点）、"Poles and Zeros"（零、极点分析）。

(7) Transfer Function Analysis（传递函数分析）。传递函数分析主要用于计算电路的直流输入、输出阻抗及直流增益。传递函数分析参数设置如图 4-34 所示。

- Source Name：输入信号源名称设置。
- Reference Node：参考节点设置。

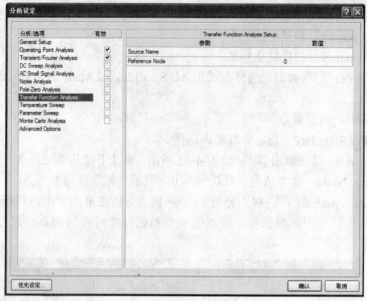

图 4-34　传递函数分析参数设置

（8）Temperature Sweep（温度扫描）。温度扫描主要用于在一定的温度范围内对电路参数进行计算，从而确定电路的温度漂移等性能指标。温度扫描通常是在交流小信号分析、直流分析及瞬态特性分析这几种分析方法中，用来确定电路温度漂移性能指标的一种分析方法，如图 4-35 所示。

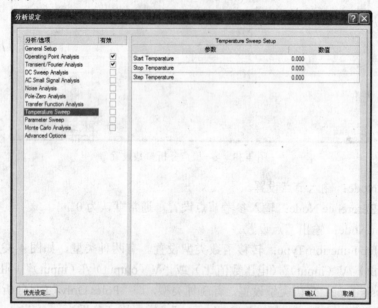

图 4-35　温度扫描参数设置

◆ Start Temperature：温度扫描起始温度设置。
◆ Stop Temperature：温度扫描终止温度设置。
◆ Step Temperature：温度扫描温度步长设置。

项目 4　电路仿真与 PCB 信号完整性分析

（9）Parameter Sweep（参数扫描）。参数扫描主要用于分析当电路中某一元件的参数发生变化时对整个电路性能的影响。软件允许设计者以自定义的增幅扫描器件，为研究电路参数变化对电路特性的影响提供了方便，从而确定元件参数以获得最佳电路性能。它常与直流、交流和瞬态特性分析结合使用，如图 4-36 所示。

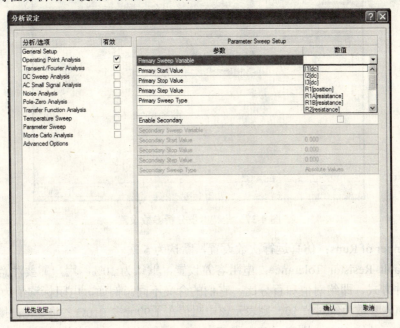

图 4-36　参数扫描参数设置

- Primary Sweep Variable：主扫描元器件变量。通过下拉列表，选中仿真电路中可进行参数扫描分析的所有元件，如图 4-36 所示。
- Primary Start Value：主扫描元器件初始值设置。
- Primary Stop Value：主扫描元器件终止值设置。
- Primary Step Value：主扫描变量步长设置。
- Primary Sweep Type：主扫描方式类型设置。有两种类型，即"Absolute Values"（绝对值变化计算）和"Relative Values"（相对值变化计算）。选择"Relative Values"，则将 Primary Start Value、Primary Stop Value、Primary Step Value 中的输入值加到已经存在的参数或默认值中。通常默认选择"Absolute Values"。
- Enable Secondary：第二扫描变量是否进行参数扫描分析设置。通过"Enable Secondary"选项可设置第二个扫描电源的各项参数，设置内容同上。

（10）Monte Carlo Analysis（蒙特卡罗分析）。蒙特卡罗分析主要用于借助电路元件模型，在参数设定的容差范围内进行各种复杂的分析，包括直流分析、交流及瞬态特性分析。通过这些分析结果可以预测电路生产时的成品率及成本等。蒙特卡罗分析参数设置如图 4-37 所示。

- Seed：随机数发生器种子数设置。默认为-1。
- Distribution：元件分布规律设置。有 3 种类型，即 Uniform（均匀分布）、Gaussian（高斯分布）和 Worst Case（最坏情况分布）。

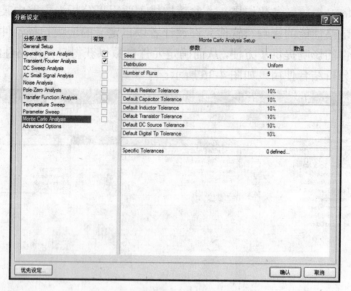

图 4-37 蒙特卡罗分析参数设置

- Number of Runs：仿真运行次数设置，默认为 5 次。
- Default Resistor Tolerance：电阻容差设置，默认为 10%。用户需要注意参数设置有两种方式，即绝对值和百分比，它们的含义不同。例如，电阻标称值为 2kΩ，用户若填入参数为绝对值 10，则表示该电阻值在 1 990～2 010Ω之间变化；用户若填入参数为百分比 10%，则表示该电阻值在 1 800～2 200Ω之间变化。
- Default Capacitor Tolerance：电容容差设置，默认为 10%。
- Default Inductor Tolerance：电感容差设置，默认为 10%。
- Default Transistor Tolerance：晶体管容差设置，默认为 10%。
- Default DC Source Tolerance：直流电源容差设置，默认为 10%。
- Default Digital Tp Tolerance：数字器件的传播延迟容差设置，默认为 10%。
- Specific Tolerance：特定器件的单独容差设置。

4.1.2 原理图仿真

电路原理图仿真的基本步骤如图 4-38 所示。

对电路原理图进行仿真必须包含所有仿真所必需的信息，包括原理图所用的元件必须具有 Simulation 属性，电路中必须有适当的信号激励源，在电路图中对需要测试的节点添加网络标号，应根据具体的电路要求及特点为原理图设置相应的仿真方式，这是对电路原理图实现仿真的初始条件。

完成以上各项操作后，执行菜单命令"设计"→"仿真"→"Mixed Sim"，便可实现对电路原理图的仿真操作。若电路没有错误，系统会将仿真结果存放在

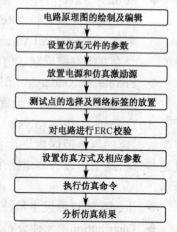

图 4-38 电路原理图仿真的基本步骤

项目 4 电路仿真与 PCB 信号完整性分析

".sdf"文件中；若有错误，则弹出对话框，如图 4-39 所示，显示电路图中存在错误信息，用户可查看并返回电路原理图中进行修改。在".sdf"文件中用户可以查看仿真的波形及数据，分析电路性能的优良，从而对电路参数进行重新设定，实现对电路原理图最满意的效果。

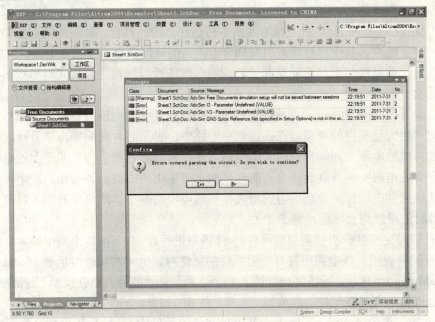

图 4-39 仿真执行显示错误信息对话框

任务 4.2 PCB 信号完整性分析

任务目标
◆ PCB 信号完整性分析规则的作用及意义；
◆ 电路原理图元件信号完整性分析模型的设置；
◆ 信号完整性分析激励信号的设定；
◆ PCB 信号完整性分析的操作步骤；
◆ PCB 信号完整性分析器的仿真分析。

4.2.1 设置 PCB 信号完整性分析规则

信号完整性（Signal Integrity, SI）是指传输信号通过电路信号线传输后依然保持完整的特性。在高速数字电路中，由于脉冲形状畸变而引发信号传输质量失真的问题，造成信号完整性变差是极板设计中多种综合因素所造成的，如传输线阻抗不匹配、信号反射、串扰信号、振铃、地弹等。

◆ 信号反射（Signal Reflection）：信号源端与负载端阻抗不匹配可能引起传输线上产生信号反射，同时传输线的形状、错误的端接、不连续的电源平面等也均会导致信号反射。例如，负载将部分电压反射回信号源端，如果负载阻抗大于源阻抗，反射电压为正；反之，负载阻抗小于源阻抗，反射电压则为负。

◆ 信号振铃（Signal Ringing）和环绕振荡（Signal Rounding）：由于电路传输线上分布了过度的电感和电容，因此在电路中容易产生阻尼状态。振铃属于欠阻尼状态，而环绕振荡则属于过阻尼状态。振铃和环绕振荡可以通过适当的端子予以减小，但是不能完全消除。

◆ 串扰（Crosstalk）：串扰是信号在两条传输线之间的耦合，即线间的互感和互容引起的线上噪声。其中容性耦合引发耦合电流，而感性耦合引发耦合电压。PCB 板层的参数、信号线间距、驱动端和接收端的电气特性及线端连接方式对串扰都有一定的影响。

◆ 地弹（Ground Bounce）：地弹是指电路中存在较强的电流涌动时在电源与接地平面间产生大量噪声的现象。在高速数字电路中，多个芯片共同输出信号时，就会在芯片与板的电源平面间形成较大的瞬态电流，同时芯片封装与电源平面的电感和电阻会引发电源噪声，就会在真正的地平面上产生电压的波动和变化，这个噪声会影响其他元件的动作。负载电容的增大、负载电阻的减小、地电感的增大以及开关器件数目的增加均会导致地弹的增大。

在执行信号完整性分析前需要对元件的 SI 模型进行设定。下面以电路中最常用的元件电阻为例进行简单说明。在电路中打开电阻元件的属性对话框，在属性对话框 Model 选项中，双击 Signal Integrity 选项，系统弹出如图 4-40（a）所示的"信号完整性模型"对话框，在"数值"文本框中输入电路图元件的阻值即可。若元件 Signal Integrity 模型不存在，需单击 追加(D) 按钮进行添加，如图 4-40（b）所示。若项目文件中元件没有设定 SI 模型，则系统会弹出如图 4-41 所示的提示框，提示用户元件有未设定 SI 模型的，并在提示项目文件中存在错误或警告。

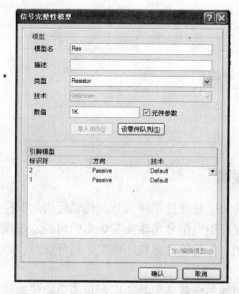

(a) "信号完整性模型"对话框　　　　　　(b) "加新的模型"对话框

图 4-40　电阻元件信号完整性模型的设定

若项目文件中的印制电路板不存在问题，则系统开始运行信号完整性分析，在弹出的"信号完整性设定选项"对话框中单击 分析设计 按钮可以启动信号完整性分析器,如图 4-42 所示。

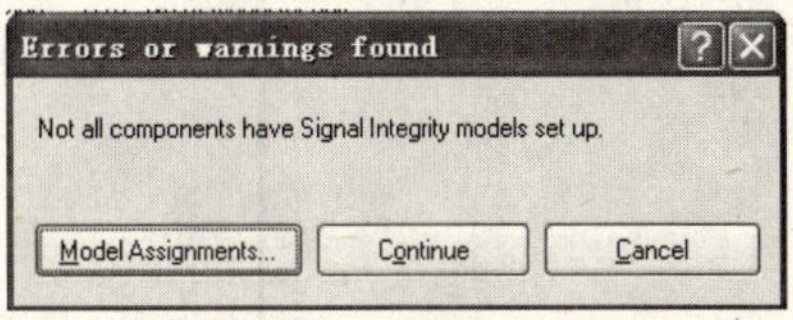

图 4-41 SI 模型设定提示框

图 4-42 信号完整性设定选项

信号完整性分析是基于布好线的 PCB 进行的,打开需要进行信号完整性分析的 PCB 文档,选择"设计"→"规则",出现如图 4-43 所示的"PCB 规则和约束编辑器"对话框。用户在该对话框中进行信号完整性规则设置,并可以对选择的规则进行设置。在需要使用的某一项规则上单击鼠标右键,执行菜单命令中的"新建规则"命令,即可建立一个新的分析规则。

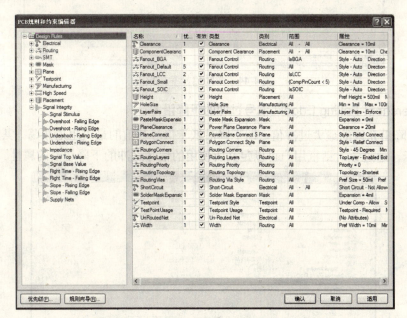

图 4-43 "PCB 规则和约束编辑器"对话框

1. Signal Stimulus(激励信号)

信号完整性分析中使用的激励信号,其参数设置如图 4-44 所示,通过该对话框用户可以定义所使用的激励信号的属性。

◆ 名称:规则名称。在 DRC 检测中,若布线违反该规则,则系统以该名称显示。
◆ 注释:规则说明。

- 唯一 ID：系统随机 ID 号。用户一般不必进行修改。
- 第一个匹配对象的位置：规则适用范围，有 6 种不同的选择方式，包括全部对象、网络、网络类、层、网络和层及高级（查询）。例如，选择全部对象后可以在"全查询"栏中显示出相应的对象"All"，如图 4-44 所示。
- 约束：激励信号的具体参数。包括激励源种类、开始电平、开始时间、停止时间和时间周期。

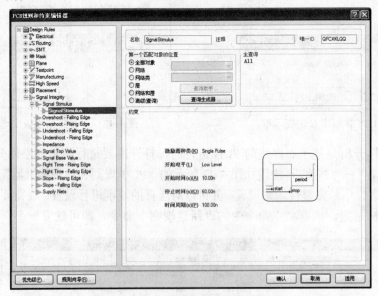

图 4-44 激励信号参数设置

2. Overshoot-Falling Edge（信号过冲的下降沿）

信号下降沿允许的最大过冲值，即下降沿低于信号基值的最大阻尼振荡。其参数设置如图 4-45 所示，通过该对话框用户可以定义所使用的信号过冲的下降边沿的属性。

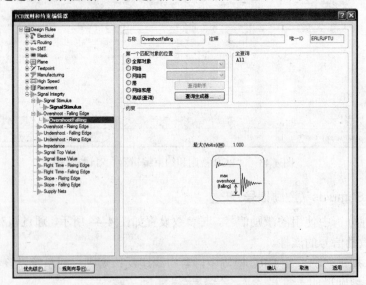

图 4-45 信号过冲的下降沿参数设置

项目 4　电路仿真与 PCB 信号完整性分析

3．Overshoot-Rising Edge（信号过冲的上升沿）

信号上升边沿允许的最大过冲值，即上升沿高于信号基值的最大阻尼振荡。其参数设置如图 4-46 所示，通过该对话框用户可以定义所使用的信号过冲的上升边沿的属性。

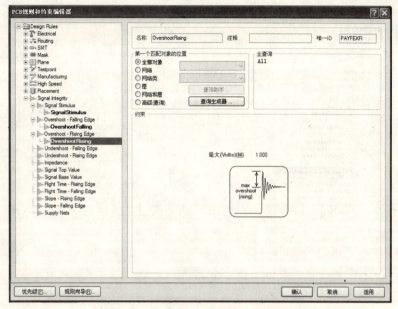

图 4-46　信号过冲的上升沿参数设置

4．Undershoot-Falling Edge（信号下冲的下降沿）

信号的下降边沿允许的最大下冲值，即下降沿高于信号基值的最大阻尼振荡。其参数设置如图 4-47 所示，通过该对话框用户可以定义所使用的信号下冲的下降沿的属性。

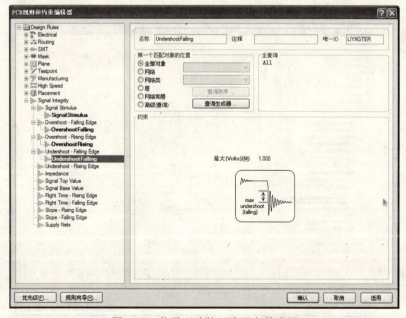

图 4-47　信号下冲的下降沿参数设置

电子 CAD 绘图与制版项目教程

5．Undershoot-Rising Edge（信号下冲的上升沿）

信号的上升沿允许的最大下冲值，即上升沿低于信号基值的最大阻尼振荡。其参数设置如图 4-48 所示，通过该对话框用户可以定义所使用的信号下冲的上升沿的属性。

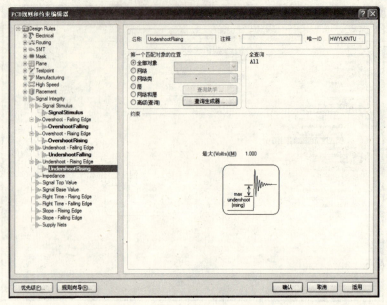

图 4-48　信号下冲的上升沿参数设置

6．Impedance（阻抗）

电路允许的电阻的最大值与最小值、阻抗和导体几何外观及电导率、外绝缘层材料及电路板的物理分布。其参数设置如图 4-49 所示，通过该对话框用户可以设置阻抗的最大值（Maximum）与最小值（Minimum）。

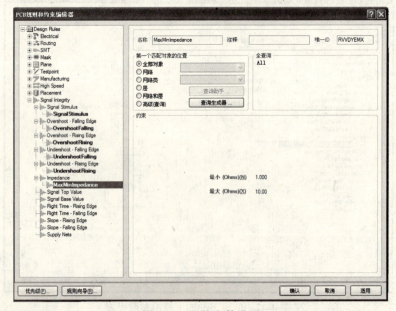

图 4-49　阻抗参数设置

7. Signal Top Value（信号高电平）

信号在高电平状态时的最小稳定电压值。其参数设置如图 4-50 所示，通过该对话框用户可以设置高电平的最小稳定电压值。

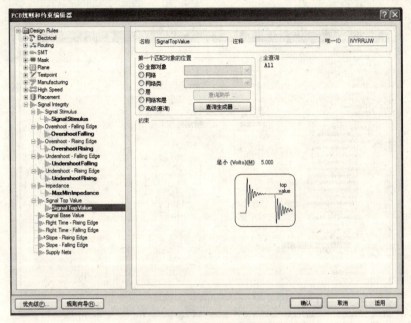

图 4-50　信号高电平参数设置

8. Signal Base Value（信号基值）

信号在低电平状态时的最大稳定电压值。其参数设置如图 4-51 所示，通过该对话框用户可以设置低电平的最大稳定电压值。

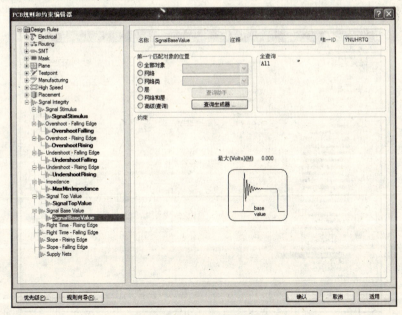

图 4-51　信号基值参数设置

9. Flight Time-Rising Edge（飞升时间的上升边沿）

信号上升沿的最大允许飞升时间，即信号的上升沿到达信号设定值的 50%所需的时间。其参数设置如图 4-52 所示，通过该对话框用户可以设置飞升时间的上升边沿的时间，单位一般是 ns。

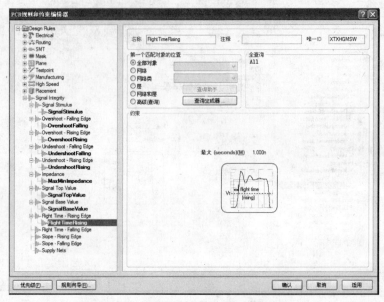

图 4-52　飞升时间的上升边沿参数设置

10. Flight Time-Falling Edge（飞升时间的下降边沿）

信号下降沿的最大允许飞升时间，即信号的下降沿到达信号设定值的 50%所需的时间。其参数设置如图 4-53 所示，通过该对话框用户可以设置飞升时间的下降边沿的时间，单位一般是 ns。

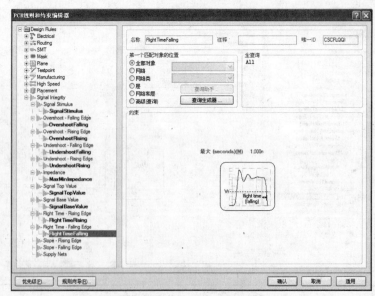

图 4-53　飞升时间的下降边沿参数设置

11. Slope-Rising Edge（上升沿斜率）

信号从门限电压上升到一个有效高电平的最大允许时间。其参数设置如图 4-54 所示，通过该对话框用户可以设置上升沿斜率的最大时间，单位一般是 s。

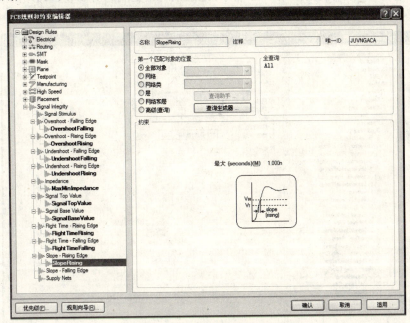

图 4-54　上升沿斜率参数设置

12. Slope-Falling Edge（下降沿斜率）

信号从门限电压下降到一个有效低电平的最大允许时间。其参数设置如图 4-55 所示，通过该对话框用户可以设置下降沿斜率的最大时间，单位一般是 s。

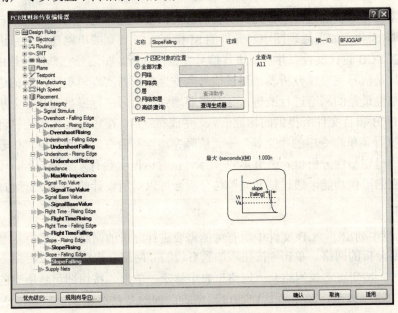

图 4-55　下降沿斜率参数设置

13. Supply Nets（电源网络标号）

电源网络标号用于定义印制电路板上的供电网络，进行信号完整性分析时要了解供电网络的名称和电压。其参数设置如图 4-56 所示，通过该对话框用户可以设置网络对应的电压值，单位一般是 V。

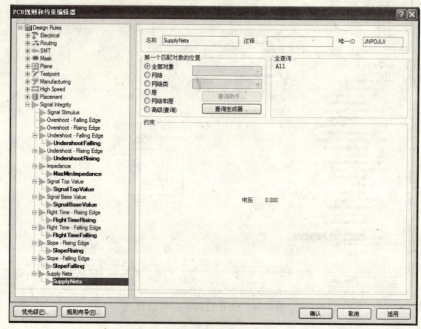

图 4-56　电源网络标号参数设置

4.2.2　进行 PCB 信号完整性分析

在信号完整性分析的过程中，元件引脚的特性，以及元件之间的连接都来自原理图中元件的 SI 模型，因此，如果原理图中对元件的 SI 模型、SI 规则或电路连接关系进行了修改，那么必须更新 PCB 设计文件，并重新进行信号完整性分析。在信号完整性分析中，涉及的一种重要工具就是信号完整性分析器。通过信号完整性分析器实现对电路网络的进一步分析，查找信号完整性最差的网络进行改进，并对需要增强的信号进行参数设计和分析。信号完整性分析基于 PCB 项目文件所提供的物理信息，完成布线后，在项目文件中选择已经编译好的 PCB 文件，执行菜单命令中的"工具"→"信号完整性"命令，在弹出的"信号完整性"对话框中启动信号完整性分析器，如图 4-57 所示。该对话框主要有 4 部分内容，还有 5 个按钮用于完成相应的操作功能，通过信号完整性分析器可以对所设计的 PCB 进行仿真分析。

1. 网络

"网络"栏中列出了 PCB 文件中所有可能需要进行分析的网络，在进行信号分析之前，可以选中需要分析的网络，单击 > 按钮添加到右边的"网络"表中；在"网络"表中选中某一网络，单击 < 按钮可将该网络从"网络"表中移除。单击 >> 按钮即可将所有的网络添加到待分析的"网络"表中；单击 << 按钮即可将所有的网络从待分析的"网络"表中移除。如图 4-57 所示为在"网络"表中添加 VCC 网络。

项目 4　电路仿真与 PCB 信号完整性分析

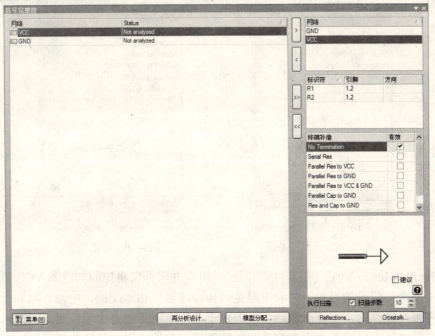

图 4-57　"信号完整性"对话框

2．Status（状态栏）

状态栏显示 PCB 设计文件中网络进行信号完整性分析后的状态，共有 3 种状态。
- Passed：分析通过，该信号没有问题。
- Not analyzed：无法分析，表明由于某种原因导致无法对该信号进行分析。
- Failed：分析失败。

只有状态栏显示 Passed 时才表明电路中的信号完整无错，状态栏显示"Not analyzed"表明电路中还有需要改进的地方，用户需要修改电路原理图，重新更新 PCB 印制电路板，并重新进行信号完整性分析。

3．标识符

标识符显示 Net 表中所选中的网络连接的元件引脚及信号的方向。

4．终端补偿

终端补偿用于定义终止条件。终端补偿的目的是测试传输线中信号的反射与串扰，以便使 PCB 印制板中的线路信号达到最优，因此该设置对反射与串扰分析有效，对 Screening（屏蔽）模式无效。默认情况下，没有终止条件。在"终端补偿"栏中，系统提供了 8 种信号终端补偿方式。

- No Termination（无终端补偿）：对终端不进行补偿，信号进行直接传输，是系统通常默认的方式，如图 4-58 所示。
- Serial Res（串阻补偿）：串阻补偿是一个非常有效的终止技巧，在点对点的连接方式中，两信号点之间直接串入一个电阻，减小外来电压波形的幅值，正确的串阻补偿将使得信号正确终止，消除接收器的过冲现象。串阻补偿如图 4-59 所示。

电子 CAD 绘图与制版项目教程

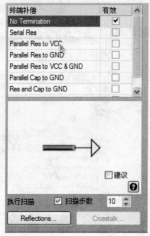
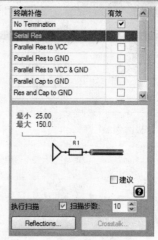

图 4-58 无终端补偿　　　　　　图 4-59 串阻补偿

◆ **Parallel Res to VCC**（电源并阻补偿）：电源并阻补偿将电阻与电源 VCC 直接并联以实现增强信号的目的，并联电阻是和传输线阻抗相匹配的。电源并阻补偿方式经常应用在线路的信号反射电路中。但由于并联电阻上会有电流流过，因此，将增加电源的消耗，导致低电平阈值升高，该阈值将根据电阻值的变化而变化，有可能会超出在数据区定义的操作条件。电源并阻补偿如图 4-60 所示。

◆ **Parallel Res to GND**（地端并阻补偿）：它也是终止线路信号反射的一种比较好的方法，地端输入端并联的电阻是和传输线阻抗相匹配的，与电源端并阻补偿方式类似。同样，由于有电流流过，会导致高电平阈值的降低。地端并阻补偿如图 4-61 所示。

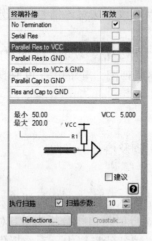
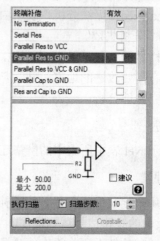

图 4-60 电源并阻补偿　　　　　　图 4-61 地端并阻补偿

◆ **Parallel Res to VCC & GND**（电源与地端并阻补偿）：此类终止补偿主要适用于 TTL 总线系统，而对于 CMOS 总线系统则一般不建议使用。其原理是将电源并阻补偿与地端并阻补偿结合起来使用，因此也具备它们两者的特点，在各自的并联电阻上会有较大的电流流过，在使用中需要注意两个电阻的电阻值的分配关系。电源与地端并阻补偿如图 4-62 所示。

◆ Parallel Cap to GND（地端并联电容补偿）：该补偿方式是制作 PCB 印制板时最常用的方式，能够有效地消除铜膜导线在走线的拐弯处所引起的波形畸变。其原理是将输入端对地端并联一个电容，减少信号噪声。最大的缺点是，波形的上升沿或下降沿会变得太平坦，增加了上升和下降时间。地端并联电容补偿如图 4-63 所示。

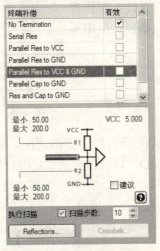
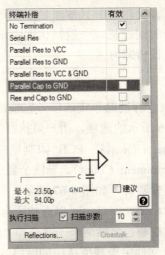

图 4-62 电源与地端并阻补偿　　　　图 4-63 地端并联电容补偿

◆ Res and Cap to GND（地端并阻、并容补偿）：该方式与地端并联电阻的补偿效果基本一样，但地端并阻、并容补偿方式是将输入端与地端并联一个电容和一个电阻，当电路时间常数 RC 大约为延迟时间的 4 倍时，这种补偿方式可以使传输线上的信号被充分终止。地端并阻、并容补偿如图 4-64 所示。

◆ Parallel Schottky Diodes（并联肖特基二极管补偿）：其原理是将肖特基二极管并联在传输线终结的电源和地端，通过此种补偿方法减少接收端信号的过冲和下冲值，大多数标准逻辑集成电路的输入电路都采用这种终止补偿方式。并联肖特基二极管补偿如图 4-65 所示。

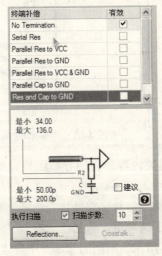
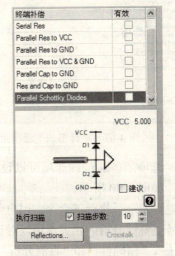

图 4-64 地端并阻、并容补偿　　　　图 4-65 并联肖特基二极管补偿

◆ 执行扫描：信号完整性分析时按照用户所设置的参数范围，对整个系统进行执行扫描，与电路原理图仿真中的参数扫描方式类似。扫描步数可以在后面进行设置。

◆ 扫描步数：决定执行信号完整性分析扫描的步数。需要注意的是，用户在设定过程中需要注意设置值较大时会导致仿真波形粗糙并且片面显示电路的结果，设置较小则仿真耗费时间过长。一般默认选中该复选框，扫描步数采用系统默认值即可。

5. 菜单

图 4-66 "菜单"选项

菜单用来进行辅助系统的信号完整性分析，单击 按钮，弹出如图 4-66 所示的选项，用户可执行以下操作。

◆ 详细…：显示在 PCB 印制电路板中所包含的所有网络详细情况，包括元件个数（Component Count）、导线个数（Track Count），以及根据所设定的分析规则得出的各项参数等，如图 4-67 所示。

◆ 查找相关联网络：可以查找所有与选中网络有关联的网络，并以选中形式显示。

◆ 交叉探测：包括两个子命令即"到原理图"与"到 PCB"，分别用于在原理图中或在 PCB 文件中查找所选中的网络。

◆ 复制：复制包含选择的及全部的网络。

◆ 显示/隐藏纵向栏：在网络列表栏中显示或隐藏一些纵向栏，纵向栏的内容如图 4-68 所示。例如，在"显示/隐藏纵向栏"中选中分析错误、基值和长度时，则在"网络"中显示出来，如图 4-69 所示。

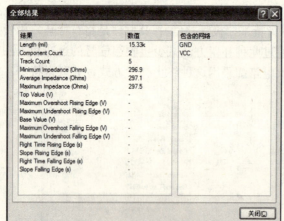

图 4-67 "详细…"选项全部结果　　　　图 4-68 "显示/隐藏纵向栏"目录

◆ 设定选项…：通过该选项可以设定导线的相关内容，包括导线阻抗、导线长度的信息，如图 4-70 所示。

◆ 优先设定…：执行该命令，用户可以在弹出的"信号完整性优先选项"对话框中设置信号完整性分析的相关选项，对话框中有若干选项页，包括"一般"、"配置"、"综合算法"、"精确性"和"直流分析"，如图 4-71 所示。不同的选项页中设置的内容不同，

项目4 电路仿真与PCB信号完整性分析

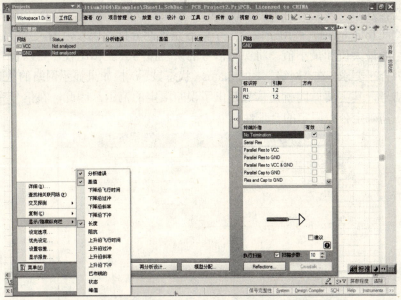

图 4-69 "显示/隐藏纵向栏"选择在"网络"列表中的显示

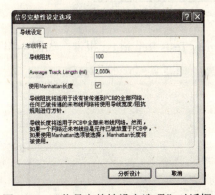

图 4-70 "信号完整性设定选项"对话框

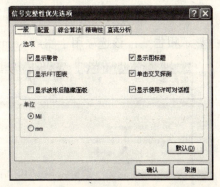

图 4-71 "信号完整性优先选项"对话框

在信号完整性分析中，主要用到的是"配置"选项。"配置"选项用于设置信号完整性分析的选项的配置情况，包含传输导线的最短长度、仿真合计时间、仿真时间步长、耦合导线的最长距离及最短步长，如图 4-72 所示。

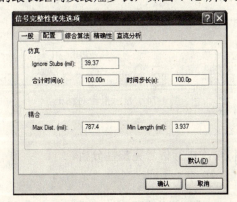

图 4-72 "信号完整性优先选项"对话框"配置"选项页

275

电子 CAD 绘图与制版项目教程

◆ 设置容差…：该选项用于用户设置信号完整性分析的公差（误差），如图 4-73 所示。公差（Tolerances）被用于限定一个信号完整性分析的误差范围，允许信号变形能够产生的最大值和最小值。将实际信号的误差值与公差相比较，可以查看信号的误差是否合乎要求。在"网络"中的 Status（状态显示）栏如果显示网络的状态为"Failed"的信号，其主要原因就是信号超出了误差限定的范围。因此，在信号完整性分析之前，需确定公差限定的合理性。

图 4-73 "设置屏蔽分析公差"对话框

◆ 显示报告…：该选项用于生成 Signal Integrity Tests Report.txt 报告，如图 4-74 所示。

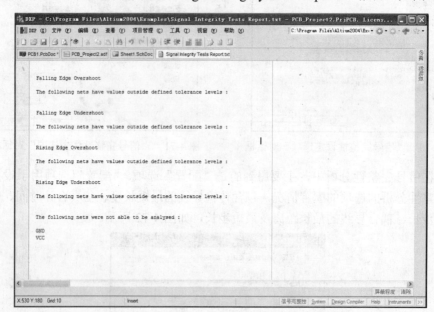

图 4-74 显示报告对话框

6．再分析设计

再分析设计是指系统将再次进行信号完整性分析。

7．模型分配

系统将返回对元器件的 SI 模型设定显示框，如图 4-75 所示。

项目4　电路仿真与PCB信号完整性分析

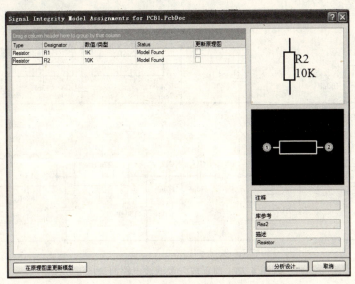

图4-75　模型分配对话框

8．Reflections

对信号进行反射分析。用户执行后，系统将进入仿真器的编辑环境，显示相应的信号波形。

9．Crosstalk

对选中的网络实行串扰分析。用户执行后，系统将进入仿真器的编辑环境，显示相应的信号波形。

综合设计10　前置放大与滤波电路原理图仿真及信号完整性分析

任务目标

- ◆ 熟练掌握对电路原理图参数的设置并实现对复杂电路原理图的绘制；
- ◆ 元件仿真参数的设置；
- ◆ 仿真方式的选择及参数的设置；
- ◆ 实现对电路原理图的仿真操作；
- ◆ 从电路原理中实现PCB印制电路板；
- ◆ 实现对前置放大及滤波电路PCB信号完整性的综合分析。

本任务要求新建PCB项目文件"前置放大及滤波电路.PrjPCB"和原理图文件"Sheet1.SchDoc"。对绘制原理图的具体要求是：图纸大小设成A4；图纸方向设为Landscape（横向）放置；标题栏设为Standard形式；图纸底色设为白色（标号为233）；边框颜色设为绿色（标号为15）；网格形式设为线状且颜色设为灰黄色（标号为158）；使用软件提供的系统元件库器件，可对原理图中元件进行简单修改；根据实际元件选择原理图元件封装；进行原理图编译并修改，保证原理图正确；生成原理图元件清单和网络表文件；进行原理图仿真和信号完整性分析。完成的前置放大及滤波电路原理图如图4-76所示，原理图元件清单如表4-2所示。

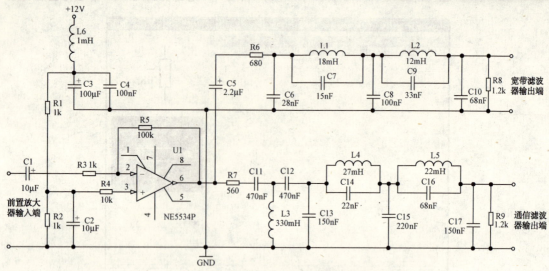

图 4-76 前置放大及滤波电路原理图

表 4-2 前置放大及滤波电路原理图元件清单

Designator	Footprint	Lib Ref	Comment	Value
C1	POLAR0.8	Cap Pol2	10μF	10μF
C2	POLAR0.8	Cap Pol2	10μF	10μF
C3	POLAR0.8	Cap Pol2	100μF	100μF
C4	RAD-0.3	Cap	100nF	100nF
C5	POLAR0.8	Cap Pol2	2.2μF	2.2μF
C6	RAD-0.3	Cap	28nF	28nF
C7	RAD-0.3	Cap	15nF	15nF
C8	RAD-0.3	Cap	100nF	100nF
C9	RAD-0.3	Cap	33nF	33nF
C10	RAD-0.3	Cap	68nF	68nF
C11	RAD-0.3	Cap	470nF	470nF
C12	RAD-0.3	Cap	470nF	470nF
C13	RAD-0.3	Cap	150nF	150nF
C14	RAD-0.3	Cap	22nF	22nF
C15	RAD-0.3	Cap	220nF	220nF
C16	RAD-0.3	Cap	68nF	68nF
C17	RAD-0.3	Cap	150nF	150nF
L1	INDC1005-0402	Inductor	18mH	18mH
L2	INDC1005-0402	Inductor	12mH	12mH
L3	INDC1005-0402	Inductor	330mH	330mH
L4	INDC1005-0402	Inductor	27mH	27mH
L5	INDC1005-0402	Inductor	22mH	22mH
L6	INDC1005-0402	Inductor	1mH	1mH
R1	AXIAL-0.4	Res2	1k	1k
R2	AXIAL-0.4	Res2	1k	1k
R3	AXIAL-0.4	Res2	1k	1k

项目4 电路仿真与PCB信号完整性分析

续表

Designator	Footprint	Lib Ref	Comment	Value
R4	AXIAL-0.4	Res2	10k	10k
R5	AXIAL-0.4	Res2	100k	100k
R6	AXIAL-0.4	Res2	680	680
R7	AXIAL-0.4	Res2	560	560
R8	AXIAL-0.4	Res2	1.2k	1.2k
R9	AXIAL-0.4	Res2	1.2k	1.2k
U1	DIP-8	NE5534P	NE5534P	

1. 启动 Protel 软件，新建并保存 PCB 项目文件

在"开始"菜单中启动 Protel 软件，执行菜单命令"文件"→"创建"→"项目"→"PCB 项目"，弹出"创建 PCB 项目"菜单。执行菜单命令"文件"→"保存项目"，弹出保存文件对话框，选择好保存路径，输入项目文件名"前置放大及滤波电路"，单击"OK"按钮，如图 4-77 所示。

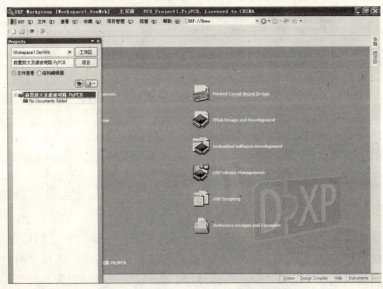

图 4-77 创建的"前置放大及滤波电路.PrjPCB"项目文件

2. 在当前项目中新建原理图文件，按要求设置原理图的图纸、标题栏、边框和网格形式

执行菜单命令"文件"→"创建"→"原理图"，执行菜单命令"文件"→"保存"，在弹出的"保存原理图文件"对话框中输入文件名"原理图"，文件类型默认为".SchDoc"，如图 4-78 所示。

（1）执行菜单命令"设计"→"文档选项"→"图纸选项"，具体操作过程如下：

在弹出的对话框"选项"栏"方向"文本框中选择"Landscape"，设置图纸方向为横向放置。双击"图纸颜色"对应的颜色框，在弹出的颜色框中选择"颜色"标号为 233，单击"OK"按钮设置图纸颜色为白色。双击"边缘色"对应的颜色框，在弹出的颜色框中选择"颜色"标号为 15，单击"OK"按钮设置边框颜色为绿色。单击"标准风格"栏"标准风格"文本框下拉箭头选择"A4"，设置图纸大小为 A4。原理图的图纸设置如图 4-79 所示。

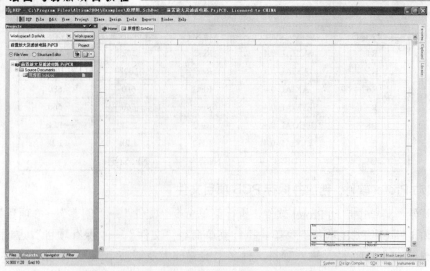

图 4-78 创建的"原理图.SchDoc"原理图文件

图 4-79 原理图的图纸设置

（2）执行菜单命令"工具"→"原理图优先设定"→"Grids"→"网格选项"，单击"可视网格"文本框下拉箭头选择"Line Grid"，设置网格形式为线状；选择"网格颜色"对应的颜色框，在弹出的颜色框中选择"颜色"标号为 158，设置网格颜色为灰黄色。原理图的网格类型如图 4-80 所示。

3. 绘制电路原理图

按表 4-2 中所示的元件清单查找元件，进行合理的布局，再按如图 4-76 所示前置放大及滤波电路原理图进行绘制。为了实现前置放大及滤波电路的仿真，仿真用的电路原理图中的每一个元件都应该具有相应的仿真模型，并且对其仿真参数要进行认真设定。具体操作过程如下：

◆ 电容元件仿真模型参数设定：以 C1 为例，双击 C1，弹出 C1 的属性对话框。在"元件属性"对话框中，"标识符"栏：C1；"注释"栏：=Value，并将后面的"可视"复选框中的"√"取消，避免与"Parameters"区域中的"Value"数值重复显示，如图 4-81 所示。在"Models for C1-Cap Pol2"区域双击 Simulation，打开"Sim Model-General/Capacitor"对话框，在"参数"选项页的"Value"文本框中填入 10μF，如图 4-82 所示。其余电容元件设置方式与 C1 相同。

项目 4　电路仿真与 PCB 信号完整性分析

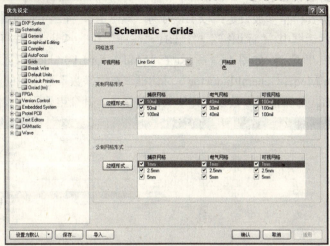

图 4-80　原理图的网格类型

图 4-81　电容 C1 "元件属性" 对话框

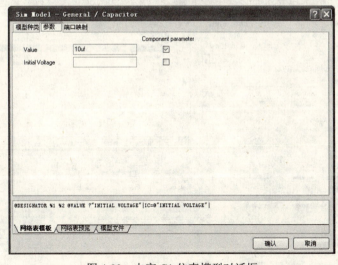

图 4-82　电容 C1 仿真模型对话框

◆ 电感元件仿真模型参数设定：以 L1 为例，双击 L1，弹出 L1 的属性对话框。在"元件属性"对话框中，"标识符"栏：L1；"注释"栏：=Value，并将后面的"可视"复选框中的"√"取消，如图 4-83 所示。在"Models for L1-Inductor"区域双击 Simulation，打开"Sim Model-General/Inductor"对话框，在"参数"选项页的"Value"文本框中填入 18mH。仿真模型参数设置完毕关闭对话框。其余电感元件设置方式与 L1 相同。

图 4-83 电感 L1 "元件属性" 对话框

◆ 电阻元件仿真模型参数设定：以 R1 为例，双击 R1，弹出 R1 的属性对话框。在"元件属性"对话框中，"标识符"：R1；"注释"：=Value，并将后面的"可视"复选框中的"√"取消，如图 4-84 所示。在"Models for R1-Res2"区域双击 Simulation，打开"Sim Model-General/Resistor"对话框，在"参数"选项页的"Value"文本框中填入 1k。仿真模型参数设置完毕关闭对话框。其余电阻元件设置方式与 R1 相同。

图 4-84 电阻 R1 "元件属性" 对话框

项目 4　电路仿真与 PCB 信号完整性分析

◆ 低噪声运算放大器 NE5534P 仿真模型参数设定：双击 NE5534P 元件，弹出 NE5534P 的属性对话框。在"元件属性"对话框中，"标识符"栏：U1；"注释"栏：NE5534P，如图 4-85 所示。在"Models for U1-NE5534P"区域双击 Simulation，打开"Sim Model-General/Generic Editor"对话框，如图 4-86 所示。此处不作改动。其余元件仿真设置基本相同。

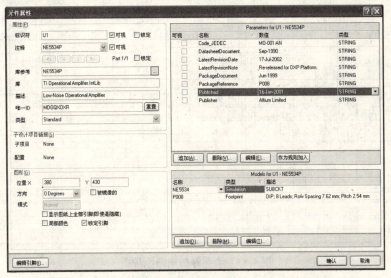

图 4-85　低噪声运算放大器（NE5534P）U1"元件属性"对话框

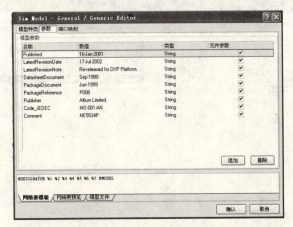

图 4-86　"Sim Model-General/Generic Editor"对话框

绘制好的电路原理图如图 4-87 所示。

4．生成原理图元件清单和网络表文件

5．对电路原理图进行仿真

（1）元件仿真参数的设置。要实现电路仿真，电路原理图中每一个元件仿真参数的设置都是必不可少的，否则将导致仿真实现不了或仿真结果错误。除此之外，还需要对电路中仿真激励源进行设置。仿真激励源也需要进行仿真参数设置，从而确保仿真的正确运行。在电路中添加网络，并在电路图中将+12V 用 VCC 代替，+18V 用 VCC1 代替，如图 4-88 所示，

283

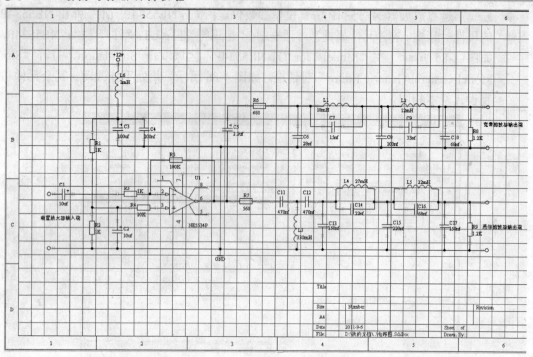

图 4-87 绘制好的电路原理图

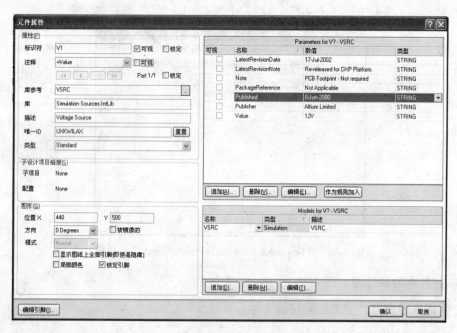

图 4-88 仿真激励源 VCC 的设置对话框

其仿真激励源 VCC 的仿真参数设置如图 4-89 所示,VCC1 的设置方式同 VCC。在原有的电路原理图的基础上,对原理图进行简单修改,如图 4-90 所示,同时对电路进行 ERC 检查,以确保电气连接的正确性。

项目4　电路仿真与PCB信号完整性分析

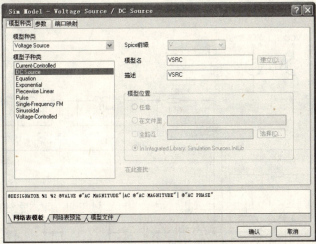

(a) VCC仿真模型种类设置

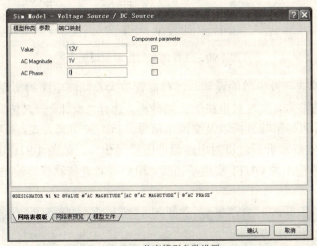

(b) VCC仿真模型参数设置

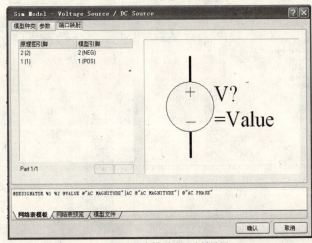

(c) VCC仿真模型端口映射设置

图4-89　仿真激励源VCC的仿真参数设置

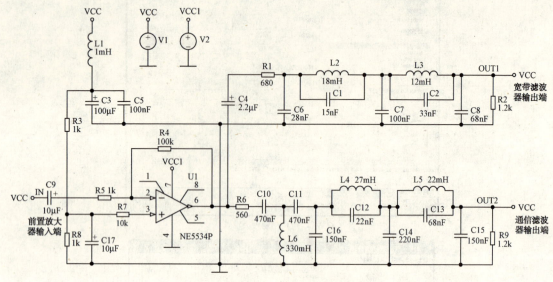

图 4-90　进行仿真的电路原理图

（2）仿真方式的选择及参数的设置。针对前置放大及滤波电路的实现功能选择相应的仿真方式，设定相应的参数，实现对电路的检测分析。选择"设计"→"仿真"→"Mixed Sim"命令，选中瞬态分析和傅里叶分析以及交流小信号分析两种仿真方式，并对其进行参数设置，如图 4-91 所示。设定好参数后就可对电路原理图实现仿真，如图 4-92 和图 4-93 所示。本仿真只针对宽带滤波器输出端 OUT1 实现了仿真，用户可对通信滤波器输出端 OUT2 自行实现仿真。

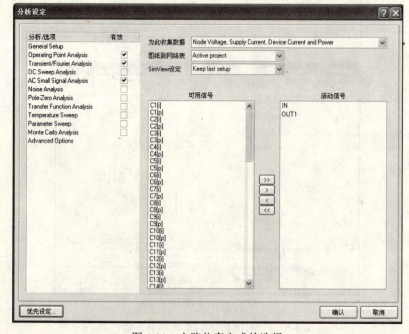

图 4-91　电路仿真方式的选择

项目 4 电路仿真与 PCB 信号完整性分析

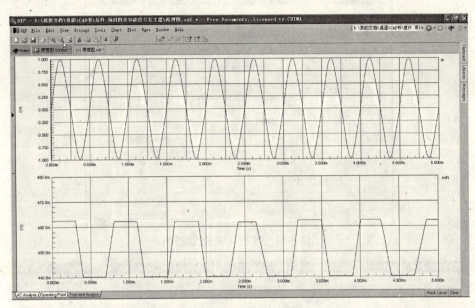

图 4-92 瞬态分析和傅里叶分析仿真波形

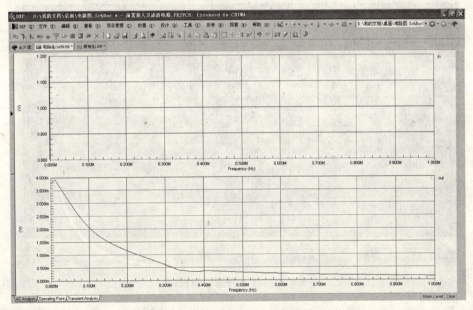

图 4-93 交流小信号分析仿真波形

6. 新建 PCB 文件、规划 PCB 并设置参数

（1）新建 PCB 文件。在本项目任务 1 的 PCB 项目文件"多功能信号发生器.PrjPCB"中新建印制电路板文件"双层印制电路板.PcbDoc"。执行菜单命令"设计"→"PCB 板选择项"进入图纸环境参数设置，按图 4-94 所示参数进行设定。

（2）规划 PCB。执行菜单命令"设计"→"PCB 板形状"→"重定义 PCB 板形状"，系统进入 PCB 外形编辑窗口，如图 4-95 所示。

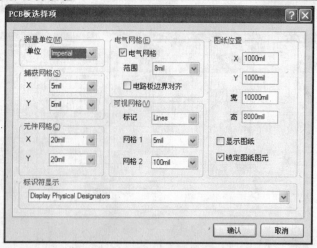

图4-94 PCB环境参数设置

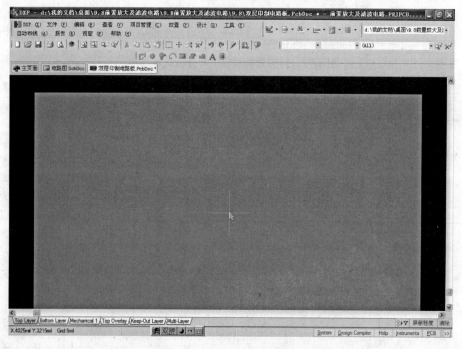

图4-95 PCB外形编辑窗口

（3）设置参数。执行菜单命令"设计"→"PCB板层次颜色"，印制电路板的板层为双层板，包括顶层（Top Layer）、底层（Bottom Layer）、机械层1（Mechanical 1）、顶层标记层（Top Overlayer）、禁止布线层（Keep-Out Layer）、多层板（Multi-Layer），如图4-96所示。在规划好的PCB印制电路板中，设定物理边界，主要包括角标、参考孔位置、外部尺寸等参数。通常选用一个机械层来设定物理边界，而在其他的机械层放置尺寸、对齐标记等。利用放置工具栏中的放置导线工具 设定PCB的物理边界，设置禁止布线边界和顶层标记界限，并通过焊盘添加螺丝孔，按照如图4-97所示选项内容设置螺丝孔的焊盘属性。规划好的PCB如图4-98所示。

项目4　电路仿真与PCB信号完整性分析

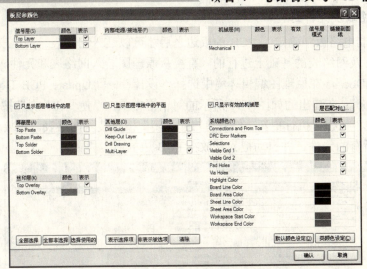

图 4-96　印制电路板板层设置

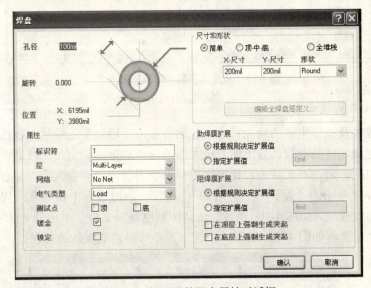

图 4-97　螺丝孔的焊盘属性对话框

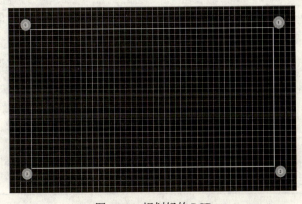

图 4-98　规划好的 PCB

电子 CAD 绘图与制版项目教程

7. 装入网络表及元件封装

在 PCB 印制电路板中确定了 PCB 的板边之后才可以装入网络表。网络表的装入是在准备好电路原理图及网络表的基础上进行的。直接从原理图装入网络表和元件。打开原理图文件"原理图.SchDoc",在原理图编辑环境中选择"设计"→"Update PCB Document 双层印制电路板.PcbDoc";在弹出的如图 4-99 所示的对话框中单击"使变化生效"按钮,校验改变;单击"执行变化"按钮,执行更新;然后单击"关闭"按钮装入网络表。在装入网络表之后,程序自动装入所有的元件,并自动把元件放在 PCB 边框内。

图 4-99 从原理图装入网络表和元件

8. 元件布局并实现布线

根据前置放大及滤波电路的功能特点,在元件布局上通过手工编辑,根据电路实现的功能进行分配,完成元件的布局,分出前置放大器的输入端电路、宽带滤波器输出端和通信滤波器的输出端电路。通过对元件的设计规则进行有效的管理,将会大大方便自动布线。选择印制电路板文件菜单中的"设计"→"规则",在弹出的对话框中设置布线规则参数,设置电气连接线及布线规则,如图 4-100 所示。选择印制电路板文件菜单中的"自动布线"→"全部",完成 PCB 布线,如图 4-101 所示。注意,需要对当前的文档进行保存。

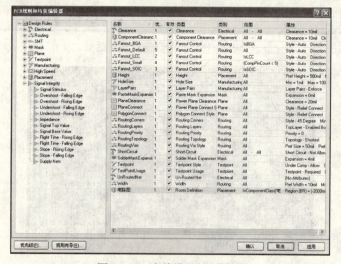

图 4-100 布线设计规则设置

项目 4　电路仿真与 PCB 信号完整性分析

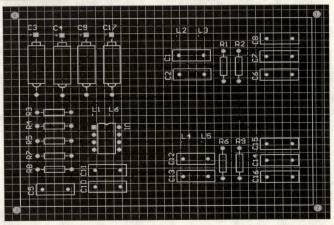

图 4-101　完成 PCB 布线的电路图

9. 信号完整性分析

在执行信号完整性分析前需要对元件的 SI 模型进行设定。以电路中的 C1 元件为例进行简单说明。打开相应的"元件属性"对话框，在对话框 Model for C1-Cap 区域，对元件添加信号完整性分析功能。若元件 Signal Integrity 模型不存在，则需单击 追加(D)... 按钮进行添加，如图 4-102（a）所示；添加后双击 Signal Integrity 模型，系统弹出如图 4-102（b）所示的"信号完整性模型"对话框，在"数值"文本框中输入电路图元件 C1 的电容值即可。

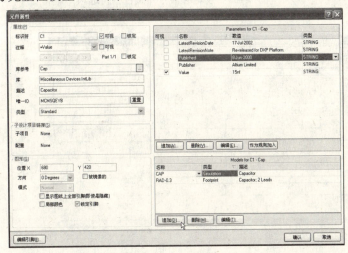

(a) C1 "元件属性"对话框　　　　　(b) C1 "信号完整性模型"对话框

图 4-102　元件 C1 信号完整性模型设定

打开建立好的 PCB 项目文件"前置放大及滤波电路.PrjPCB"中的印制电路板文件"双层印制电路板.PcbDoc"。执行菜单命令"工具"→"信号完整性"，系统开始进行信号完整性分析，若项目文件中元件没有设定 SI 模型，则系统会弹出如图 4-103 所示的提示框，提示用户元件有未设定 SI 模型的，并在提示项目文件中存

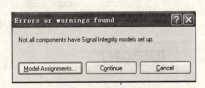

图 4-103　SI 模型设定提示框

291

在错误或警告。

如果印制电路板中不存在问题,则系统开始进行信号完整性分析,在弹出的"信号完整性设定选项"对话框中,对元件的 SI 模型进行设定,如图 4-104 所示,单击 分析设计 按钮可以启动信号完整性分析器。设定的信号完整性分析选项如图 4-105 所示,单击"Reflections…"按钮,完成印制电路板信号完整性分析,如图 4-106 所示。

图 4-104 "信号完整性设定选项"对话框

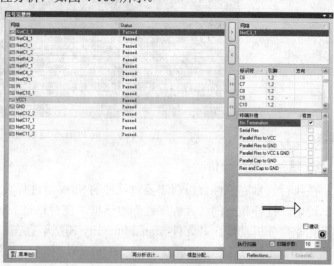

图 4-105 设定的信号完整性分析选项

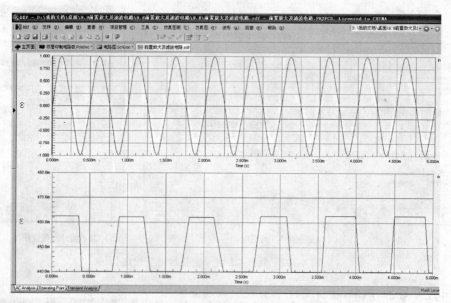

图 4-106 通过信号完整性分析后的瞬态分析和傅里叶分析仿真波形

项目总结

1. 在 Protel 软件中执行仿真,只需简单地在仿真用元件库中放置所需的元件,连接好电路原理图,加上激励源,然后单击仿真按钮即可自动开始仿真。首先要实现对每一个元件仿

 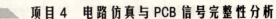

项目4 电路仿真与PCB信号完整性分析

真属性的设置,每个元件都包含Spice仿真用的信息,Spice所具有的扩展特性可以更精确地设定元件的特性。

2. 为了更好地观察信号变化过程,可以对需要仿真的信号点或元件用网络标号标注,通过网络标号进行仿真识别,这样用户可以很容易识别元件或节点信号并观察该网络标号下信号的变化状态。常用的网络标号有节点电压初始值元件IC和节点电压设置元件NS,存放在Simulation Sources.IntLib元件库中。

3. 仿真激励源是电路仿真时输入到电路中的仿真测试信号,通过仿真激励源对电路作用,观察测试元件及测试网络标号的输出波形,就可以判断电路的参数设置是否合理。只有激励源才能驱动电路,才能实现电路仿真。这些元件存放在Simulation库文件中。

4. 仿真方式的设置包含两部分内容,即仿真运行通用参数的设置和具体仿真方式特有参数的设置。选择"设计"→"仿真"→"Mixed Sim"命令,双击仿真方式类型即可实现仿真方式的设置。

5. 通过对电路原理图的绘制及编辑,对电路原理图中元件仿真参数的设置,添加仿真激励源及必要的网络标号,执行菜单命令"设计"→"仿真"→"Mixed Sim",便可实现对电路原理图的仿真操作。若电路没有错误,系统会将仿真结果存放在".sdf"文件中,在".sdf"文件中用户可以查看仿真的波形及数据,分析电路性能的优良,从而对电路参数进行重新设定,实现对电路原理图最满意的效果。

6. 在执行信号完整性分析前需要对元件的SI模型进行设定。在电路中打开电路元件的属性对话框,在属性对话框Model选项中,双击Signal Integrity选项,根据不同元件类型填入相应的内容,实现对元件信号完整性模型的设定。

7. 信号完整性分析是基于布好线的PCB进行的,打开需要进行分析的PCB文档,选择"设计"→"规则",在弹出的"PCB规则和约束编辑器"对话框中进行信号完整性规则设置,并可以对选择的规则进行设置。在需要使用的某一项规则上单击鼠标右键,执行菜单命令中的"新建规则"命令,即可建立一个新的分析规则。

8. 理解信号完整性分析的基本概念,通过对元件的SI模型设定,信号完整性分析的规则设置,以及信号完整性分析器的设置就可实现对电路信号完整性的分析,从而使传输信号通过电路信号线传输后依然保持完整的特性。

项目练习

1. 制作如图4-107所示的整流滤波稳压电路原理图并生成印制电路板。具体要求如下:
(1) 绘制整流滤波稳压电路原理图,添加仿真元件库并对元件进行仿真参数设置,进行ERC检测,生成网络表和元件清单(如表4-3所示)。

表4-3 整流滤波稳压电路原理图元件清单

Designator	Footprint	Lib Ref	Comment	Value
C1	RAD0.2	Cap2	20nF	20nF
C2	RAD0.2	Cap	10nF	10nF
C3	RAD0.2	Cap	0.33μF	0.33μF
D1	DPST-4	18DB10	18DB10	

续表

Designator	Footprint	Lib Ref	Comment	Value
R1	AXIAL-0.4	Res2	100k	100k
U1	SFM-T3/E10.7V	78L15	78L15	
TF1	DIP-4	10TO1	10TO1	
Vin	RAD0.3	VSIN	VSIN	

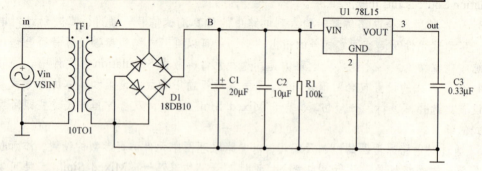

图 4-107　整流滤波稳压电路原理图

（2）整流滤波稳压电路通过电源变压器（TF1）将交流电源电压（Vin）变换为符合整流需要的电压，利用整流电路（D1）将交流电压变换为脉动直流电压，通过滤波电路 C1、C2 和 R1 减小整流电压的脉动程度以适合负载的需要，由稳压器件 U1（78L15）将交流电压转变成 5V 电源供给负载电路工作。设置电路原理图仿真源、仿真方式及相应参数，实现电路仿真操作，同时对原理图实现信号完整性分析，避免电路失真。

（3）采用向导生成双层印制电路板，板卡尺寸长为 2 000mil，宽为 1 500mil。只保留 Title block and Scale（设定标题块和比例尺项）。通常采用插针式元件，元件焊盘间允许走两条导线，过孔类型为通孔类型，包含 Top Paste Mask（顶层阻焊膜）、Bottom Solder Mask（底层助焊膜）、Bottom Paste Mask（底层阻焊膜）、Top Overlayer（顶层丝印层）、Bottom Overlayer（底层丝印层）和 Keep-Out Layer（禁止布线层）。

（4）布线规则要求：最小铜膜线走线宽度为 10mil，电源地线的铜膜线宽度为 20mil；添加 GND 电源；人工布置元件，自动布线（所有导线都布置在底层上），并进行 DRC 检测。

2．制作如图 4-108 所示的多功能信号发生器电路原理图并生成印制电路板。具体要求如下：

（1）绘制多功能信号发生器电路原理图，添加仿真元件库并对元件进行仿真参数设置，进行 ERC 检测，生成网络表和元件材料清单（如表 4-4 所示）。

表 4-4　多功能信号发生器电路原理图元件清单

Designator	Footprint	Lib Ref	Comment	Value
C1	RAD-0.3	Cap	104pF	104pF
C2	RAD-0.3	Cap	104pF	104pF
D1	DIO7.1-3.9x1.9	Diode 1N914	1N4148	
D2	DIO7.1-3.9x1.9	Diode 1N914	1N4148	
D3	SFM-T2(3)/X1.7V	Diode 10TQ040	5.1V	
D4	SFM-T2(3)/X1.7V	Diode 10TQ040	5.1V	
D5	DIO7.1-3.9x1.9	Diode 1N914	1N4148	

续表

Designator	Footprint	Lib Ref	Comment	Value
D6	DIO7.1-3.9x1.9	Diode 1N914	1N4148	
D7	DIO7.1-3.9x1.9	Diode 1N914	1N4148	
D8	DIO7.1-3.9x1.9	Diode 1N914	1N4148	
D9	DIO7.1-3.9x1.9	Diode 1N914	1N4148	
D10	DIO7.1-3.9x1.9	Diode 1N914	1N4148	
D11	DIO7.1-3.9x1.9	Diode 1N914	1N4148	
R0	AXIAL-0.4	Res2	22	22
R1	AXIAL-0.4	Res2	200	200
R2	AXIAL-0.4	Res2	2k	2k
R3	AXIAL-0.4	Res2	1k	1k
R4	AXIAL-0.4	Res2	22k	22k
R5	AXIAL-0.4	Res2	200k	200k
R6	AXIAL-0.4	Res2	10k	10k
R7	AXIAL-0.4	Res2	1k	1k
R8	AXIAL-0.4	Res2	5.1k	5.1k
R9	AXIAL-0.4	Res2	20k	20k
R10	AXIAL-0.4	Res2	5.1k	5.1k
R11	AXIAL-0.4	Res2	1k	1k
R12	AXIAL-0.4	Res2	33k	33k
R13	AXIAL-0.4	Res2	6.8k	6.8k
R14	AXIAL-0.4	Res2	180k	180k
R15	AXIAL-0.4	Res2	20k	20k
R16	AXIAL-0.4	Res2	1M	1M
R17	AXIAL-0.4	Res2	1k	1k
R18	AXIAL-0.4	Res2	33k	33k
R19	AXIAL-0.4	Res2	6.8k	6.8k
R20	AXIAL-0.4	Res2	180k	180k
R21	AXIAL-0.4	Res2	20k	20k
R22	AXIAL-0.4	Res2	1M	1M
R23	AXIAL-0.4	Res2	1k	1k
S1	DIP-4	SW DIP-2	SW DIP-2	
S2	DIP-4	SW DIP-2	SW DIP-2	
U1	SO-G8	TL082ACD	TL082	
U2	SO-G8	TL082ACD	TL082	
W3	VR5	RPot	10k	10k

（2）多功能信号发生器原理：方波经电阻 R5，送入 U1B 比较器。在无输入信号期间，比较器的同相输入端由 12V 电源通过电阻 R6 而获得一个高于反向输入端的电压，其值等于二极管 D5 的导通电压，输出电压为一个正的直流电压。当输入电压发生正向变化时，由于二极管的正向导通电阻很小，电路的变化大部分降落在 R5 上，比较器的同相输入端发生的变化不大，致使输出电压保持不变。当输入电压发生负向变化时，由于电容两端电压不能发生突变，二极管反向截止，使比较器同相输入端出现负的变化，比较器输出端发生负的跳变。

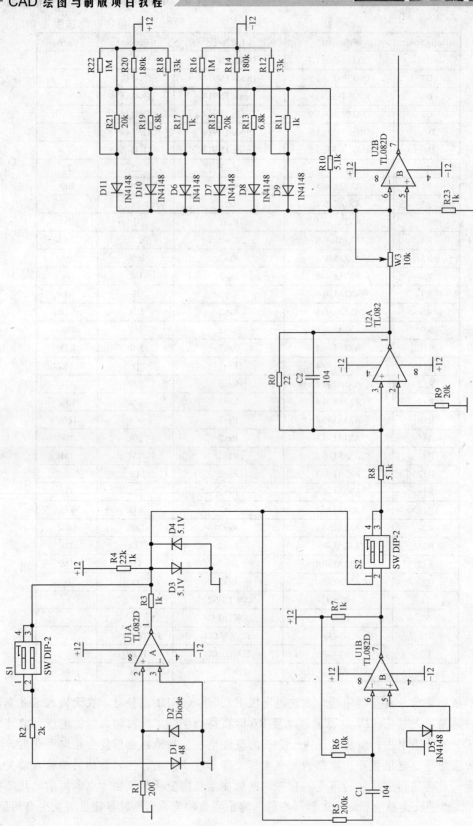

图 4-108 多功能信号发生器电路原理图

项目 4　电路仿真与 PCB 信号完整性分析

在电源电压充电的作用下,电容器右端电位逐渐升高,当同相输入端的电位过零后,输出电压迅速变为正值。直到第二个负跳变之前,输出负脉冲宽度由电容 C1 和电阻 R5、R6 构成的时间常数决定。设置电路原理图仿真源、仿真方式及相应参数,实现电路仿真操作,同时对原理图实现信号完整性分析,避免电路失真。

(3) 用户采用手工规划印制电路板的大小,要求 PCB 的宽度和高度为 5 000mil×4 000mil。电路的板层为双层板,包括顶层(Top Layer)、底层(Bottom Layer)、机械层 1(Mechanical 1)、顶层标记层(Top Overlayer)、禁止布线层(Keep-Out Layer)、多层板(Multi-Layer)。用原理图更新 PCB 文件,设置 PCB 布线规则为双层布线顶层水平方向布线、底层垂直方向布线。并对元件进行布局与布线,对印制电路板进行设计规则检查 DRC,生成工作层文件和报表文件等操作,以实现多功能信号发生器印制电路板的设计。

(4) 布线规则要求:最小铜膜线走线宽度为 10mil,电源地线的铜膜线宽度为 20mil;添加 GND 电源;人工布置元件,自动布线(所有导线都布置在底层上),并进行 DRC 检测。

项目 5
电路板手工制作

教学导入

本项目以稳压电源单层电路板制作和功率放大器双层电路板制作为例,讲解实验室手工制作印制电路板的方法、工艺和流程。通过本项目的学习,使读者掌握以下操作技能:
- 印制电路板板材选择、下料、板面处理方法;
- 图形转移的方法和工艺;
- 印制电路板的线路层、阻焊层、丝印层制作方法和工艺;
- 单层印制电路板制作方法;
- 双层印制电路板制作方法。

项目5 电路板手工制作

印制电路板是电子设备中重要的部件,它既为电子元件提供支撑,又为电子元件提供电气连接,随着电子技术的快速发展,印制电路板广泛应用于各种电子产品中。通常印制电路板由专业生产厂家制作,但是在科研、产品试制或课程设计、毕业设计等情况下,一般只需要制作少量的印制电路板,如果委托专业厂家制作,不仅费用高、周期长,而且当设计的印制电路板出现问题时还不便于修改。因此,掌握一些手工自制印制电路板的方法和技能是从事电子产品制作人员的必备基本技能。

任务5.1 单层电路板制作

任务目标

◆ 印制电路板板材选择、下料、板面处理方法;
◆ 图形转移的方法和工艺;
◆ 印制电路板的线路层、阻焊层、丝印层制作方法和工艺;
◆ 单层印制电路板制作方法。

5.1.1 印制电路板的选用

随着电子产品行业的不断发展,印制电路板的种类越来越多,电路板的材料、板层不断发展,以适应不同电子产品的特殊需求。

1. 印制电路板的种类

1)按照印制电路板软硬程度分类

按照印制电路板的软硬程度可以分为硬性印制电路板(刚性印制电路板)和软性印制电路板(挠性印制电路板)。硬性印制电路板采用增强材料作为基板材料,具有一定的强度,不可以弯曲,在要求电路板有支撑作用,对电路板有一定强度要求的场合下使用。软性印制电路板可以折叠、弯曲、卷绕,它采用可挠曲的绝缘薄膜作为绝缘基材,上面覆盖有胶粘剂、金属导体层(铜箔)和覆盖层,软性印制电路板可以进行立体布线,提高了产品装配的密度,常用于连接移动的元件,如笔记本电脑、照相机、摄像机中就使用了软性印制电路板。

2)按照印制电路板结构分类

按照印制电路板结构不同可以分为单层印制电路板、双层印制电路板和多层印制电路板。

(1)单层印制电路板。单层印制电路板的导线分布在绝缘基板的一面上,其中装配元件的一面称为元件面,进行元件引脚焊接的一面称为焊接面。单层印制电路板多用于简单电路系统中,其结构如图5-1所示。

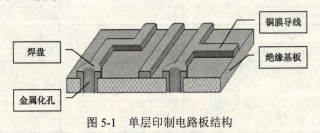

图5-1 单层印制电路板结构

(2)双层印制电路板。双层印制电路板的绝缘基板两面都有印制导线,电路板两面都可以进行布线和安放元件,因此不再区分元件面和焊接面,两面的印制导线通过金属化过孔进行电气连接。双层印制电路板的布线密度比单层板高,使用方便,可用于性能要求较高、电路较复杂的电子产品中,其结构如图 5-2 所示。

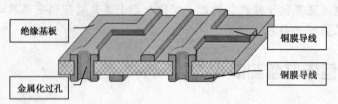

图 5-2 双层印制电路板结构

(3)多层印制电路板。多层印制电路板包含两个以上的信号层,除了电路板的顶层和底层外,在电路板的中间还设置了多个中间层进行布线,因此可以实现复杂的连线,完成更加强大的电气功能。多层印制电路板各层之间的电气连接通过半盲孔、盲孔和过孔来实现,其中半盲孔用来连接外层与中间层,盲孔用于中间层之间的连接,过孔则直接连通顶层和底层,其结构如图 5-3 所示。

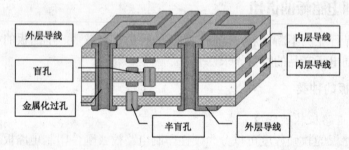

图 5-3 多层印制电路板结构

3)按照印制电路板基板材料分类

根据印制电路板的基板材料不同,可以分成纸基印制电路板、玻璃纤维布基印制电路板、复合材料基印制电路板和特殊材料基印制电路板等,其种类、代号和性能如表 5-1 所示。

表 5-1 印制电路板基板材料分类

基板材质	名 称	NEMA 产品代号 (美国电气制造商协会)	性 能
纸基	酚醛纸基覆铜板	FR-1	阻燃型
		FR-2	阻燃型,电气绝缘性能高
		XPC	非阻燃型
		XXXPC	非阻燃型
	环氧树脂纸基覆铜板	FR-3	阻燃型,电气绝缘性能高
玻璃纤维布基	玻璃布-环氧树脂覆铜板	FR-4	阻燃型
	耐热玻璃布-环氧树脂覆铜板	FR-5	阻燃型
复合材料基	纸(芯)-玻璃布(面)-环氧树脂覆铜板	CEM-1、CEM-2	CEM-1:阻燃型 CEM-2:非阻燃型
	玻璃毡(芯)-玻璃布(面)-环氧树脂覆铜板	CEM-3	阻燃型

续表

基板材质		名　称	NEMA产品代号 （美国电气制造商协会）	性　能
特殊材料基板	金属类基板	金属型		无磁性
		金属芯型		可组成磁回路并具有磁屏蔽功能
		包覆金属型		可形成闭合磁路，介电常数较高
	陶瓷类基板	氧化铝基板		高强度、高导热率、高绝缘性
		氮化铝基板		
		碳化硅基板		

（1）纸基印制电路板。纸基印制电路板的绝缘基板采用纤维纸做增强材料，浸上树脂溶液经干燥后，覆以涂胶的电解铜箔，然后经高温高压，压制成型。根据所浸树脂溶液的不同，常见的纸基覆铜板有酚醛树脂覆铜板和环氧树脂覆铜板，其中生产量和使用量最大的是 FR-1 板和 XPC 板。纸基覆铜板的铜箔标称厚度一般为 35μm，板厚度规格有 0.8mm、1.0mm、1.2mm、1.6mm 和 2.0mm 等几种。

纸基覆铜板加工工序少、价格低廉、容易加工，但是机械强度低、易吸水、耐高温性能差，主要用于低频电路和家电、低档仪器等一般民用电子产品中。

（2）玻璃纤维布基覆铜板。绝缘基板采用玻璃纤维布做增强材料，浸以环氧树脂并覆以电解铜箔，经热压制成。在玻璃纤维布基覆铜板中，FR-4 板应用最广，按照其厚度规格的不同分为 FR-4 刚性板和 FR-4 多层板芯用的薄型板。刚性 FR-4 板厚范围在 0.6～3.2mm 之间，铜箔厚度为 18μm、35μm、70μm；多层 FR-4 板厚范围在 0.25～0.91mm 之间。

玻璃纤维布基覆铜板机械强度高、耐热性好、防潮性好，具有较好的冲剪、钻孔等机械加工性能，多数使用在双面印制电路板或多层印制电路板，广泛用于移动通信、卫星、雷达、军用设备等高档电子产品中。

（3）复合材料基覆铜板。复合材料基覆铜板的基板由不同增强材料的面料和芯料构成，浸以环氧树脂，经高温热压制成，结构如图 5-4 所示，其机械特性和制造成本介于纸基覆铜板和玻璃纤维布基覆铜板之间。其中 CEM-1 板面料采用玻璃纤维布，芯料采用木浆纸，在耐浸焊性、防潮性、机械强度等方面稍差，而且由于是纸基覆铜板，因此主要用于电源电路、超声波设备、测量仪器等产品的印制电路板上；CEM-3 面料采用玻璃纤维布，芯料采用玻璃毡或玻纤纸（玻璃

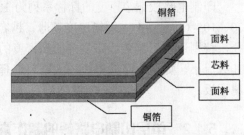

图 5-4　复合材料基印制电路板

纤维无纺布），机械强度介于 FR-4 和 CEM-1 之间，有较好的机械加工性能，耐热性和防潮性好，大量应用于高档家电、通信设备、工业用电子设备中。

（4）特殊材料基覆铜板。特殊材料基覆铜板主要有金属基覆铜板、陶瓷基覆铜板、高耐热性板、低介电常数板等。金属基覆铜板一般由金属基板、绝缘介质和导电层（一般为铜箔）3 部分组成，即将表面经过化学或电化学处理的金属基板的一面或两面覆以绝缘介质层和铜箔，经热压复合而成。金属基覆铜板具有优异的散热性和尺寸稳定性以及良好的机械加工特性、绝缘特性和电磁屏蔽性，主要用于大功率器件、电源模块等大功率、高负载的电子产品中。

陶瓷基覆铜板（DBC）由陶瓷基材、键合粘接层及导电层（铜箔）构成，按陶瓷基材所用材料可以分为 Al_2O_3（氧化铝）、SiC（碳化硅）、AlN（氮化铝）板等。陶瓷基覆铜板具有良好的机械强度、高抗剥强度、优异的导热性和高频特性，具有较大的载流能力，广泛用于大功率电力电子电路中。

2．印制电路板的选用

不同类型的印制电路板，其机械性能和电气性能各不相同，所以应根据产品的电气性能、机械特性和使用环境选用不同的覆铜板。

（1）板层选择。印制电路板的板层数可根据所设计电路的密度、元件布局、经济性和可靠性等方面进行选择。一般分立元件电路常选用单层板，集成电路较多、较复杂的电路可选用双层板。若由于整机空间安装位置狭小而使印制电路板的板面尺寸受到限制，则可以选用多层板。但是从经济性考虑，印制电路板的层数越少则越经济、可靠。

（2）板材选择。在选择印制电路板的板材时，一般主要从电路中是否存在大功率发热器件，是否工作在高温、潮湿环境下等方面进行考虑。一般由于纸基板价格低、阻燃强度低、耐高温和耐潮湿性稍差，通常可以应用于工作环境较好的中低档电子产品中；中高档电子产品可以选择各方面性能优于纸基材料的玻璃纤维布基板；工作环境较差的产品可以选择耐高温、耐腐蚀的复合材料基板。

（3）板厚选择。在选择电路板厚度时，主要根据电路板尺寸，电路中有无重量较大的器件及电路板在整机中是垂直还是水平安放方式，工作环境是否有振动冲击等因素确定。如果电路板尺寸过大、所选元器件较重、垂直安放及有振动，则要适当增加电路板的厚度。常用印制电路板的标称厚度有：0.5、0.7、0.8、1.0、1.2、1.5、1.6、2.0、2.4、3.2、6.4（单位 mm）。电子仪器、通用设备一般选用的厚度为 1.5mm，对于电源板、大功率器件板以及有重物的、尺寸较大的电路板可选用厚度为 2.0～3.0mm 的板材。

印制电路板铜箔厚度的标称系列为 18、25、35、70、105（单位 μm）。铜箔厚度越薄，越容易蚀刻和钻孔，特别适用于制造线路复杂的高密度的印制板，但其载流小，如果电路的电流较大则要选择较厚铜箔的覆铜板。

5.1.2 单层印制电路板的制作方法

单层印制电路板制作工艺简单，生产工艺流程如图 5-5 所示。

- ◆ 覆铜板下料和板面清洁处理属于材料准备，根据所制作印制电路板的大小进行覆铜板裁板，并去除覆铜板表面的油污、氧化层。
- ◆ 图形制版包含线路图形制版、阻焊图形制版和符号图形制版，这一工序是将所需要制作的各种图形制作成丝印网版或菲林底片。

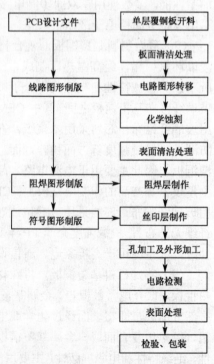

图 5-5　单层印制电路板制作流程

项目5 电路板手工制作

- ◆ 图形转移是将图形底版上的图形转移到覆铜板上,形成一种抗蚀或抗电镀的掩膜图像。
- ◆ 化学蚀刻是用化学方法除去覆铜板上不需要的铜箔,留下组成图形的焊盘、印制导线等。
- ◆ 阻焊层制作的目的是使用阻焊剂将不需要焊接的线路部位保护起来,仅使线路的焊盘处裸露出来,既可对线路进行保护,又可避免焊接时出现桥接现象,以确保焊接的准确性。
- ◆ 丝印层制作是将元件符号、线路标号印制在电路板的相应位置,便于电路安装。
- ◆ 孔及外形加工是对电路板上的焊盘孔、安装孔、定位孔进行机械加工,并将印制电路板加工成型。其中过孔加工的工序也可以在蚀刻前进行。
- ◆ 印制电路板的表面处理是在印制电路板表面形成一层与基板的机械、物理和化学性能不同的表层,其目的是防止铜层氧化,保证印制电路板具有良好的可焊性或电气性能。目前常用的表面处理工艺主要有热风整平、有机涂覆、化学镀镍(浸金、浸银、浸锡)等。

1. 覆铜板板材准备

(1)开料。开料就是根据设计的印制电路板的尺寸将大面积的覆铜板裁剪成合适的大小。开料时,要在基板四周预留1cm左右余边,以便后续工序的加工。在工厂生产中,基板裁剪通常采用裁板机、电动锯等设备实现,在实验室可以使用手动裁板机进行裁剪。

(2)板面清洁处理。板面清洁处理主要是去除铜箔表面的油污、氧化层、灰尘颗粒及其他化学物质,保证铜箔表面的清洁度,提高感光胶与铜箔的结合力。板面清洁处理有化学处理和机械研磨处理等方法。化学处理是将覆铜板放置在5%的盐酸溶液或3%的硫酸溶液中进行酸洗,至板面呈红色取出,再用铜丝抛光轮或铜丝刷去除表面油污和氧化层即可。机械研磨处理则使用抛光机对铜箔表面进行抛光处理,一般对于铜箔较薄的覆铜板不易采用机械研磨法。不论采用哪种板面清洁处理方法,处理后的铜箔表面都应无杂质、胶迹及氧化现象。

2. 图形制版

将各种图形制作成1:1的底图胶片。早期采用手工描图、手工贴图、手工刻图和人工编码数控机刻图等几种方法先制作底片,然后再进行照相制版,现在已经可以使用光绘机直接在感光菲林胶片上绘制各种图形来制作照相底图。

3. 图形转移

图形转移是印制电路板制作过程中的关键工序,其工艺方法有丝网漏印法和光化学法。其中光化学法包括湿膜法(液态光致抗蚀剂)图形转移、干膜法图形转移、电沉积光致抗蚀剂图形转移及激光直接成像技术等。

1)丝网漏印图形转移

丝网漏印图形转移与油印机印刷文字类似,就是在丝网上附一层漆膜或胶膜,然后按技术要求将印制电路图制成镂空图形。进行印刷时,将覆铜板在丝印台底板上定位,印料放到固定丝网的框内,用橡皮板刮压印料,使丝网与覆铜板直接接触,则在覆铜板上就形成了由印料组成的图形,然后烘干、修版。

丝网漏印工艺设备简单、操作方便,多用于批量生产;印料要求耐腐蚀,并具有一定的附着力。

2）湿膜法图形转移

湿膜法图形转移将液态光致抗蚀剂涂覆在覆铜板表面形成感光膜，然后进行图形曝光、显影、修版，其工艺流程如图 5-6 所示。

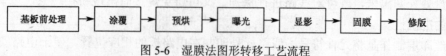

图 5-6　湿膜法图形转移工艺流程

基板前处理：使用有机溶剂或机械抛光的方法去除覆铜板表面上的油污和氧化膜，保证感光剂可以牢固地黏附在覆铜板上。

涂覆：在基板铜箔表面均匀覆盖一层液态光致抗蚀剂，形成一层感光膜。液态光致抗蚀剂由感光性树脂，配合感光剂、色料、填料及溶剂等制成，经光照射后产生光聚合反应而得到图形，曝光显影之后，能把生产用照相底版上透明的部分保留在板面上。感光膜涂覆要求厚度均匀、无针孔、气泡、杂物等，感光膜太厚，容易曝光不足，显影不足，易粘底片；感光膜太薄，容易曝光过度，抗电镀绝缘性差，而且去膜速度慢。

预烘：通过加温干燥使液态光致抗蚀剂膜面干燥。预烘的温度和时间直接影响显影效果，预烘恰当，显影和去膜较快，图形质量好；预烘温度过高或时间过长，显影困难，不易去膜；若温度过低或时间过短，干燥不完全，易粘底片而致曝光不良，损坏底片。预烘后到显影的搁置时间最多不超过 48h，湿度大时尽量在 12h 内曝光显影，避免搁置时间过长在显影后的基板上留有残膜，甚至不能曝光。

曝光：液态光致抗蚀剂经 UV 光（300～400nm）照射后发生交联聚合反应，受光照部分成膜硬化而形成不溶于稀碱溶液的结构。一般曝光机都采用紫外光源，曝光时间是影响曝光成像的重要因素，当曝光不足时，显影易出现针孔、发毛、脱落等缺陷，抗蚀性和抗电镀性下降，胶膜易受到侵蚀，产生侧蚀；曝光过度时，易形成散光折射，线宽减小，显影困难。

显影：将曝光后的覆铜板在显影液中进行显影，去掉（溶解掉）未感光的非图形部分胶膜，留下已感光硬化的图形部分。显影可以采用手工显影或机器喷淋显影，显影效果由显影液的浓度、温度及显影时间、喷淋压力等因素决定，显影液浓度太高或太低，不一定能显影得干净，还可能导致胶膜呈膨胀状态；显影液温度太高，胶膜易被侵蚀，失去光泽；显影时间太长，会造成皮膜质量、硬度和耐化学腐蚀性降低；显影液的喷淋压力过低，不易显影得干净，印制电路板孔内会残留余胶。

固膜：显影后再对印制电路板进行烘烤，使胶膜完全硬化交联，膜层固化，避免在后续工作中脱落。

修版：图形转移要求转印的图形正确，对位准确，精度符合工艺要求，导电图形边缘整齐光滑，无残胶、油污、指纹、针孔、缺口及其他杂质，孔壁无残膜及异物等。如果不符合上述要求，就需要对图形上的毛刺、断线、砂眼、粘连等缺陷进行修补。修补图形线路上的缺陷部分，一般原则是先刮后补，先去除多余的毛刺、胶点等，然后使用耐酸油墨、虫胶等修补板上的针孔、缺口、断线等。

湿膜法图形转移工艺不仅可以提高线路的制作精细度，而且可降低生产成本，该工艺适合制作高精度、高密度要求的图形。

项目 5 电路板手工制作

3）干膜法图形转移

干膜法图形转移需在基板上贴上由聚酯薄膜、光致抗蚀剂膜和聚乙烯保护膜组成的感光干膜形成干膜光致抗蚀层。其中，聚酯薄膜是感光胶层的载体，在曝光后要去除；光致抗蚀剂膜是干膜的主体，多为负感光材料，在打印输出线路层图形时要注意输出负片图像；将聚乙烯保护膜覆盖在感光胶层上，防止灰尘粘在感光胶层上，并且避免卷装干膜时层间的感光抗蚀剂互相粘连。在基板上贴干膜通常采用贴膜机，贴膜前要对基板进行清洁和干燥处理，保证干膜与基板具有良好的结合力，避免在贴膜过程中产生气泡。干膜法图形转移工艺流程如图 5-7 所示。

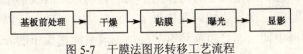

图 5-7 干膜法图形转移工艺流程

4）电沉积光致抗蚀剂图形转移

电沉积光致抗蚀剂图形转移的基本原理是将水溶性的有机酸化合物等溶于槽液内，形成带有正、负荷的有机树脂团，而把基板铜箔作为一个极性进行"电镀"即电泳，在铜箔的表面形成 5～30μm 光致抗蚀膜层，该膜层具有良好的黏附力、很高的解析度及精确的图形精度，其分辨率可达 0.05～0.03mm，适合制作线宽小于 0.1mm 的多层或 SMT 用印制电路板及 BGA 用的多层印制电路板。

5）激光直接成像

激光直接成像类似激光绘图机，利用 CAM 工作站输出的数据，驱动激光成像装置，在涂覆有光致抗蚀剂的基板上直接进行图形成像。激光直接成像技术简化了图形转移工序，使多层 PCB 对位更加准确，提高了细导线制造精度，同时缩短了生产流程，降低了生产成本，特别适合高密度的 HDI/BUM、IC 基板生产。

6）热转印法图形转移

在实验室进行手工制作电路板时常使用热转印法图形转移。热转印法图形转移先将印制图形打印在热转印纸上，然后使用热转印机通过热压的方式将热转印纸上的图形转印到覆铜板上，利用激光打印机墨粉的防腐蚀特性在覆铜板上形成耐腐蚀的印制图形，其工艺流程如图 5-8 所示。

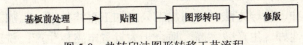

图 5-8 热转印法图形转移工艺流程

贴图：在覆铜板上固定好已打印图形的热转印纸。

图形转印：将已贴好转印纸的覆铜板送入热转印机，经热转印机加温、加压后送出覆铜板，溶化的墨粉就会吸附在覆铜板上，从而将热转印纸上的图形转印到覆铜板上。

修版：使用油性记号笔修补图形的断线、砂眼等缺陷。

4. 化学蚀刻

化学蚀刻使用化学蚀刻液将基板上不需要的铜箔蚀刻掉，只保留所需要的印制图形。现常用的化学蚀刻液有两种，一种是酸性氯化铜蚀刻液，另一种是碱性氨水蚀刻液。酸性氯化铜蚀刻液适用于采用干膜、液体光致抗蚀剂作为抗蚀层的印制板，也适用于图形电镀金抗蚀层印制板的蚀刻，但不适于采用锡-铅合金和锡作为抗蚀剂的印制电路板。采用锡-铅合金和锡作为抗蚀剂的印制电路板应使用碱性氨水蚀刻液（氨-氯化铵或硫酸-过氧化氢蚀刻液）。

化学蚀刻的方法有浸入式、泡沫式、离心式和喷淋式。浸入式腐蚀是把板子整个浸入到蚀刻液中，这种腐蚀方式蚀刻速度较慢，易造成印制电路板侧蚀，适合于小批量、小型板生产。泡沫式腐蚀利用压缩机在蚀刻液中吹入空气，产生蚀刻液泡沫，使印制电路板表面能够持续有新鲜的蚀刻液将已经溶解了的金属冲掉，提高了蚀刻的质量和效率。离心式腐蚀利用电动机带动离心叶片，蚀刻液在离心力的作用下喷洒到需蚀刻的板子上，离心式腐蚀方式蚀刻均匀且侧蚀小，但是每一次只能蚀刻几块板子，且只适合腐蚀单层板。喷淋式腐蚀利用塑料泵将蚀刻液从腐蚀槽中抽出通过喷嘴将雾状的蚀刻液喷洒在板子的表面，具有较高的蚀刻效率，同时侧蚀小，线路分辨率好，适合双层印制电路板腐蚀。喷淋式腐蚀根据板子和喷嘴的位置不同，有水平喷淋和垂直喷淋两种方式。

化学蚀刻操作中应注意控制蚀刻程度。蚀刻不足时，部分铜箔未腐蚀掉，易引起线路短路；过蚀刻时，易造成线路侧蚀。

5. 阻焊层制作

阻焊图形可采用丝网漏印法和湿膜法进行制作。采用丝网漏印法时需先制作阻焊网版（PCB 上的焊盘部分镂空的网版），然后将网版和 PCB 准确对位后，直接将阻焊剂涂覆到 PCB 上。采用湿膜法制作阻焊层时，先通过丝网印刷的方式将阻焊油墨涂覆在印制电路板上，再经过显影曝光等工序将焊盘显示出来，工艺流程同湿膜法图形转移工艺。

6. 丝印层制作

丝印层制作方法和工艺流程与阻焊层制作相似，只不过涂覆的是字符油墨。

7. 过孔加工及外形加工

过孔加工要完成 PCB 上的引线孔、定位孔、机械安装孔等的加工，有冲孔和钻孔两种方法。冲孔需要事先制作冲模，成本较高，且加工精度不高，常用于大批量的纸基或玻璃布基的单层板制作。钻孔有手工钻孔和自动钻孔，手工钻孔加工一般使用小型钻孔机或台钻，适合于加工精度要求不高、小批量的 PCB；自动钻孔需使用数控钻床或激光钻孔机，加工精度高，通常应用在印制电路板自动生产线上。

外形加工有剪、冲、铣等方法。剪切加工只能加工直线外形，且加工精度不高；冲床加工的印制板外形一致性好，生产效率高，适合于大批量电路板生产；铣床可加工各种形状、各种尺寸的板子，适合于形状复杂、加工精度要求高的大批量自动化生产。

8. 表面处理

表面处理要在 PCB 上涂覆相应的保护层，防止焊盘氧化，提高焊盘的导电性、可焊性、耐磨性。根据印制电路板的用途和装配方式不同，表面处理所涂覆的保护层也不同，常用的有热风整平焊锡、涂覆有机可焊性保护剂、化学镀镍金、电镀镍金、化学浸银、化学浸锡等。

（1）热风整平焊锡。即喷锡，将印制电路板浸入熔化的锡焊料中，然后快速取出，通过两个风刀之间时用热的压缩空气将板面和金属化孔中多余的焊锡吹去，仅使焊盘的铜表面上

涂覆一层锡铅合金（有铅喷锡）或锡铜、锡银合金（无铅喷锡）。

热风整平焊锡工艺产生的热冲击和热应力大，容易使印制电路板板材变形，发生起翘，不适合于对板子的平整度要求较高的采用 SMT 技术的印制电路板。因此，高密度的 SMT 技术印制电路板常采用化学镀镍金或涂覆有机可焊性保护剂工艺。

（2）涂覆有机可焊性保护剂。又称 OSP 处理，它采用化学的方法在裸铜焊盘和金属化孔内壁上形成有机可焊性保护剂（OSP）涂层。有机可焊性保护剂的成分主要是烷基苯并咪唑、有机酸、氯化铜和去离子水，它所形成的保护膜具有防氧化、耐热冲击、耐潮湿性。OSP 工艺具有优良的板材平整度和翘曲度，且工艺简单，性能稳定，价格低廉，更能适应 SMT 技术的发展要求。

（3）化学镀镍金。化学镀镍金工艺是在阻焊制作工艺后在裸露铜的表面上先化学镀镍，然后再化学镀金。其中镀镍层作为镀金层的扩散阻挡层，镀金层作为焊盘的抗蚀保护和可焊性保护层。化学镍金工艺的镀层厚度均匀一致，化学稳定性较高，有良好的焊接性，且能兼容各种助焊剂，在 HDI（高密度）印制板和 IC 载板中应用广泛。

（4）电镀镍金。电镀镍金有板面镀金和插头镀金两种。

板面镀金的镀金层是纯金，具有良好的导电性和可焊性，底层是低应力镍或光亮镍镀层，起阻止铜金层之间互相扩散作用，提高镀金层的硬度。板面镀金既可以作为图形的抗蚀层，又可以作为可焊性保护层。

插头镀金也称为镀硬金，即"金手指"，它的镀金层是含有钴、镍、锑、铁等合金元素的硬金镀层，硬度和耐磨性高于纯金镀层，底层仍采用低应力的镀镍层。

（5）化学浸银与化学浸锡。化学浸银与化学浸锡都是替代热风整平焊锡工艺的新型印制电路板表面处理工艺，其工艺简单，成本较镀镍金工艺低，镀层表面平滑，适合于 BGA、SMT 和高密度线路直接组装。

5.1.3 热转印法线路层制作

热转印法制作电路板的线路层制作方法简单、速度快，是实验室科研或少量制作印制电路板的常用方法。热转印法制作单层印制电路板线路层工艺流程如图 5-9 所示。

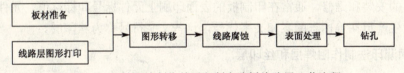

图 5-9 热转印法制作单层印制电路板线路层工艺流程

1. 板材准备

根据所设计的印制电路板大小并在四周预留 1cm 左右的余边后裁板，然后进行板面清洁，去除覆铜板表面油污和氧化层。在实验室制作电路板时，可以使用自动抛光机进行板面抛光处理，没有条件时也可以使用水磨砂纸打磨基板表面，再用水冲洗，然后用布擦拭干净即可。

2. 线路层图形打印

使用激光打印机将设计好的线路层图形打印在热转印纸的光滑面上，在出图时应注意，当热转印纸刚打印出来时,碳粉尚未冷却固定,从打印机上取出热转印纸时不要碰触图形任何部位的碳粉,以免图形受到损伤,还要注意不要折叠热转印纸,以免折断线路,影响图形转印效果。

3. 图形转移

(1)贴图。即在覆铜板上将热转印纸固定好。首先使用剪刀将热转印纸裁剪到适合覆铜板的大小,然后将热转印纸有图形的一面朝向覆铜板放好,用耐热的高温纸胶将热转印纸的一边固定好。

(2)图形转印。热转印机设置好温度,待热转印机预热达到设定温度后,将已贴好转印纸的覆铜板从贴有纸胶的一侧送入转印机,利用热转印机产生的高温使转印纸上的墨粉溶化并粘贴在覆铜板上。为了提高转印效果,一般转印过程可重复 2~3 次。转印完成后,待覆铜板温度下降后再揭下转印纸,并对覆铜板上的线路进行检查,如发现有断线、砂眼等缺陷,可使用油性记号笔进行修补。

4. 线路腐蚀

将覆铜板放入腐蚀液中进行腐蚀,电路腐蚀完毕后,立即将覆铜板从腐蚀液中取出,用水冲洗干净。

5. 表面处理

使用有机溶剂清洗或用水磨砂纸打磨掉覆铜板线路上的保护层(墨粉)。

6. 钻孔

使用台钻或数控钻床完成通孔插装元件引脚过孔、印制电路板安装孔的加工。

5.1.4 阻焊层和丝印层制作

印制电路板上呈现的绿色、棕色或黄色是阻焊油墨的颜色,通常称其为阻焊层。阻焊层留出电路板上待焊的通孔及其焊盘,将所有线路及铜面覆盖住,防止焊接时造成短路;另外,阻焊层还是印制电路的绝缘防护层,起到提高线条间绝缘、防氧化和美观的作用。同时,为了方便电路的安装和维修,通常在印制板的表面印刷上元件标号和标称值、元件外廓形状和厂家标志、生产日期等标志图案和文字代号,这些文字符号称为丝印层。

1. 丝网漏印法制作阻焊层和丝印层

丝网漏印法多用于批量生产,可以使用手动、半自动或自动丝印机实现。丝网漏印法操作简单,成本低,制成网版后可多次使用,当网版不用或图形损坏时,可以去掉网膜,回收丝网供再次制版时使用。采用丝网漏印法制作阻焊层和丝印层时,要先制作出阻焊图形网版和丝印图形网版,然后将已经做好线路层的电路板分别与阻焊网版、丝印层网版对好位后涂覆阻焊印料或字符油墨,进行烘干、修版即可。

网版制作方法有直接网版制作、间接网版制作和直间接网版制作等。所用丝网有尼龙丝网、聚酯丝网和金属丝网等。金属丝网尺寸稳定性极好,耐磨性好,耐热、耐化学腐蚀性好,丝径细,油墨的通过性能好,但是价格贵、成本高,适合于高精密度线路板及表面安装印制板的印刷。尼龙丝网强度高,耐磨、耐腐蚀、耐水,弹性比较好,油墨的通过性也较好。其

项目5 电路板手工制作

不足是由于拉伸性大且绷网后一段时间内张力有所降低,网版松弛,不适于印制尺寸精度高的产品。聚酯丝网耐高温,物理性能稳定,拉伸性小,弹性强,吸湿性低,几乎不受湿度影响,耐溶剂、耐酸性强,价格便宜,是目前比较好的丝网网材。丝网的规格以目为单位,目数越大,印出的图形越精细,一般常用150~300目。

(1) 直接法网版制作。在绷好的网版上涂布一定厚度、均匀的感光胶,烘干后将阻焊图形制版底片与其贴合放入晒版机内曝光,经显影、冲洗、干燥、修版后就成为丝网印刷网版,工艺流程如图5-10所示。

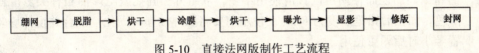

图5-10 直接法网版制作工艺流程

丝网准备:选用目数、材质合适的丝网,并使用肥皂水或洗涤剂彻底清洗丝网,去除丝网上的油脂,保证感光胶与丝网能够完全胶合,再用流水冲洗干净后烘干。

涂膜:使用刮胶料斗将感光胶均匀地涂在丝网上,根据厚度需要可以涂覆3~5次。

烘干:将丝网放入烘干箱内烘干,烘箱内温度应保持在40~45℃,时间10min左右,使感光胶干燥均匀。烘箱温度不要过高,避免感光胶外干内湿,使网版寿命减短,根据不同的膜厚可适当调整烘干时间。

曝光:将图形底版紧贴在感光膜上进行曝光,使感光胶感光聚合,形成模版图形的潜影。

显影:将曝光后的丝网放入水中,利用感光胶水溶性的特点,将未曝光的感光胶冲洗掉,直至图像完全清晰为止,然后烘干。

修版:检查模版,对针孔处进行修补。

封网:用封网浆将网版空余部分填满,以免印刷时漏油墨。

(2) 间接法网版制作。先将图形底片与感光膜紧密贴合在一起进行曝光、显影,然后将显影后的图形片基与丝网用一定压力压合在一起,经干燥后去掉片基,就将图形版膜转移到丝网上了,其工艺流程如图5-11所示。间接法制作的网版精度比直接法制作的网版精度高,但是版膜容易伸缩,耐印性差。

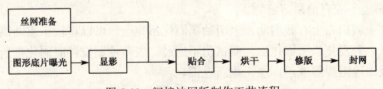

图5-11 间接法网版制作工艺流程

(3) 直间接法网版制作。先将图形底片与感光膜片粘贴好,然后对感光膜片进行图形曝光、显影,再把已有图形的感光膜片贴在丝网网面上,待冷风干燥后剥离图形底片而制成丝印网版。

采用直间接法制作的网版,图形线条光洁,膜层厚度均匀,但是膜层不牢,耐印力低,多用于样品及小批量生产。

2. 湿膜法制作阻焊层和丝印层

湿膜法制作阻焊层和丝印层是通过丝网印刷的方式将特殊印料(阻焊油墨、字符油墨)

涂覆在印制电路板上，再经过显影、曝光等工序将图形显示出来。

1）阻焊油墨

阻焊油墨主要由树脂、感光功能粉剂、色粉、无机/有机填充剂、添加剂等构成。阻焊油墨根据固化的方式不同，分为热固化型、光固化型和液态感光型。

- 热固化型阻焊油墨。热固化型阻焊油墨分为单组分和双组分两种。单组分热固化型阻焊油墨固化温度高，而且固化时间长，不利于自动化连续生产，同时会增大板材的翘曲，加之储存期短，目前使用不多。双组分热固化型阻焊油墨种类多，有多种颜色，固化后铅笔硬度为6H，在使用前要将阻焊油墨与固化剂混合并搅拌均匀，静置半小时后即可使用。
- 光固化型阻焊油墨。又称紫外光固化油墨（UV油墨），它通过一定波长范围的紫外光照射，使油墨成膜和干燥。紫外光固化油墨不用溶剂，印刷完成后可以直接用紫外光干燥，流程简单，干燥速度快，附着力强、耐水、耐溶剂，耐磨性能好，网版不易糊版，网点清晰，墨色鲜艳光亮，利于自动化生产。
- 液态感光阻焊油墨。目前使用较多的是液态感光性阻焊油墨，主要由感光性树脂和热固性树脂双组分体系组成了一个互穿聚合物网状结构，它兼有光固性和热固性两方面特性。印刷后需要经过预固化、曝光、显影、后固化流程，流程复杂，制作周期长，成本相对较高，但其印料光泽饱满，色彩漂亮，附着力好，成膜致密性好，耐热性、电绝缘性和耐化学性能优良，适合于小批量及高精度产品制作。

2）字符油墨

字符油墨也分为热固化型、光固化型，另外，白色亮光油漆、白线画线磁漆、白厚漆、阻焊印料等都可作为字符印料。

3）阻焊层和丝印层质量检验

阻焊层和丝印层烘干固化后，可以用胶带横贴于阻焊层、丝印层上，压紧，停留约10s，然后垂直拉起，观察胶带上是否有残胶碎片；或者用白布蘸丙酮液，在阻焊层、丝印层上擦拭1min，白布上不应有油墨溶解物。

如果胶带上或白布上有残留物，表明油墨固化不完全，可以将板子重新烘干固化，冷却后再进行测试。若反复烘干固化后，测试仍不通过，表明油墨搅拌时固化剂所加比例不够，这时必须全板退除阻焊层或丝印层，重新返工。

任务5.2 双层电路板制作

任务目标

- 过孔金属化制作方法；
- 图形电镀法线路层制作方法；
- 双层印制电路板制作方法。

双层印制电路板需通过相应的过孔来实现上下两层电路的连接，因此在制造流程中要增加孔金属化工艺，即把铜沉积在贯通两面导线或焊盘的孔壁上，使原来非金属的孔壁金属化。

项目 5 电路板手工制作

根据孔金属化方法的不同,双层印制电路板的制作方法有先电镀后腐蚀和先腐蚀后电镀两大类,常用的有图形电镀和堵孔法。

堵孔法是早期采用的双层印制电路板制造工艺,它采用松香酒精混合物将金属化孔堵住保护起来,然后再进行上胶、图形转移及蚀刻。如图 5-12 所示为堵孔法双层印制电路板制作流程。在堵孔法工艺中如果不采用堵孔油墨堵孔,而使用一种特殊的掩蔽型干膜来掩盖孔,再曝光形成图形,就是掩蔽孔工艺,它与堵孔法相比,不存在洗净孔内油墨的难题,但对掩蔽干膜有较高的要求。

图形电镀法是比较常见的印制电路板制造方法,在制作过程中仅对线路图形、孔及焊盘图形电镀铜、镀锡,并将锡镀层作为蚀刻抗蚀层,然后进行碱性蚀刻,从而得到所需要的导线图形。采用图形电镀法制作的印制电路板精度高、可靠性较好,缺点是工序多、制作复杂。如图 5-13 所示为图形电镀法双层印制电路板制作工艺流程。

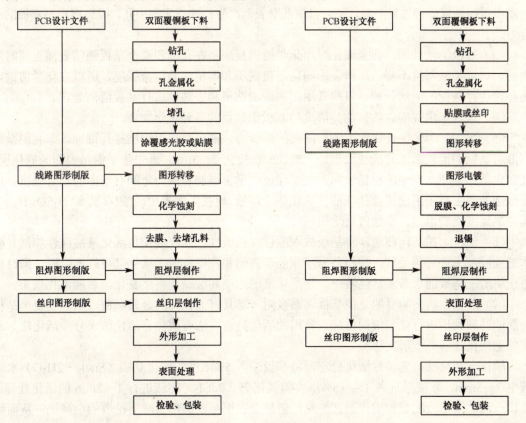

图 5-12 堵孔法双层印制电路板制作流程　　图 5-13 图形电镀法双层印制电路板制作工艺流程

5.2.1 孔金属化制作

双层印制电路板的过孔金属化制作分为化学镀铜和直接电镀两种方法。

1. 化学镀铜

化学镀铜又称沉铜,其工艺流程如图 5-14 所示。

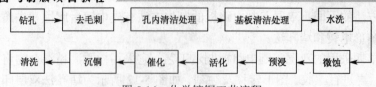

图 5-14 化学镀铜工艺流程

(1) 去毛刺。钻孔后的覆铜板，在其孔口边缘会产生一些小的毛刺，这些毛刺如不去除将会影响金属化孔的质量。手工去毛刺可以采用 200～400 号水砂纸将钻孔后的铜箔表面磨光；机械化的去毛刺方法是采用去毛刺机，利用去毛刺机上含有碳化硅磨料的毛刷辊刷掉基板上的毛刺。

(2) 孔内清洁处理。覆铜板在进行钻孔操作时，钻头产生的高温会在孔内产生环氧树脂钻污，影响孔壁镀层与基板的结合力，因此必须进行清除。以前多用浓硫酸去除钻污，而现在多用碱性高锰酸钾进行处理，还可以使孔壁表面产生凸凹不平的小孔，提高镀层与基板的结合力。

(3) 基板清洁处理。孔金属化时，化学镀铜反应是在孔壁和整个基板铜箔表面上同时发生的。如果某些部位不清洁，就会影响化学镀铜层和铜箔间的结合强度，所以在化学镀铜前还必须进行基板的清洁处理。目前常用超声波清洗机和去油剂进行基板清洁处理。

(4) 水洗。水洗操作的目的是清洗掉基板上残留的各种化学物质。

(5) 微蚀。为了保证化学沉铜与基板的结合力，需要对基板铜层进行微蚀，即利用微蚀溶液对基板铜箔表面进行浸蚀处理，一般蚀刻深度为 2～3μm，既去除了铜箔表面的氧化层，又使铜箔产生凹凸不平的粗糙表面，从而保证化学镀铜层和铜箔之间有牢固的结合强度。以往微蚀处理主要采用过硫酸盐或酸性氯化铜水溶液，现在大多采用硫酸/双氧水（H_2SO_4/H_2O_2），其蚀刻速度比较恒定，微蚀效果均匀一致。

(6) 预浸。在活化前通常将基板放入酸性（或碱性，预浸液应与活化液酸碱性相同）胶体钯预浸液中进行预处理。预浸是为了预处理表面和孔壁，便于活化剂更好地吸附，同时也防止将清洗基板的水带入活化液中，使活化液的浓度和酸碱度发生变化，影响活化效果。

(7) 活化。活化的目的是使基板表面吸附一层具有催化性的金属颗粒，从而使整个基板表面能够顺利地进行化学镀铜反应。常用的活化处理方法有敏化－活化法（分步活化法）和胶体钯活化法（一步活化法）。

敏化－活化法：先进行敏化处理，将基板浸入 5%浓度的氯化亚锡（$SnCl_2 \cdot 2H_2O$）水溶液中 3～5min，水洗后放入 1%～5%浓度的氯化钯（$PdCl_2$）溶液进行 1～2min 的活化处理。敏化－活化法溶液配制和操作工艺简单，但是会在铜箔表面形成一层松散的金属钯，从而影响铜层和铜箔间的结合强度。

胶体钯活化法：将 1g 的氯化钯（$PdCl_2$）加入 100ml 的去离子水和 200ml 的盐酸中，待全部溶解后，在（30±1）℃恒温条件下加入 2.54g 氯化亚锡（$SnCl_2 \cdot 2H_2O$），反应 12min，形成"A"溶液；将 75g 氯化亚锡（$SnCl_2 \cdot 2H_2O$）和 100ml 盐酸混合，再加入 7g 锡酸钠（$Na_2SnO_3 \cdot 3H_2O$）进行混合，制成"B"溶液；然后将 A、B 两溶液混合，并在 40～50℃的恒温水浴条件下保温 3h（加盖）形成胶体钯溶液；将胶体钯溶液加水稀释后，放入基板进行活化，活化后会在基板表面附着以金属钯为核心的胶团。

(8) 催化。催化处理是采用 5%浓度的氢氧化钠（NaOH）溶液浸泡基板 1～2min，目的

项目5 电路板手工制作

是进行解胶，去除以金属钯为核心的胶团，露出金属钯，增强胶体钯的活化性能，从而提高铜层与基板间的结合强度。

（9）沉铜。沉铜分为镀薄铜工艺和镀厚铜工艺。镀薄铜工艺是指镀铜层厚度为 0.5～1.0μm，然后再立即电镀铜增厚到 5μm；镀厚铜工艺是指镀铜层厚度为 2～3μm，不用电镀铜增厚。目前常用的电镀铜溶液有酒石酸盐型、EDTA 二钠盐型和混合络合型，主要成分是铜盐、还原剂、络合剂、稳定剂、pH 值调节剂和添加剂。

2．直接电镀

直接电镀铜是新型的孔金属化工艺，它利用物理作用形成的导电膜直接电镀，其工艺程序简单，使用药品数量减少，生产周期大大缩短，生产效率提高，同时污水处理费用减少，使印制电路板制造的总成本降低。

直接电镀又称为黑孔化直接电镀，它将精细的石墨和炭黑粉浸涂在孔壁上形成导电层，然后进行直接电镀。它首先将精细的石墨和炭黑粉均匀地分散在去离子水中，利用溶液内的表面活性剂使溶液中均匀分布的石墨和炭黑颗粒保持稳定，同时具有良好的润湿性能，使石墨和炭黑能充分被吸附在非导体的孔壁表面上，形成均匀细致的、结合牢固的导电层。其工艺流程如图 5-15 所示。

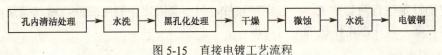

图 5-15 直接电镀工艺流程

（1）孔内清洁处理。黑孔化溶液内石墨和炭黑带有负电荷，和钻孔后的孔壁树脂表面所带负电荷相排斥，不能静电吸附，直接影响石墨和炭黑的吸附效果。因此黑孔前要通过预浸进行孔内清洁处理，通过调整剂所带正电荷的调节，中和树脂表面所带的负电荷，以便于吸附石墨和炭黑。

（2）水洗。清洗孔内和表面多余的残留预浸液。

（3）黑孔化处理。通过物理吸附作用，使孔壁内表面吸附一层均匀细致的石墨和炭黑导电层。

黑孔化溶液主要由精细的石墨和炭黑粉（颗粒直径为 0.2～0.3μm）、去离子水和表面活性剂等组成。其中石墨和炭黑粉是构成黑孔化溶液的主要部分，起到导电作用；去离子水是液体分散介质，用于分散石墨和炭黑粉；表面活性剂是为了增进石墨和炭黑悬浮液的稳定性和润湿性能。

（4）干燥。采用短时间高温处理，除去吸附层所含水分，增进石墨炭黑与孔壁基材表面之间的附着力。

（5）微蚀。首先用碱金属硼盐溶液处理，使石墨和炭黑层呈现微溶胀，生成微孔通道，蚀刻液通过石墨和炭黑层生成的微孔通道浸蚀到铜层，并使铜面微蚀掉 1～2μm 左右，使铜箔表面上的石墨和炭黑被除掉，而孔壁非导体基材上的石墨和炭黑保持原来的状态，为直接电镀提供良好的导电层。

（6）水洗。清洗孔内和表面多余的残留黑孔液。

（7）电镀铜。由于孔壁已吸附了一层炭颗粒，而炭颗粒是导电的，因此采用冲击电流，在炭层上电镀上铜层，从而过孔导通。

5.2.2 图形电镀法线路层制作

图形电镀法需制作负像线路图形,即将非线路部分的空白区铜箔使用干膜或湿膜进行保护,而将线路图形部分铜箔裸露出来,再在其上进行图形镀锡,镀锡后将空白区铜箔的保护膜去除,然后进行化学蚀刻,利用镀锡层对线路图形进行保护,而将没有锡层保护的非线路部分的铜层全部腐蚀掉,留下印制线路。

1. 图形转移

双层印制电路板线路图形转移方法与单层印制电路板相同,也有干膜图形转移法和湿膜图形转移法,不同的是双层印制电路板在进行图形曝光时要求顶层和底层线路必须严格、精确定位,保证上下两层图形对齐。定位的方法有目视定位、活动销钉定位、固定销钉定位等。

目视定位时,需要在基板上制作定位孔,同时图形底片上也要绘制定位孔,通过强光源采用目视的方法使基板和底片上的定位孔重合。

活动销钉定位系统包括底片冲孔器和双圆孔脱销定位器,使用时先将顶层、底层图形底片相对对准,用底片冲孔器在有效图形外任意冲两个定位孔,印制板孔金属化后,便可用双圆孔脱销定位器进行定位。

固定销钉定位有两套系统,一套固定底片,另一套固定印制电路板,通过调整两销钉的位置,实现底片与印制电路板的重合对准。

2. 图形电镀

图形电镀是将锡或锡铅合金作为图形蚀刻时的抗蚀金属保护层,将焊盘及线路部分镀上锡,以增强线路板电气特性,同时保护线路部分不被蚀刻。镀锡溶液有酸性镀锡液和碱性镀锡液,通常一般使用酸性镀锡溶液,它主要由硫酸亚锡、硫酸和添加剂组成。电镀锡的电流一般按 $1.5A/dm^2$ 计算,镀锡温度不超过 30℃,一般控制在 22℃。

3. 脱膜

图形电镀完毕后须去除抗蚀保护膜。脱膜可以采用手工去膜或机器喷淋去膜,使用浓度为 4%~8%的氢氧化钠(NaOH)溶液,加热使感光膜膨胀剥离。

4. 化学蚀刻

化学蚀刻要将基板上非线路部分的空白铜箔蚀刻掉,只保留所需要的印制图形。现常用的化学蚀刻液有两种,一种是酸性氯化铜蚀刻液,另一种是碱性氨水蚀刻液。酸性氯化铜蚀刻液适用于采用干膜、液体光致抗蚀剂作为抗蚀层的印制板,也适用于图形电镀金抗蚀层印制板的蚀刻,但不适于采用锡-铅合金和锡作为抗蚀剂的印制电路板。采用锡-铅合金和锡作为抗蚀剂的印制电路板应使用碱性氨水蚀刻液(氨-氯化铵或硫酸-过氧化氢蚀刻液)。

化学腐蚀的方法有浸入式、泡沫式、离心式和喷淋式。浸入式腐蚀是把板子整个浸入到蚀刻液中,这种腐蚀方式蚀刻速度较慢,易造成印制电路板侧蚀,适合于小批量、小型板生产。泡沫式腐蚀利用压缩机在蚀刻液中吹入空气,产生蚀刻液泡沫,使印制电路板表面能够持续有新鲜的蚀刻液将已经溶解了的金属冲掉,提高了蚀刻的质量和效率。离心式腐蚀利用电动机带动离心叶片,蚀刻液在离心力的作用下喷洒到需蚀刻的板子上,离心式腐蚀方式蚀刻均匀且侧蚀小,但是每一次只能蚀刻几块板子,且只适合腐蚀单层板。喷淋式腐蚀利用塑

项目 5　电路板手工制作

料泵将蚀刻液从腐蚀槽中抽出通过喷嘴将雾状的蚀刻液喷洒在板子的表面，具有较高的蚀刻效率，同时侧蚀小，线路分辨率好，适合双层印制电路板腐蚀。根据板子和喷嘴的位置不同，喷淋式腐蚀分为水平喷淋和垂直喷淋两种方式。

腐蚀操作中应注意控制蚀刻程度。蚀刻不足时，部分铜箔未腐蚀掉，易引起线路短路；过蚀刻时，易造成线路侧蚀。

5. 退锡

采用以硝酸为主要成分的退锡液以喷洒或浸泡方式去除镀锡保护层，为后续的表面处理工艺如热风整平、化学镀银或化学镀镍、金等做准备。

综合设计 11　手工制作稳压电源单层电路板

在需要制作单块或少量单层、双层印制电路板时，可以在实验室采用机械雕刻或化学腐蚀等方法进行手工制作。手工雕刻制板是使用刻刀将不需要的铜箔直接剔除掉。这种方法制作电路板虽然简单，但是有时会损伤绝缘基板，仅适于在应急情况下制作简单电路板。化学腐蚀制板虽然工艺相对复杂，但是制板速度较快、制作精度较高。

在实验室制作单层电路板最简单的方法是使用热转印法进行图形转移，使用三氯化铁进行电路板腐蚀，使用湿膜法制作阻焊层和丝印层。

1. 材料准备

根据电路板制作需要，准备好以下设备和材料：裁板机、电路板抛光机、计算机、激光打印机、热转印机、高速台钻、丝印台、曝光机、显影机、烘干机、覆铜板、热转印纸、菲林片、纸胶带、剪刀、三氯化铁、阻焊油墨、字符油墨。

2. 裁板

根据所设计的稳压电源 PCB 的尺寸使用裁板机进行基板裁剪。裁板时，将待裁剪的覆铜板置于裁板机底板上，覆铜板的其中一条直边对齐裁板机底板上的刻度尺，另一条边和底板上的刻度线重合；右手握住压杆手柄，确定裁板位置，向下压下压杆，完成一条边的剪裁。

在裁板时注意基板四周各预留 1cm 左右余边，以便后续工序的加工。在剪板过程中，为避免板材的移动导致裁板倾斜，要用另一只手压住板材。在裁板过程中，严禁将手或身体的任何一个部位放入到刀片下，以免造成人身伤害。

3. 覆铜板板面清洁

使用电路板自动抛光机对覆铜板进行表面抛光处理，去除覆铜板金属表面氧化物保护膜及油污。

（1）旋转刷轮的调节手轮，将上、下刷轮与不锈钢辊轴间隙调整合理；
（2）开启水阀，使抛光时能喷水冲洗，以便于覆铜板表面处理更干净；
（3）调节速度调节旋钮，使传送轮速度合适，以达到最好的表面处理效果；
（4）将待处理的覆铜板置于传送滚轮上，由抛光机自动完成板材去氧化物层、油污等全过程。

电子 CAD 绘图与制版项目教程

若没有自动抛光机,也可以使用水磨砂纸对覆铜板进行手工抛光,并注意去除覆铜板边缘的毛边和突起,同时为了避免手上的汗液、油脂对覆铜板再次造成污染,不要直接用手碰触抛光后的覆铜板铜箔。

4. 顶层线路图形打印

使用激光打印机将稳压电源的顶层线路图形打印在热转印纸的光滑面上。

(1) 设置打印工作层。在 Protel 中打开稳压电源 PCB 文件,选择菜单命令"文件"→"页面设定",在弹出的"Composite Properties"对话框中选择"高级"选项,进入"PCB 打印输出属性"对话框,进行打印工作层设置。在"打印输出层"选项区中分别选择"KeepOut Layer"、"TopLayer"、"MultiLayer"层,在"包含元件"选项区中选择"顶"即包含顶层元件,在"打印输出选项"选项区中选择"孔"和"镜像",选择打印输出"孔"是为了在转印线路图形时,将元件引脚通孔也转印出来,便于后续钻孔工序加工。打印工作层设置如图 5-16 所示。

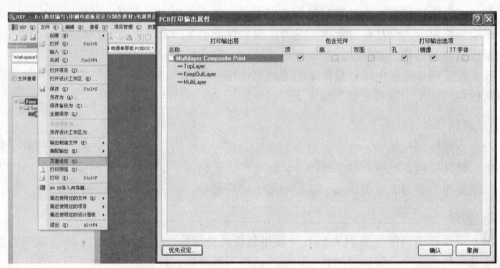

图 5-16 打印工作层设置

(2) 设置打印属性。执行菜单命令"文件"→"页面设定",在弹出的"Composite Properties"对话框中进行打印设置。在"打印纸"选项区中根据热转印纸的大小选择打印纸"尺寸"为 A4;并根据所设计的 PCB 情况将打印版式选为"纵向"或"横向";在"缩放比例"选项区中选择"Scaled Print",选择不修正,即 X 和 Y 修正值均为 1;在"彩色组"选项中选择"灰色";在"余白"选项区中水平和垂直项可以选择"中心"。打印属性设置如图 5-17 所示。

(3) 线路图形排版及打印预览。为了提高热转印纸的利用率,可以根据所设计 PCB 的大小在一张热转印纸上将图排满,这样只需要一张转印纸就可以制作多块电路板。打印设置后,可以通过"文件"→"打印预览"选项,进行打印预览,如图 5-18 所示,并根据预览情况调整 PCB 的打印布局。

(4) 打印。关闭打印预览对话框,回到"Composite Properties"对话框,单击下方的"打印设置…"按钮,进入"Printer Configuration for [Documentation Outputs]"对话框,进行打印机设置。也可以执行菜单命令"文件"→"打印",直接弹出"Printer Configuration for

项目 5　电路板手工制作

[Documentation Outputs]"对话框。在"打印机"选项中选择已安装好的激光打印机,在"打印范围"选项中选择"当前页",在打印机纸盒中放好热转印纸,单击"确定"按钮即可。

图 5-17　打印属性设置

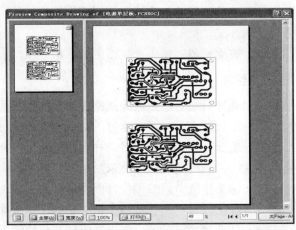

图 5-18　PCB 打印预览

打印完成后,注意不要碰触打印好的图形,避免造成线路断裂或模糊,影响图形转移质量;另外,热转印纸为一次性用纸,不允许重复使用。

5. 图形转移

使用热转印机将热转印纸上的稳压电源的顶层线路图形转移到基板上。

(1) 贴图。首先把热转印纸裁剪到略小于基板的大小,将热转印纸图形一面朝向覆铜板金属面,然后使用耐热纸胶带将热转印纸粘贴在覆铜板上。为了防止进入热转印机时热转印纸发生错位而出现折痕,一般只使用胶带粘贴热转印纸的一边,同时胶带纸最好略长于覆铜板,使胶带纸折到覆铜板的另一面进行粘贴。

(2) 热转印机预热。接通热转印机电源,设定热转印机工作温度。墨粉的熔化温度最佳点一般在 180℃左右,温度过高时过度熔化的墨粉会扩散到原有线条的四周,造成图形模糊、精度变差,严重时还会将纸张烤焦;温度过低或温度不均匀时,又会出现转印效果差,甚至不能转印。通常可将热转印机的工作温度设定在略高于 180℃。

(3) 图形转印。热转印机达到设定温度后,将覆铜板从粘贴胶带的一侧送入热转印机进行图形转移。为了保证转印效果,此过程可重复 2~3 次。转印完毕待覆铜板温度降下来后,再将热转印纸揭去。观察线路转印情况,如有断线、砂眼缺陷,可使用油性记号笔进行修版。在揭除转印纸时,应选择在电路板冷却至刚好不烫手时效果最好,若待电路板完全冷却至室温或刚转印完还比较烫的时候揭除转印纸,有时会导致转印不完全。

6. 线路腐蚀

使用三氯化铁溶液进行线路蚀刻。

(1) 配置腐蚀液。将三氯化铁和水以 1:2 的比例进行配置,温度一般以 40~50℃为宜,盛放腐蚀液的容器应选择塑料容器或搪瓷盆,不得使用铜、铁、铝等金属制品容器。配制时在容器里先放入三氧化铁,然后放入水,同时不断搅拌,待三氯化铁完全溶化即可。

(2) 蚀刻。将转印好的覆铜板铜箔面向上放入三氯化铁溶液中,使铜箔面完全浸入腐蚀液。腐蚀过程中可以通过提高腐蚀液温度，并在腐蚀过程中均匀摇动容器或用毛笔在印制板上来回刷洗的方法提高腐蚀速度，但不可用力过猛，防止墨粉保护膜脱落。为了避免过度腐蚀造成线路的侧腐蚀，要注意观察覆铜板腐蚀情况，一旦腐蚀完成，要马上将覆铜板取出，并用清水冲洗、晾干。

（3）表面处理。使用有机溶剂或水磨砂纸，去除线路表面上的墨粉保护层。

7．钻孔

使用高速台钻对稳压电源线路板上通孔插装元件引脚焊盘处的过孔进行手动钻孔加工。

（1）基板检查。对照设计好的稳压电源 PCB 文件确定需钻孔的位置、规格。

（2）备针。根据钻孔规格选择合适的钻头，并将钻头安装在台钻上。在钻孔过程中需更换钻头时，必须待电动机停下来后，方可更换。

（3）钻头定位。调节工作台面至适宜位置，使钻头与工作台面上的钻头通孔圆心保持在一条垂直线上，避免钻孔过程中钻头钻到工作台面上，折坏钻头。

（4）钻孔。接通电源，将电路板放在台钻的工作台上，使待钻孔的孔心在钻头的垂直线上。左手压住印制电路板，右手抓住压杆慢慢往下压，在压杆下压的同时，电动机开始转动，当钻头把印制电路板钻穿时，右手慢慢上抬，钻头缓缓抬起，直至钻头抬出高于印制电路板时，即完成了一次钻孔。用同样的方法，完成其他孔的加工。在钻孔操作过程中，一定要按住印制电路板，防止钻孔中印制电路板移位造成钻孔损坏或折断钻头。

8．印制电路板表面清洁

使用自动抛光机或水磨砂纸对印制电路板表面进行处理，清除钻孔过程中产生的毛刺，为阻焊层和丝印层制作做好准备。

9．阻焊层制作

（1）阻焊油墨印刷。使用液态感光阻焊油墨，将阻焊油墨的主剂与硬化剂按3∶1比例混合，手工搅拌，使其混合均匀，静置 15min 使其温度和黏度稳定后使用。阻焊油墨混合后应在 48h 内使用完毕。

将手动丝印台有机玻璃台面上的污点用酒精清洗干净；选择 120 目丝网，将丝网固定在丝印机上。将印制电路板的铜箔面向上，用双面胶将印制电路板固定好，调整丝印框的高度使其丝网面与印制电路板之间距离在 2mm 左右，然后压紧丝网框。

选择合适宽度的胶质刮刀，将调好的阻焊油墨放置在丝网框的一边，让刮刀与平台成45°角，双手均匀用力压住刮刀，将阻焊油墨向另一边推压，刮刀匀速从印制电路板上刮过，将阻焊油墨均匀地涂覆在印制电路板上。使用刮刀涂覆油墨时，只能一个方向刮印，不允许来回反复刮印。印刷完毕后，可将丝网上多余的油墨回收，但是应注意回收的已混合油墨不允许与未混合的油墨放在一起。印刷完毕后及时用洗网水（5%显影液）清洗干净丝网，并晾晒干净以备下次使用。

（2）阻焊油墨预烘。将涂覆阻焊油墨的稳压电源印制电路板放入烘箱中，进行预烘，使油墨硬化。由于可调稳压电源印制电路板为单层电路板，因此可以设置预烘温度为 75～80℃，预烘时间为 15～20min。预烘温度和时间应根据烘箱内线路板的数量进行调节，如果数量较多，应适当提高预烘温度和延长预烘时间。

项目5　电路板手工制作

(3) 阻焊层菲林打印。将稳压电源的顶层阻焊层输出打印在菲林片的粗糙面上。首先进行阻焊层打印选项设置。执行菜单命令"文件"→"页面设定"→"Composite Properties"→"高级"→"PCB 打印输出属性",在"打印输出层"选项区中分别选择"KeepOut Layer"、"Top Solder"层,在"打印输出选项"中选择"镜像",单击"确认"按钮,完成打印层设置。在进行阻焊层打印设置时要注意,阻焊层是否镜像打印,要与顶层线路层是否镜像打印相同。若顶层线路层设为镜像打印,则阻焊层也必须为镜像打印;若顶层线路层设为非镜像打印,则阻焊层也必须为非镜像打印。

然后根据 PCB 的实际大小和菲林片大小进行排版,并根据打印预览情况调整 PCB 在菲林片上的整体布局,最后进行打印输出,如图 5-19 所示。

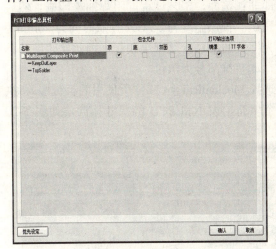

(a) 阻焊图形打印工作层设置　　　　(b) 阻焊图形打印预览

图 5-19　稳压电源阻焊图形打印

(4) 阻焊图形曝光。使用曝光机将阻焊菲林底片上的图形转印到印制电路板上。首先打开曝光机翻盖后检查玻璃台面是否干净,若有污点,使用酒精擦洗干净;然后将稳压电源阻焊层菲林底片和涂覆阻焊油墨的印制电路板进行对位,使菲林底片上的焊盘、焊点与印制电路板上的焊盘、焊点对齐,并使用透明胶带进行粘贴固定,将菲林底片面朝向曝光机的玻璃平面放好,盖上曝光机橡胶翻盖并扣紧;打开曝光机电源开关,设置曝光时间为 180s,单击"曝光"按钮启动曝光,180s 后曝光自动结束;曝光结束后打开橡胶翻盖,取出印制电路板,揭去菲林底片。

在进行菲林底片与电路板对位时,要将菲林底片的粗糙面(打印面)朝向印制电路板的感光油墨面,以提高解像力。同时菲林底片必须与印制电路板准确对位,不允许出现错位、移位。菲林底片如未出现划伤、损坏,就可以反复多次使用。

(5) 阻焊图形显影。使用显影机将曝光后的阻焊图形显示出来。首先配置浓度一般为 1%~2%的显影液。先打开进料口玻璃盖,加入 80L 水,倒入 800g 显影粉(碳酸钠,Na_2CO_3),然后盖好玻璃盖。将已进行阻焊层曝光的稳压电源印制电路板夹好放入工作槽中。设置显影温度为 45℃,显影时间为 1min,当达到设定温度后,开始喷淋显影,显影时间到,显影完毕。取出电路板观察显影是否彻底、干净,必要时重复操作一次。最后要将显影后的印制电路板用清水冲洗干净。

对显影后检查不合格的板,可在 40~50℃、10%NaOH 溶液中浸泡 10min,洗刷退膜后进行返工处理,注意泡板退膜操作全过程必须戴橡胶手套。显影液使用一段时间后,当发现显影速度较慢时,表明显影能力下降,应重新配置显影液。

(6)烘干。将清洗后的稳压电源印制电路板放入烘箱进行阻焊层固化。设定烘干温度为 100℃,烘干时间为 1~2min。

10. 丝印层制作

(1)字符油墨印刷与预烘。使用液态感光字符油墨,将字符油墨(白色)与字符油墨固化剂按 3:1 比例混合,手工搅拌,使其混合均匀,静置后待用。选择 120 目丝网进行印刷,注意将字符油墨涂覆在电路板的元件安装面,即非铜箔面,工艺过程同阻焊油墨印刷。然后将涂覆字符油墨的印制电路板放入烘箱中进行预烘。预烘温度为 75℃,预烘时间为 20min。

(2)丝印层菲林打印。由于要采用液态感光字符油墨进行丝印层制作,因此丝印层菲林底片必须为负片,即要显示的文字部分为白色,非字符部分为黑色。

首先选择机械层放置填充层。工作层标签选择 Mechanical 4(或你所使用的机械层),执行菜单命令"放置"→"矩形填充",放置一个填充,大小和 PCB 的尺寸相同,如图 5-20 所示。

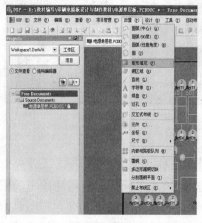 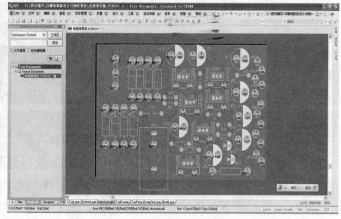

(a)放置填充层选项　　　　　　　　　(b)在机械层放置填充层

图 5-20　放置填充层

然后进行打印层设置,执行菜单命令"文件"→"页面设定"→"Composite Properties",单击对话框下部的"高级…"按钮进入"PCB 打印输出属性"对话框,分别选择"KeepOut Layer"、"TopOverlay"、"Mechanical 4"(或放置填充层的机械层),在"包含元件"选项区中选择包含顶层元件,单击"确认"按钮,如图 5-21 所示。

丝印层的打印输出是否要镜像输出,要根据丝印层和顶层线路层是否印制在同一面上来决定。如果丝印层和顶层线路层印制在同一面上,则二者的打印输出方式相同,即丝印层与顶层线路层是否镜像打印相同。如果丝印层和顶层线路层印制在不同面上,则丝印层要与顶层线路层是否镜像打印相反,即如果顶层线路层设为非镜像打印,则丝印层必须为镜像打印;若顶层线路层设为镜像打印,则丝印层必须为非镜像打印。但是同时需要注意的是,丝印层为非镜像打印时,丝印层上的文字必须设置为镜像,方法是双击要设置的文字,在出现的"标识符"对话框中的"属性"选项中选中"镜像"即可,如图 5-22 所示。

项目 5　电路板手工制作

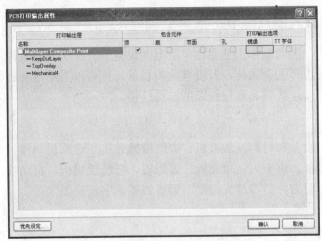

图 5-21　打印层设置

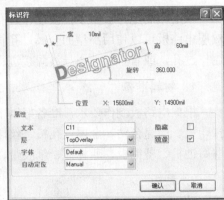

图 5-22　丝印层文字镜像设置

单击"PCB 打印输出属性"对话框下部的"优先设定…"按钮，进入"PCB 打印优先设定"对话框，进行打印层颜色设置。在"彩色和灰度"选项区中分别将"KeepOut Layer"设置成灰色，顶层丝印层"Top Overlay"设置成白色，填充层"Mechanical 4"设置成黑色，如图 5-23 所示。

根据菲林片的大小和稳压电源电路板的实际大小，可对稳压电源 PCB 进行排版，并通过打印预览调整 PCB 丝印层打印整体布局，如图 5-24 所示。

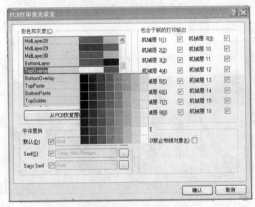

图 5-23　打印层颜色设置

图 5-24　可调稳压电源 PCB 丝印层布局及打印预览

最后进行打印属性和打印机设置，然后输出打印。

（3）字符图形曝光。将丝印层菲林底片的粗糙面（打印面）和涂覆字符油墨的印制电路板准确对位，并粘贴固定。设置曝光时间为 120s，进行曝光。工艺过程同阻焊油墨曝光。

（4）字符图形显影。设置字符图形显影温度为 45℃，显影时间为 1min，启动显影机进行字符显影。工艺过程同阻焊油墨显影。

（5）烘干。将字符显影后的印制电路板用清水冲洗干净后，放入烘箱中进行烘干固化。烘干温度设置为 150℃，烘干时间为 30min。

电子CAD绘图与制版项目教程

综合设计12　手工制作功率放大器双层电路板

双层印制电路板由于需要制作过孔,因此制作工艺要比单层电路板复杂。在实验室制作双层电路板可以使用小型的金属过孔机进行孔金属化,若没有此类设备,也可以采用过孔钉制作过孔,或者直接使用导线焊接进行顶层线路和底层线路的过孔连接。

1. 材料准备

根据电路板制作要求,准备好以下设备和材料:裁板机、电路板抛光机、计算机、激光打印机、高速台钻、金属过孔机、丝印台、烘干机、曝光机、显影机、智能镀锡机、自动喷淋腐蚀机、覆铜板、菲林片、纸胶带、剪刀、线路感光油墨、阻焊油墨、字符油墨。

2. 裁板

根据所设计的功率放大器PCB图大小来确定所需功率放大电路基板的尺寸规格,并使用裁板机将基板裁剪好。

3. 钻孔

使用高速台钻手工加工功率放大器PCB上的通孔。

首先将功率放大器PCB的钻孔层打印在热转印纸上,再将钻孔图形热转印到双层覆铜板上,根据钻孔图形所确定的位置利用高速台钻进行手工钻孔。

按照图5-25 (a)所示进行钻孔层打印设置,钻孔层打印预览如图5-25 (b)所示。

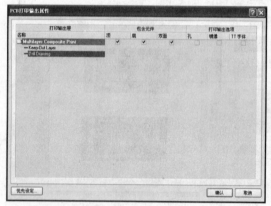

(a) 钻孔层打印设置　　　　　　　　(b) 钻孔层打印预览

图5-25　钻孔层打印

4. 覆铜板表面抛光

将钻孔后的功率放大电路基板送入电路板抛光机进行抛光,去除基板金属表面氧化物保护膜、油污及钻孔过程中产生的毛刺。

5. 孔金属化

对功率放大电路基板上的过孔进行镀铜,使原来非金属的孔壁金属化,实现双层印制电路板上下两层铜箔之间的电气连接。孔金属化可以使用实验室用的小型智能金属过孔机进行操作。

(1) 预浸。预浸的目的是清除基板铜箔和孔内的油污、油脂及毛刺铜粉,调整孔内电荷,

项目 5 电路板手工制作

有利于炭颗粒的吸附。设置预浸温度为 55℃，时间为 5min，预浸液加热到设定温度后，基板用防腐夹具夹好，沉入预浸液中，启动工作按钮，工作计时器开始计时，达到设定的时间后，蜂鸣器报警提示。

预浸前应仔细观察基板过孔内壁是否有孔塞现象，若有孔塞，则用细针进行疏通，避免孔塞在金属过孔过程中引起堵孔，影响金属过孔效果。

（2）水洗。预浸结束后，将基板取出，放入水洗槽中进行水洗，将基板表面残留的预浸液清洗掉，水洗时间为 2min。

（3）活化。活化的目的是使孔壁吸附一层半径约为 10nm 的炭颗粒，活化也称为黑孔。将水洗后的基板放入活化槽中，活化液为室温即可，设定活化时间为 2min，按下工作槽启动按钮，开始活化处理。为了提高效果，在活化过程中，可让基板在活化槽中摇摆，使活化液对孔充分浸润。

（4）通孔。当活化完毕后，取出基板，可在活化槽边上轻轻敲动，使多余的活化液溢出，防止热固化后塞孔。观察基板上的所有孔是否完全通透，如果仍有孔未通，则可重复敲击，必要时可重复活化操作一次。

（5）热固化。将黑孔后基板放置在温度为 100℃的烘干箱内进行热固化 5min。

（6）微蚀。微蚀是将基板表面的铜箔轻微地腐蚀掉一层，以便去除掉基板表面铜箔上吸附的炭颗粒，但仍保留过孔壁上的炭颗粒。将热固化后的基板放入微蚀槽中，微蚀液温度为室温即可，设定微蚀时间为 2min，然后启动微蚀槽工作。

（7）水洗。微蚀结束后，取出基板放入水洗槽中清洗掉表面残留的微蚀液。如果水洗后观察基板上仍残存活化液成分，可重复微蚀操作或进行表面抛光。

（8）镀铜。镀铜是通过电镀的方法在过孔内壁的碳层上电镀上铜层，从而使双层板过孔导通。镀铜时电流大小应根据基板面积大小确定，一般取 $1.5 \sim 2 \text{A/dm}^2$。

首先使用小电流进行预镀。将微蚀后的基板用夹子夹好，挂在电镀负极上，根据功率放大电路 PCB 的大小，选择预镀电流约为 5A，预镀时间为 5min。

预镀结束后，再调节电流至 10A，时间为 15～20min，使用大电流进行镀铜。

镀铜结束后，取出基板观察过孔内壁是否均匀地镀上了一层光亮、致密的铜。如果镀铜效果欠佳，可重新进行镀铜。

（9）水洗、干燥。将过孔后的覆铜板用清水进行冲洗，然后放入干燥箱中进行高温干燥处理。

在孔金属化过程中，基板每次从一种液体取出进入另一种液体前，都必须进行清洗，清洗可在水洗槽中进行，也可使用自来水进行冲洗。

6. 顶层和底层线路层制作

（1）线路油墨印刷。功率放大器顶层和底层线路采用湿膜法制作。感光线路油墨印刷工艺同阻焊油墨印刷工艺。首先进行顶层线路油墨印刷，将功率放大器基板放在丝印机工作台面的定位片上并固定好，选择 90 目丝网，将线路感光油墨直接涂覆在基板上，然后将基板翻面，进行底层线路油墨印刷。

功率放大电路基板的两面涂覆好线路油墨后，放入烘干箱进行预烘，使油墨固化。预烘温度为 75℃，时间为 15～20min。

双层印制电路板进行线路油墨印刷时,应上下两面都印刷上油墨后再进行烘干,使两面油墨固化温度、时间一致;若两面分别单独进行油墨印刷和烘干,即 A 面印刷油墨→A 面烘干→B 面印刷油墨→B 面烘干,易使 A 面油墨烘干时间过长,造成显影困难。

（2）线路层菲林打印。按照图5-26所示进行打印工作层设置,将功率放大电路的顶层线路层、底层线路层分别输出打印在菲林片上。

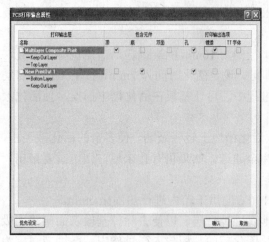
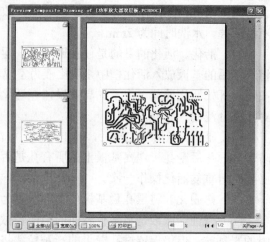

(a) 打印设置　　　　　　　　　　　　(b) 打印预览

图 5-26　顶层和底层线路层打印

在进行线路层打印设置时注意要将定位孔所在层也设置成打印层,以便打印出定位孔进行对位,同时还要注意,顶层和底层线路层必须互为镜像打印。

（3）线路图形曝光。将顶层线路和底层线路菲林底片裁剪大小合适后,分别与基板四角上的定位孔进行对位,然后用透明胶带固定好上下两层菲林片。

首先进行顶层线路图形曝光。将顶层线路层朝下面向曝光机的玻璃台面放好,未曝光的底层线路层用黑色纸进行覆盖,启动曝光机,设定曝光时间为40s,进行曝光。

然后进行底层线路图形曝光。将基板翻面,用黑色纸覆盖已曝光的顶层菲林片,将底层线路层朝下面向曝光机的玻璃台面放好,曝光时间仍可设定为40s。顶层和底层线路图形曝光结束后,小心揭除菲林片。

顶层和底层线路菲林底片必须与印制电路板准确对位,不允许出现错位、移位,其他操作规程同可调稳压电源阻焊层曝光要求。顶层和底层线路图形也可采用双面可以同时曝光的曝光机进行曝光。

（4）线路图形显影。将已曝光的基板放入显影机中进行线路图形显影。显影温度设置为45℃,显影时间为1min。显影操作规程同可调稳压电源阻焊层显影操作。

（5）水洗、烘干。将显影后的基板用清水冲洗干净,并放入烘箱进行烘干,烘干温度为100℃,烘干时间为1～2min。

7. 线路图形镀锡

线路图形镀锡的目的是在已显影的信号线路部分电镀上一定厚度的锡层,对线路进行保护,为下一步化学蚀刻做准备,防止线路部分的铜箔在碱性腐蚀液中被腐蚀掉。

（1）将显影完毕的功率放大电路基板的一个边缘用刀片或其他锐器将表面的线路油墨刮

除,漏出导电的铜面。

(2) 用电镀夹具将基板夹好,挂在电镀摇摆框上(阴极)并拧紧。

(3) 打开电源,根据基板的大小调节镀锡电流为 1A(电镀电流选择标准为 $1.5\sim2A/dm^2$,电镀时间为 15min。

(4) 镀锡结束后,取出基板用清水冲洗干净。观察基板线路表面和过孔内应有一层较亮的锡层,用手摸锡层应比油墨层厚一些。

8. 脱膜

由于锡难溶于碱性腐蚀液,铜易溶于碱性腐蚀液,而基板上需保留的线路部分已进行镀锡,因此可以将线路油墨进行清洗脱膜,露出需被腐蚀掉的铜箔。脱膜使用温度为 $45\sim50\,^\circ\!\mathrm{C}$,浓度为 5%的 NaOH 溶液将线路油墨清洗掉,然后将脱膜后的基板用清水冲洗干净,放入烘干机中烘干。

9. 化学蚀刻

由于线路部分已使用镀锡进行保护,因此可选用氨-氯化铵碱性腐蚀液。设置腐蚀温度为 $45\sim50\,^\circ\!\mathrm{C}$,腐蚀时间为 1min,达到设定温度后,将基板用夹具夹好,放入腐蚀机中进行腐蚀。由于锡在碱性腐蚀液中具有一定的溶解度,故不能长时间将线路板置于腐蚀机中,否则线路部分会被腐蚀,因此蚀刻完毕后要及时将基板取出。

10. 清洗、烘干

将蚀刻完成后的功率放大电路印制电路板用清水冲洗干净,放入烘干箱进行烘干。然后使用放大台灯、万用表、飞针检测线路是否有断线、短路现象,过孔是否全部导通。如果出现以上问题,需采取相应的补救措施。若出现短路,可用刻刀将短路部分的铜箔刻除;若出现断线,可在印制电路板制作完成后,使用铜线连接断线两端进行补救;若过孔出现未通现象,可使用过孔铆钉进行补救。

11. 阻焊层制作

(1) 在功率放大电路印制电路板的上下两面分别涂覆阻焊油墨,并进行预烘。

(2) 按照图 5-27 所示进行阻焊层打印设置,并打印在菲林底片上。注意顶层阻焊层打印输出方式是否镜像要与顶层线路层打印输出方式相同。

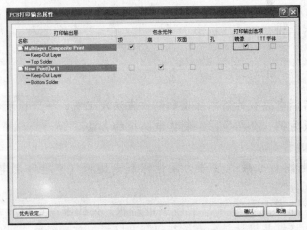

图 5-27 阻焊层打印设置

（3）将顶层、底层阻焊层菲林底片与功率放大电路印制电路板准确定位，然后进行顶层、底层阻焊层图形曝光和显影。

（4）阻焊层图形显影后对板子进行清洗、烘干。

12．丝印层制作

（1）顶层丝印层菲林打印。顶层丝印层的打印输出方法同可调稳压电源电路板丝印层，首先在机械层上放置一个填充层（以便负片输出），由于顶层线路层和顶层丝印层在同一面上，因此顶层丝印层应和顶层线路层输出方式一样，都为镜像输出；然后进行打印层颜色设置，分别将"KeepOut Layer"设置成灰色，顶层丝印层"TopOverlay"设置成白色，填充层"Mechanical 1"设置成黑色，选择打印比例1:1即可打印输出，如图5-28所示为顶层丝印层打印预览。

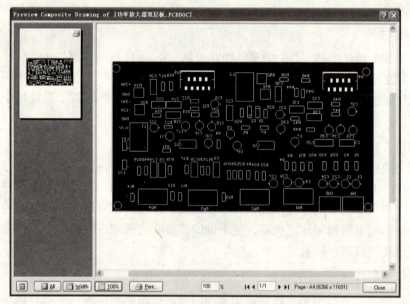

图5-28　顶层丝印层打印预览

（2）在功率放大电路印制电路板的顶层（元件放置面）涂覆字符油墨，并进行预烘。

（3）将顶层丝印层菲林底片与功率放大电路印制电路板准确定位，然后进行曝光和显影。

（4）显影后对板子进行清洗、烘干。

项目总结

本项目介绍了印制电路板的基本知识和制作方法及工艺，并以稳压电源单层电路板和功率放大器双层电路板为例，介绍了手工制作电路板的方法。

1．印制电路板的种类。

（1）按照印制电路板软硬程度分为硬性印制电路板（刚性印制电路板）和软性印制电路板（挠性印制电路板）。

（2）按照印制电路板结构分为单层印制电路板、双层印制电路板和多层印制电路板。

（3）按照印制电路板基板材料分为纸基印制电路板、玻璃纤维布基印制电路板、复合材

料基印制电路板和特殊材料基印制电路板等。

2．印制电路板的选用。

（1）板层选择。根据所设计电路的密度、元件布局、经济型和可靠性等方面进行选择。

（2）板材选择。在选择印制电路板的板材时一般主要从电路中是否存在大功率发热器件，是否工作在高温、潮湿环境等方面进行考虑。

（3）板厚选择。根据电路板尺寸、电路中有无重量较大的器件及电路板在整机中是垂直还是水平安放、工作环境是否有振动冲击等因素确定。电子仪器、通用设备一般选用的厚度为 1.5mm，对于电源板、大功率器件、有重物、尺寸较大的电路板可选用厚度为 2.0～3.0mm 的板材。

3．单层印制电路板制作流程大致可以分为基板前处理→线路图形转移→化学蚀刻→阻焊层制作→丝印层制作→孔及外形加工→表面处理等工序，其中孔加工也可以在化学蚀刻前进行。

4．双层印制电路板制作时要增加孔金属化工艺。目前较多采用图形电镀法制作双层印制电路板，即制作过程中仅对线路图形、孔及焊盘图形电镀铜、镀锡，并将锡镀层作为蚀刻抗蚀层，然后进行碱性蚀刻，从而得到所需要的导线图形。

5．热转印法制作电路板的线路层是实验室科研或少量制作印制电路板的常用方法。它通过热压的方式将热转印纸上的图形转印到覆铜板上，利用打印机墨粉的防腐蚀特性在覆铜板上形成耐腐蚀的印制图形进行线路图形化学蚀刻。

6．湿膜法图形转移将液态光致抗蚀剂涂覆在覆铜板表面形成感光膜，然后进行图形曝光、显影后将所需要的图形显示出来。湿膜法既可以制作阻焊图形和丝印图像，也可以制作线路图形。

7．在进行工作层打印设置时应注意线路层、阻焊层和丝印层的打印输出方式。阻焊层应与所在线路层的输出方式相同，而丝印层打印输出是否要镜像输出，要根据丝印层和顶层线路层是否印制在同一面上来决定。如果丝印层和顶层线路层印制在同一面上，则二者的打印输出方式相同；如果丝印层和顶层线路层印制在不同面上，则丝印层要与顶层线路层是否镜像打印相反，但是丝印层为非镜像打印时，丝印层上的文字必须设置为镜像。

附录A 绘制原理图的常用键盘快捷键

键盘快捷键	功　能
Enter	选取或启动
Esc	放弃或取消
Tab	启动浮动对象的属性窗口
PgUp	放大窗口显示比例
PgDn	缩小窗口显示比例
End	刷新屏幕
Del	删除点取的元件（1个）
Ctrl+Del	删除选取的元件（两个或两个以上）
X+a	取消所有被选取对象的选取状态
X	将浮动对象左右翻转
Y	将浮动对象上下翻转
Space	将浮动对象旋转90°
Crtl+Ins	将选取对象复制到编辑区里
Shift+Ins	将剪贴板里的对象粘贴到编辑区里
Shift+Del	将选取对象剪切放入剪贴板里
Alt+Backspace	恢复前一次的操作
Ctrl+Backspace	取消前一次的恢复
Crtl+g	跳转到指定的位置
Crtl+f	寻找指定的文字
Space+Shift	绘制导线、直线或总线时，改变走线模式
V+d	缩放视图，以显示整张电路图
V+f	缩放视图，以显示所有电路部件
Home	以光标位置为中心，刷新屏幕
Esc	终止当前正在进行的操作，返回待命状态
Backspace	放置导线或多边形时，删除最末一个顶点
Delete	放置导线或多边形时，删除最末一个顶点
Ctrl+Tab	在打开的各个设计文件文档之间切换
Alt+Tab	在打开的各个应用程序之间切换
左箭头	光标左移1个电气栅格
Shift+左箭头	光标左移10个电气栅格
右箭头	光标右移1个电气栅格
Shift+右箭头	光标右移10个电气栅格
上箭头	光标上移1个电气栅格
Shift+上箭头	光标上移10个电气栅格
下箭头	光标下移1个电气栅格
Shift+下箭头	光标下移10个电气栅格
Shift+F4	将打开的所有文档窗口平铺显示
Shift+F5	将打开的所有文档窗口层叠显示
Shift+单击左键	选定单个对象
Crtl+单击左键再释放	拖动单个对象
Shift+Ctrl+单击左键	移动单个对象
按Ctrl	后移动或拖动移动对象时，不受电气栅格点限制
按Alt	后移动或拖动移动对象时，保持垂直方向

附录 B 设计印制电路板时常用的键盘快捷键

键盘快捷键	功　　能
Backsapce	删除布线过程中的最后一个布线的转角
Ctrl+G	启动捕获网络设置对话框
Ctrl+H	选取连接的铜膜走线
Ctrl+Shift+单击左键	断开走线
Ctrl+M	测量距离
G	弹出捕获网格菜单
L	启动设置工作板层及颜色对话框
M+V	垂直移动分割的内电层
N	在移动元件同时隐藏预拉线
O+D	启动 Preferences 对话框中的 Show/Hide 选项卡
Q	切换公制和英制单位
Shift+R	在 3 种布线模式之间进行切换
Shift+E	打开或关闭电气网络
Shift+Space	切换布线过程中的布线拐角模式（顺时针旋转浮动的对象）
Shift+S	打开或关闭单层显示模式
Space	改变布线过程中的开始或结束模式（逆时针旋转浮动的对象）
+	将工作层切换到下一个工作层（数字键盘）
−	将工作层切换到上一个工作层（数字键盘）

参 考 文 献

[1] 江思敏，陈明. Protel 电路设计教程. 第 2 版[M]. 北京：清华大学出版社，2007.
[2] 高锐. 印制电路板设计与制作[M]. 北京：机械工业出版社，2011.
[3] 孟祥忠. 电子线路制图与制版[M]. 北京：电子工业出版社，2009.
[4] 郭勇. Protel DXP 2004 SP2 印制电路板设计教程[M]. 北京：机械工业出版社，2010.
[5] 金鸿，陈森. 印制电路板技术[M]. 北京：化学工业出版社，2009.
[6] 杜中一. 电子制造与封装[M]. 北京：电子工业出版社，2010.
[7] 王卫，陈粟宋. 电子产品制造工艺[M]. 北京：高等教育出版社，2006.
[8] 陈兆梅. Protel DXP 2004 SP2 印制电路板设计实用教程[M]. 北京：机械工业出版，2011.
[9] 米昶. Protel 2004 电路设计与仿真[M]. 北京：机械工业出版社，2006.
[10] 杨旭方. Protel DXP 2004 SP2 实训教程[M]. 北京：电子工业出版社，2010.
[11] 王莹莹. Protel DXP 电路设计实例教程[M]. 北京：清华大学出版社，2008.
[12] 袁鹏平，付刚，罗丹玉. Protel DXP 电路设计实用教程[M]. 北京：化学工业出版社，2007.
[13] 龙腾科技. Protel DXP 循序渐进教程[M]. 北京：科学出版社，2005.
[14] 李秀霞. Protel DXP 2004 电路设计与仿真教程. 第 2 版[M]. 北京：北京航空航天大学出版社，2010.